LA FAIM TUE

Jean FEYDER

LA FAIM TUE

L'Harmattan

Titre original :
MORDSHUNGER.
Wer profitiert vom Elend der armen Länder ?

5-7, rue de l'École-Polytechnique ; 75005 Paris
http://www.harmattan.fr
diffusion.harmattan@wanadoo.fr
harmattan1@wanadoo.fr
ISBN : 978-2-343-05568-8
EAN : 9782343055688

A mon épouse Juana et
mes filles Nadine et Sophie

Sommaire

Introduction

Chaque jour, 25 000 personnes, en majorité des enfants, meurent de faim et de malnutrition. Et, sur les sept milliards de personnes qui vivent sur notre planète, plus d'un milliard ne mange pas à sa faim, deux milliards souffrent de déficiences en micronutriments et 1,4 milliards d'adultes présentent un excès de poids. Parmi eux, 500 millions sont obèses[1]. Le droit à la vie, le droit à l'alimentation de ces êtres humains est violé de la manière la plus flagrante.

Pourtant, en l'an 2000, les Chefs d'Etat et de gouvernement du monde entier avaient déclaré la guerre à ce fléau de l'humanité, lorsqu'ils se sont engagés, lors d'un Sommet de l'ONU à New York, à réduire de moitié, d'ici 2015, la proportion de la population mondiale souffrant de faim. Il faut cependant constater aujourd'hui que le nombre des personnes qui souffrent de faim n'a guère été réduit durant ces quinze dernières années.

La production de denrées alimentaires serait-elle insuffisante ? Non, la production de céréales suffit pour nourrir 12 à 14 milliards d'êtres humains, donc beaucoup plus que les sept milliards. Mais un peu plus de 40% seulement de cette production sert à l'alimentation humaine, plus de 30% est utilisée pour nourrir le bétail, le reste est brûlé ou transformé en agrocarburants et en produits industriels[2]. La faim et la malnutrition ne sont donc pas un problème de production insuffisante, mais plutôt une question de pauvreté, de justice et de distribution.

Savons-nous, fait paradoxal, que la majorité des victimes de la faim et de la malnutrition sont des gens du milieu rural et notamment des femmes, que 50% de ces victimes sont des petits paysans, 20% des ruraux sans terre, 10% des éleveurs nomades ou des petits pêcheurs, tandis que 20% vivent dans des bidonvilles. L'importance du nombre de ceux qui vivent encore aujourd'hui directement ou indirectement de l'agriculture est peu connue alors qu'ils sont au total quelque 45% de la population mondiale, près de 50% de la population en Chine, 60% en Inde, entre 60 et 80% en Afrique subsaharienne.

---

[1] Zukunftsstiftung Landwirtschaft, *Wege aus der Hungerkrise*, 2013 p. 4.
[2] *Ibid.*

Seule une portion réduite de cette population est affectée par la faim pour cause de guerre, dont des guerres civiles, ou de catastrophes naturelles. Toutes ces familles appartenant à la classe sociale rurale sont victimes avant tout d'une marginalisation et d'une exclusion de la part des classes dirigeantes (politiques, économiques, financières). Elles vivent éloignées des milieux urbains où se concentrent le pouvoir et le savoir et donc l'argent, y compris l'argent du développement. Souvent, le monde urbain et le monde rural sont séparés par un fossé culturel fait d'indifférence, d'incompréhension et de mépris.

Qui sait que ces centaines de millions de petits paysans qui, avec leurs familles, constituent la plus grande partie de l'armée des affamés de la terre cultivent, en moyenne, entre un et deux hectares, souvent même moins, en utilisant, le plus souvent, comme seuls outils, une houe et une machette ? Alors qu'un fermier d'Europe de l'Ouest dispose, en moyenne, de 40 hectares qu'il cultive avec des tracteurs et des machines toujours plus puissants et en utilisant des quantités de pesticides et d'engrais.

Sans méconnaître l'impact d'une mauvaise gestion publique et de la corruption, je voudrais toutefois me concentrer dans ce livre sur les causes plus profondes et structurelles de la faim et de la malnutrition de la population rurale.

Pris dans le piège de la dette et de la dégradation des termes de l'échange, une bonne centaine de pays en développement, surtout africains et latino-américains, ont dû solliciter, au cours des années 1980, des prêts auprès de la Banque mondiale et du Fonds Monétaire International (FMI). Ils se sont alors vu imposer des politiques radicalement différentes de celles appliquées jusque-là. Ces politiques, dites d'ajustement structurel, inspirées par le Consensus de Washington, ont conduit, sous prétexte de rétablir des équilibres macroéconomiques, à arrêter et à modifier, de manière fondamentale et peu différenciée, les politiques en cours. L'heure de la privatisation, de la déréglementation et de la libéralisation était arrivée. L'Etat a été invité à se retirer des activités économiques y compris de celles menées pour développer l'agriculture, la santé et l'éducation. Invités à s'inspirer du modèle des avantages comparatifs, les pays en développement ont été encouragés à relancer les productions d'exportation afin de s'assurer les rentrées nécessaires pour le service de la dette. En ouvrant les marchés, les consommateurs auraient ainsi droit à des produits alimentaires bon marché importés. La crise alimentaire de 2008, qui a déstabilisé un grand nombre de pays dans le monde entier, a mis en évidence que le problème de la faim était loin d'être résolu et a remis en cause, de manière radicale, la pertinence de ce modèle de développement de la Banque mondiale et du FMI.

Durant près de trois décennies, dans le sillage des politiques d'ajustement structurel, l'agriculture vivrière a été délaissée, ou a même été entièrement abandonnée. L'aide publique au développement consacrée au développement rural et agricole a été réduite, de manière radicale, passant de 19% à 4% des ressources fournies par l'aide extérieure entre 1980 et 2004, alors que trois quarts des plus pauvres et de ceux qui souffrent de faim vivent en milieu rural. En dépit de nombreuses déclarations et promesses faites, depuis lors, pour relancer l'agriculture vivrière, ce ne sont guère plus de 5% de cette aide qui sont aujourd'hui réservés à l'agriculture.

Les politiques d'ajustement structurel ont profondément restructuré les économies des pays en développement. Elles n'ont pas eu seulement comme conséquence que les paysans n'ont plus pu compter sur l'appui de leur gouvernement mais aussi que l'environnement économique créé durant cette période leur est néfaste. Ainsi les importations à des prix de dumping ont certes favorisé, pendant un certain temps, les consommateurs des villes mais elles ont pénalisé les producteurs nationaux dont les produits trouvaient de moins en moins d'acheteurs et à des prix toujours plus bas. Les importations de poulet, de riz, de concentré de tomates et de lait en poudre ont augmenté rapidement, ruinant la production locale et les conditions d'existence de dizaines de millions de familles de paysans, sans parler de la suppression d'emplois dans l'artisanat et l'industrie qui, eux aussi, ont été incapables de faire face à une compétition internationale.

Malgré ce bilan catastrophique, la politique néolibérale de la Banque mondiale, du FMI et de l'Organisation Mondiale du Commerce (OMC) est actuellement encore poursuivie par des accords commerciaux bilatéraux et régionaux.

De son côté, la politique agricole commune (PAC) de l'Union européenne s'avère, elle aussi, destructrice pour les pays en développement et en particulier pour l'agriculture paysanne. Car, même après la réforme de 2013, la PAC reste fortement orientée vers l'exportation. Les exportations de produits alimentaires de l'UE vers l'Afrique de l'Ouest ont doublé en dix ans suite à une politique agressive de prix dumping. Ces produits y sont vendus à des prix en dessous du prix de revient, ce qui menace et souvent anéantit les activités économiques des petits producteurs locaux.

En même temps, l'UE protège toujours son marché intérieur par des tarifs douaniers élevés sur les céréales, les viandes et les produits laitiers. Par contre, mettre en place des mesures de protection similaires est interdit aux pays du Sud qui ont été obligés de réduire, de manière drastique, les tarifs douaniers sur ces produits. La négociation des accords de partenariat économique (APE), entre l'UE et les pays ACP, risque de conduire les pays africains à ouvrir encore davantage leurs marchés déjà largement libéralisés et à détruire ainsi toute perspective de développement réel. Avec pour effet que, chaque année, l'exode rural reste pour quelque 50 millions de ruraux la seule voie de sortie, mais quelle vie vont-ils trouver dans les bidonvilles menacés, à chaque crise, par de nouvelles explosions sociales ? Aux frontières de l'Europe, ils sont de plus en plus nombreux à risquer leur vie pour arriver à Lampedusa. L'UE porte une lourde responsabilité dans ce désastre.

Aux chapitres cinq et six, je montre les conséquences désastreuses de cette politique pour le Ghana, pour Haïti. Comme beaucoup d'autres, ces deux pays étaient, au cours des années 1970, pratiquement autosuffisants pour la production de riz et de poulet. Conséquence des programmes d'ajustement structurel et de la libéralisation des marchés, quelque 90% de la demande pour ces produits sont aujourd'hui couverts par des importations largement subventionnées dans les pays exportateurs. La production nationale a stagné avant de régresser, causant la ruine et le désespoir de centaines de milliers de petits producteurs.

Nous vivons une nouvelle phase du capitalisme, marquée par l'hégémonie des marchés financiers et des entreprises transnationales. Ils ont gagné le contrôle de la production et du commerce mondial des matières premières agricoles les plus importantes. Cette hégémonie provoque des transformations structurelles profondes dans la production agricole. Or, l'agriculture industrielle qui s'est développée dans un tel contexte n'est pas durable : elle est l'un des principaux responsables du changement climatique ; l'utilisation massive d'engrais chimiques, de pesticides et de combustibles fossiles a des conséquences graves notamment pour la santé, l'environnement, la biodiversité, la qualité de l'eau et l'érosion des sols ; la production de viande est de plus en plus dépendante des importations de concentrés de l'Amérique latine qui provoquent le défrichement de vastes zones de forêts tropicales et de savanes où la culture massive de fourrage, surtout de soja, est responsable des émissions d'énormes quantités de gaz à effet de serre. Tout ceci a lieu aux dépens de la culture de produits alimentaires locaux et de la biodiversité et des millions de paysans, victimes de cette agriculture orientée vers l'exportation, sont obligés d'émigrer vers les banlieues des grandes villes.

Les bénéficiaires de ce système globalisé sont les entreprises transnationales. Elles profitent de l'accès simplifié à de nouveaux marchés qui leur est assuré par la libéralisation commerciale et les règles de l'OMC. En même temps, leurs produits sont protégés par le brevetage, ce qui permet à ces entreprises de jouer un rôle décisif lors de la fourniture de semences, de pesticides, d'engrais et de machines comme lors de l'achat, du transport, de la transformation et de la commercialisation des produits agricoles et des produits alimentaires. Au cours des vingt dernières années, la concentration de ces entreprises au sein de l'industrie agroalimentaire a augmenté brusquement. Une partie de leurs énormes bénéfices est due aux bas prix qu'elles paient aux agriculteurs pour leurs produits, sans compter leur position dominante sur les marchés qui leur permet d'influencer, de manière décisive, les prix de la chaîne de commercialisation des produits alimentaires.

La spéculation sur les aliments de base et le développement des agro-carburants sont à classer parmi les principales causes de la crise alimentaire mondiale de 2008 et cette tendance ne s'est pas arrêtée après cette crise ! Au contraire, elle se poursuit. Les spéculations continuent de causer des variations de prix arbitraires compliquant davantage la survie de millions de personnes pauvres. Celles-ci dépensent souvent de 50% à 80% de leurs revenus pour des produits alimentaires. L'influence croissante des marchés financiers et des firmes agroalimentaires sur les systèmes alimentaires et agricoles globaux, ainsi que les partenariats public-privé promus par les pays industrialisés, encouragent l'agriculture industrielle et aggravent la situation des petits paysans dans les pays en développement.

La production d'agrocarburants a, elle aussi, des conséquences graves. Elle se fait aux dépens de la production alimentaire des paysans du Sud ; elle est l'une des causes de la volatilité des prix des denrées alimentaires et de la faim ; elle provoque des exils de personnes loin de leurs communautés locales et des violations des droits de l'Homme ; elle contribue à un bilan climatique négatif et à la destruction de la biodiversité et à d'autres dommages environnementaux.

La crise alimentaire mondiale de 2008, liée à l'explosion des prix des produits alimentaires, a aussi renforcé le phénomène du « land grabbing » par l'accaparement des terres dans les pays en développement. Au cours des dernières années, on a pu observer une véritable ruée du capital financier sur les aliments de base et, surtout en Afrique, pour l'acquisition de terres agricoles. Depuis 2007, des dizaines de millions d'hectares sont passés de la main publique à des investisseurs internationaux qui veulent les utiliser pour une production agricole destinée à l'exportation. Y participent également un certain nombre de gouvernements, comme ceux du Golfe, qui craignent des menaces sur leur propre situation alimentaire. L'introduction, sans la moindre consultation, d'un modèle d'agriculture industrielle conduit à des tensions, à des conflits sociaux, à des expulsions de paysans et de pasteurs et à de nouvelles inégalités économiques.

En même temps, des entreprises transnationales continuent de développer le commerce des semences transgéniques brevetées, conjointement avec la diffusion des pesticides. Depuis des siècles, les paysans avaient un accès libre aux semences. Ils risquent maintenant de sous-estimer les incertitudes des récoltes de ces semences transgéniques, et leur nocivité pour l'homme et l'environnement et de tomber dans de nouvelles dépendances. La situation monopolistique de trois entreprises - Monsanto, Dupont Pioneer et Syngenta - est particulièrement préoccupante car elles contrôlent plus de la moitié du commerce mondial des semences. Le pouvoir de lobbying de ces entreprises affecte également l'indépendance des experts et des comités consultatifs qui sont amenés à prendre position sur les dangers du génie génétique pour la santé des consommateurs.

Voilà un aperçu des différents aspects du problème de la faim et de l'alimentation que je vais approfondir dans la première partie de ce livre. Dans la deuxième partie, je montrerai quelles solutions ou éléments de solutions existent déjà pour établir un système alimentaire mondial plus juste. Un système qui permette aux paysans sans terre de sortir de la pauvreté, qui assure aux petits paysans un revenu décent et mette à la disposition de chaque être humain une alimentation saine et suffisante. Quel est le modèle agricole en mesure d'assurer la durabilité et la production d'une alimentation saine ? Devrons-nous repenser nos habitudes de consommation ? Et comment convient-il de modifier les règles commerciales nationales et internationales susceptibles de favoriser une telle évolution ?

Dans la troisième partie, je présenterai plusieurs des principaux acteurs comme l'Union européenne, les Etats-Unis, la Chine, l'Inde, le Brésil afin de répondre à deux questions. En premier lieu, comment, dans ces régions, l'alimentation d'une grande partie de la population est assurée et ceci par quel type d'agriculture ? En deuxième lieu, quel est l'impact de la politique agricole de ces pays sur l'alimentation et la population rurale des pays en développement ? Et finalement, je montrerai comment la société civile et les organisations paysannes de ces derniers s'organisent et quel est le rôle qu'elles peuvent jouer dans la mise en place d'un système alimentaire mondial alternatif.

PARTIE 1

Les causes de la crise alimentaire

1. La faim, la malnutrition et les paysans

Plus d'1 milliard de personnes, soit une personne sur sept dans le monde, ne mangent pas à leur faim[3]. 2 milliards sont affectées par des déficiences en micronutriments. 1,4 milliards d'adultes présentent un excès de poids, et, parmi eux, 500 millions sont obèses[4]. Ces chiffres montrent que le système alimentaire mondial qui est le nôtre n'est pas en mesure de répondre aux aspirations fondamentales de l'humanité. .

En 2000, lors d'un Sommet des Nations Unies à New York, les Chefs d'Etat et de gouvernement ont adopté la stratégie des objectifs du Millénaire pour le développement (OMD) qui comprend huit objectifs. En adoptant l'objectif n°1, ils se sont engagés à *réduire de moitié, jusqu'en 2015, la proportion* de la population mondiale souffrant de la faim. Cet objectif ne sera pas atteint. Selon les données de la FAO, 1.015 millions de personnes ont souffert de sous-alimentation en 1990. Au total, le nombre de ceux qui souffrent de la faim est, pour l'essentiel, resté inchangé. Mais, comme la population mondiale a augmenté depuis lors de 2 milliards, la part de cette population souffrant de faim a quelque peu diminué[5].

On peut évidemment se poser des questions sur l'éthique d'une stratégie du développement qui condamne, dès le départ, la moitié de ceux qui souffrent de faim et de pauvreté à rester en 2015 encore dans cet état de dénuement.

---

[3] Olivier de Schutter, Contribution à la Conference *Rights and Responsibilities, Food Consumption in the 21th Century*, Université du Luxembourg, 2014.

[4] Zukunftsstiftung Landwirtscahft, *op cit.*, p. 1.

[5] Le Sommet de 2000 a, en fait, repris un objectif convenu lors du Sommet mondial de l'alimentation à Rome en 1996 qui s'était prononcé pour la réduction de moitié du *nombre* des personnes souffrant de sous-alimentation d'ici 2015. En réalisant cet objectif plus ambitieux, 420 millions resteraient sous-alimentés en 2015 (voir rapport FAO/PAM).

Objectif n°1

Nous décidons de réduire de moitié, entre 1990 et 2015, la proportion de la population mondiale dont le revenu est inférieur à un dollar et celle des personnes souffrant de la faim.

En 1974, déjà, lors d'un premier Sommet mondial de l'alimentation organisé par la FAO, l'organisme de l'ONU chargé de l'alimentation et de l'agriculture, les politiques s'étaient fixés pour objectif que « dans dix ans, aucun homme, aucune femme, aucun enfant n'irait plus se coucher le ventre creux »[6].

En septembre 2015, un autre Sommet des Chefs d'Etat et de gouvernement aura lieu pour examiner la question d'une nouvelle stratégie de développement durable et les objectifs pour la période d'après 2015. Il est probable qu'il retiendra l'objectif de l'élimination de la faim. Mais c'est l'introduction de méthodes de calcul homogènes qui revêtira un caractère décisif, tout comme celle de mécanismes de contrôle effectifs.

Quel est le nombre de ceux qui ont faim ?

Le nombre de 842 millions de personnes souffrant de la faim que la FAO avance pour la période 2011 à 2013, est contesté. La FAO a introduit en 2012 une nouvelle méthode de calcul et a révisé vers le haut le nombre de ceux qui souffrent de la faim pour 1990 et vers le bas celui des dernières années (voir tableau no 1).

C'est l'énergie nécessaire chaque jour à une personne qui est la plus importante base pour le calcul du nombre des affamés. Or, la FAO se base pour son calcul sur un « mode de vie d'une personne peu active », comme pour un travail de bureau. La FAO évalue le besoin en calories pour un tel mode de vie à une moyenne globale de 1840 kilocalories. Des experts considèrent cependant un « mode de vie normal» comme base plus judicieuse et, dans ce cas, le minimum nécessaire serait de 2 020 kilocalories et ferait monter le nombre de 842 à 1 297 millions[7].

---

[6] Christian Troubé, *Les nouvelles famines*, Ed. Autrement, Paris, 2007, p. 16.

[7] Zukunftsstiftung Landwirtschaft, *op. cit.*, p.5.

Cette évaluation est partagée par un groupe de 24 scientifiques et représentants d'organisations américaines et canadiennes[8]. *Selon leurs calculs établis pour 2012, le nombre effectif des affamés se situe entre 868 millions et 1 330 millions de personnes.*

Si la FAO constate des progrès dans la lutte contre la faim, elle oublie d'ajouter à quel point ces progrès sont inégaux et limités sur un plan régional. A eux seuls deux pays, la Chine (-96 millions) et le Vietnam (-24 millions) sont responsables de plus de 90% de la réduction du nombre des affamés depuis 1992. En même temps, ce nombre dans les 45 pays les moins développés a augmenté de 59 millions, soit de quelque 30%[9].

Pour Olivier de Schutter, Rapporteur Spécial de l'ONU pour le droit à l'alimentation de 2008 à 2014, ces statistiques de la FAO sont basées sur des calculs erronés. Mis à part les besoins en calories plus élevés de la population rurale, la méthode de calcul de la FAO ne tient pas compte de la faim saisonnière, qui se produit entre deux récoltes, ni du fait que les femmes et les filles ont moins accès à l'alimentation en temps de crise. Pour lui, le nombre effectif de ceux qui souffrent de la faim se situe en fait entre un milliard et 1,2 milliard de personnes[10].

---

[8] Small Planet Institute, 2013.
[9] *Ibid.*
[10] Olivier de Schutter, *op. cit.*

Tableau n°1 : Le nombre de personnes sous-alimentées en millions : deux méthodes de calcul

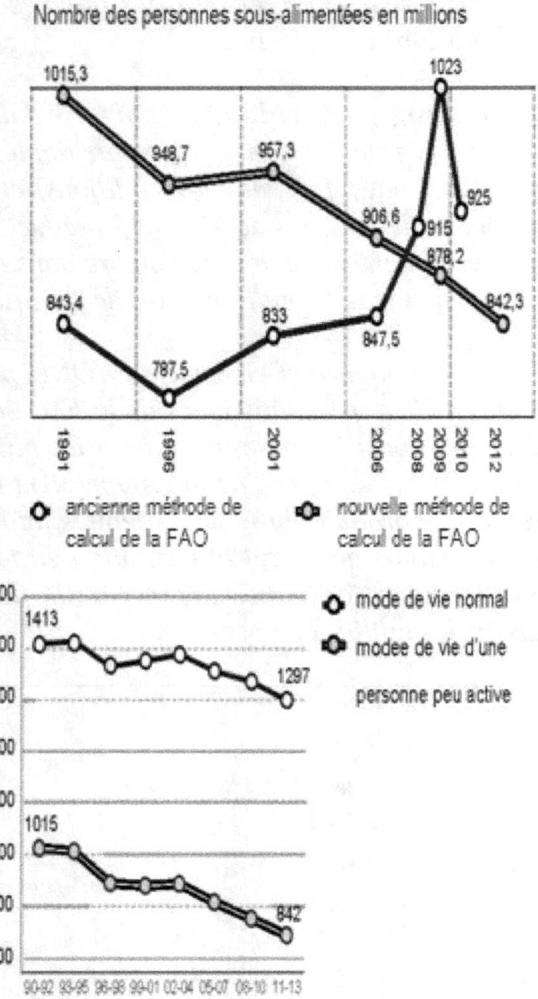

Source : Zukunftsstiftung Landwirtschaft

25 000 personnes, dont 18 000 enfants, meurent chaque jour de la faim ou de ses conséquences[11]. Pour Christan Troubé, ancien directeur de l'hebdomadaire *La Vie* : « La faim, ou plutôt la malnutrition, reste donc, dans sa révoltante banalité, la première cause de mortalité sur la planète : sur les quelque 60 millions de personnes qui décèdent chaque année, plus de la moitié meurent de faim ou d'une maladie encouragée par les

[11] Christian Troubé, *op.cit.,* p. 11.

carences alimentaires. Lutter contre la faim est donc bien la première des urgences aujourd'hui[12]. »

Pour Jean Ziegler, ancien Rapporteur spécial des Nations Unies pour le droit à l'alimentation, le massacre, par la sous-alimentation et par la faim, de millions d'êtres humains reste le principal scandale du début de ce troisième millénaire. C'est, affirme-t-il, une absurdité, une infamie qu'aucune raison ne saurait justifier ni aucune politique légitimer. Il s'agit d'un crime contre l'humanité indéfiniment répété[13].

Chaque année, près de 20 millions d'enfants naissent avec un poids insuffisant dans les pays du Sud. Six millions mourront avant l'âge de 5 ans. Les autres souffriront d'un retard physique ou mental. Ils développeront par ailleurs un risque accru de contracter des maladies chroniques à l'âge adulte[14].

Souvent, les personnes sous-alimentées et les pauvres n'ont accès ni aux soins de santé, ni à l'éducation, ni à l'eau potable. Une interdépendance étroite existe donc entre les différents objectifs du Millénaire pour le développement. Cela vaut en particulier pour les objectifs liés à la santé comme l'objectif n°4 « Réduction de la mortalité infantile », l'objectif n°5 « Réduction de la mortalité maternelle » et l'objectif n°6 « Combattre le sida, la malaria et d'autres maladies ».

La géographie de la faim

Selon le rapport de la FAO, la majorité des personnes sous-alimentées vit en Asie du Sud, ensuite viennent l'Afrique subsaharienne et l'Asie de l'Est *(voir tableau n°2).*[15]

C'est en Afrique que la faim elle-même est particulièrement répandue. Une personne sur quatre y est sous-alimentée. Et c'est en particulier le sous-continent de l'Afrique subsaharienne qui est affecté, où, selon la FAO, il y avait 173 millions de personnes sous-alimentées en 1990-1992 et 223 millions en 2011-2013. Toutefois, la forte croissance de la

---

[12] *Ibid.*, p. 21.

[13] Jean Ziegler, *L'empire de la honte*, Ed. Fayard, p. 117.

[14] Christian Troubé, *op.cit.*, p. 33.

[15] FAO, Etat de l'Insécurité Alimentaire dans le monde, 2013, p. 12.

population explique que leur part dans la population totale a été réduite de 27,3% à 22,7%. Il s'agit avant tout de petits paysans et de bergers avec leurs familles qui luttent pour leur survie et obtiennent un faible revenu sur des sols souvent très pauvres et dans des régions très sèches.

Tableau n°2 : la géographie de la faim

Evolution de la répartition de la faim dans le monde

Nombre et proportion de personnes sous-alimentées par région, 1990–92 et 2011–13

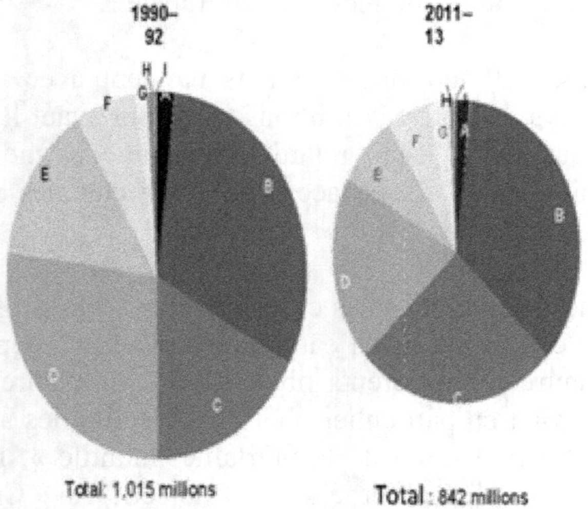

	Nombre (en millions)		Proportion (en %)	
	1990–92	2011-13	1990–92	2011-13
A Régionsdéveloppées	20	16	2	2
B Asie du Sud	314	295	31	35
C Afrique subsaharienne	173	223	17	26
D Asie de l'Est	279	167	27	20
E Asie du Sud-Est	140	65	14	8
F Amérique Latine et Caraïbes	66	47	6	6
G Asie de l'Ouest et Afrique du Nord	13	24	1	3
H Caucase et Asie centrale	10	6	1	1
I Océanie	1	1	0	0
Total	1 015	842	100	100

Note : La taille des différents secteurs des diagrammes est proportionnelle au nombre total de personnes sous-alimentées au cours de chaque période. Tous les chiffres sont arrondis.
Source : FAO, 2013.

C'est en Asie, le continent le plus peuplé, que le nombre des personnes souffrant de la faim a diminué le plus, de 743 millions à 533 millions. Y vivent pourtant deux tiers de toutes les personnes sous-alimentées. Les progrès les plus importants sont enregistrés en Asie du Sud-Est (on passe de 31,1% à 10,7%), suivie de l'Asie de l'Est, où c'est surtout en Chine qu'un développement remarquable s'est produit. Par contre, en Asie du Sud, et en particulier en Inde, le nombre des personnes sous-alimentées n'a baissé que faiblement, de 314 à 295 millions. Un tiers de la population y souffre de faim. Aucun progrès n'a eu lieu en Asie de l'Ouest et en Afrique du Nord.

En Amérique latine et dans les Caraïbes, le nombre de personnes affamées a diminué de 66 à 47 millions (de 14,7% à 8,7%). Y sont affectés surtout les millions de petits paysans dénués de droits, les sans terre et les communautés indigènes[16].

La géographie de la faim ressemble beaucoup à celle de la pauvreté. Actuellement, quelque 1,2 milliards de personnes, 28% de la population des pays en développement, doivent survivre avec un revenu par jour de moins de 1,25 dollar. Cela correspond à une baisse de 700 millions par rapport à 1990, selon le Programme des Nations Unies pour le Développement[17]. En Afrique subsaharienne, 48% de la population (56% encore en 1990) tombent dans cette catégorie, en Asie du Sud 30% (51% encore en 1990). Ils dépensent jusqu'à 85% de leur revenu pour l'alimentation, alors que, dans les pays industrialisés, les personnes appartenant aux classes moyennes dépensent seulement de 15% à 20% de leur revenu à cette fin[18].

La faim, la malnutrition et la famine

« La faim peut prendre plusieurs aspects, mais ses deux manifestations les plus connues sont d'une part la malnutrition et d'autre part la famine, forme beaucoup plus violente et extrême. La malnutrition est le déséquilibre de la ration alimentaire en quantité ou en qualité, ce qui

---

[16] FAO, *op. cit.*, p. 10-13.

[17] Organisation des Nations Unies, 2009.

[18] Hartmut Brandt and Uwe Otzen, *Poverty Orientated Agricultural and Rural Development,* Routledge Studies in Development and Society, 2007, p. 30, 31.

comprend aussi bien la sous-nutrition que la surnutrition, responsable de l'obésité d'une partie de la population »[19].

L'expression de la malnutrition peut se définir de la façon suivante : la maigreur ou l'émaciation, un individu ayant un poids trop faible par rapport à sa taille[20]. « La malnutrition est la conséquence de la pauvreté : le malnutri n'a pas assez d'argent pour se procurer de la nourriture, quand bien même celle-ci existe à proximité immédiate. La malnutrition chronique est une question de répartition, non de disponibilités alimentaires »[21].

L'OMS considère qu'entre 2 100 et 2 200 kilocalories par jour sont, en moyenne, nécessaires à une personne pour avoir une vie saine. Le minimum vital, ou métabolisme de base, est estimé entre 1200 et 1300. En Occident, la ration de calories « normale » est estimée à 2400 pour un adulte, 2900 pour un adolescent et 1830 pour un enfant de 7 ans. On estime qu'elle est de l'ordre de 1700 en Afrique. La sous-alimentation se définit surtout par une consommation de nourriture n'apportant pas assez de calories pour satisfaire les besoins physiologiques ordinaires. Cette « faim chronique » est le lot de 92% des quelque 854 millions de personnes sous-alimentées que recense la FAO sur la planète aujourd'hui, les 8% restants souffrant de « faim aiguë » à l'occasion d'une famine[22]. On parle de sous-alimentation lorsque l'apport en calories est inférieur aux besoins énergétiques alimentaires minimaux (BEAM).

Quant à la famine, elle est une « rupture absolue de l'approvisionnement alimentaire pour les populations entières, qui entraîne à brève échéance la mort si rien n'est fait pour interrompre le processus de dénutrition »[23]. « Toutes les famines du XXème siècle se sont produites dans des circonstances bien précises où l'intervention de l'homme a été déterminante. Les famines modernes sont ainsi le produit de la géopolitique. La manifestation de la famine est spectaculaire : la famine se traduit par un amaigrissement marqué, les médecins parlent d' « émaciation », des groupes à risque et notamment des enfants. La

---

19 Sylvie Brunel, *Famines et politique*, Ed. Presses et sciences Po, p. 15, 17.

20 Christian Troubé, *op.cit.*, p. 29.

21 Sylvie Brunel, *op.cit.*, p. 17, 22.

22 Christian Troubé, *op. cit.*, p. 26.

23 Christian Troubé, *ibid.*, p. 16.

famine est donc un phénomène visible, alors que la malnutrition peut être insidieuse. Si cette dernière est le plus souvent permanente et diffuse au sein d'une société sous-développée, la famine est toujours localisée dans le temps et dans l'espace : il n'existe pas de lieu où l'on meurt de faim en permanence. Il s'agit d'un phénomène collectif »[24].

Parmi les famines majeures des dernières décennies, on peut citer celles qui ont sévi au Nigéria en 1968-1970 *(guerre contre le Biafra)*, dans la zone soudano-sahélienne en 1985-87, au Nord de l'Irak en 1991 *(guerre contre les Kurdes)*, en Somalie en 1992, en République démocratique du Congo en 1996 *(à l'Est, attaques contre les réfugiés du Rwanda)*, en Corée du Nord en 1996-98 et en Ethiopie en 2000. Celle qui a perduré au Darfour (Ouest du Soudan) s'est, durant la première décennie de ce siècle, trouvée au centre de l'attention de la communauté internationale et, en 2011, c'était le cas de celle de la Corne de l'Afrique[25].

Deux milliards de personnes souffrent d'un manque de micronutriments

La faim n'est pas seulement une question de quantité quotidienne de nourriture absorbée et transformée en calories, c'est aussi une question de qualité des éléments nutritionnels absorbés[26].

Pour l'OMS et la FAO, plus de deux milliards de personnes souffrent de déficiences en micronutriments causées par une déficience diététique de vitamines et de minéraux. L'importance pour la santé publique de ces déficiences réside dans leur magnitude et dans leurs conséquences pour la santé, en particulier pour les femmes enceintes et les petits enfants ; en effet, ils affectent la croissance du fœtus et de l'enfant, le développement cognitif et la résistance à l'infection. Les problèmes les plus répandus et les plus aigus se trouvent normalement parmi les pauvres, ceux souffrant d'insécurité alimentaire et les ménages vulnérables dans les pays en développement[27].

---

[24] *Ibid.*, p. 28.
[25] *Ibid.*, p. 90 et ss.
[26] *Ibid.*, p. 28.
[27] OMS et FAO, *Guidelines on food fortification with micronutrients*, preface.

« Un brusque déficit de nourriture, à l'occasion d'une crise alimentaire (mauvaise récolte, conflit etc.), vient généralement se greffer sur un terreau de malnutrition chronique, acquis souvent dès l'enfance, voire dans le ventre de la mère. Aux carences nutritionnelles vient alors brusquement s'ajouter la réduction drastique de la ration alimentaire quotidienne, ce qui fait basculer des organismes déjà fragilisés dans la malnutrition aiguë. Un développement et une croissance perturbés seront les indicateurs de cette spirale de la faim, aux symptômes connus, comme le rachitisme, les retards physiques et mentaux. Fort logiquement, les maladies trouveront là un terreau favorable pour se développer. Avec de faibles défenses immunitaires, un individu dénutri sera plus sensible aux attaques de microbes ou de bactéries et sera donc plus fragile face aux maladies et aux épidémies. Aux symptômes qui découlent directement de la dénutrition, comme les diarrhées, s'ajoutera le risque de maladies infectieuses, comme la rougeole, la tuberculose ou le paludisme »[28].

L'UNICEF (Fonds des Nations Unies pour l'enfance) et la Banque mondiale constatent que, parmi les maladies les plus communes et les plus répandues provoquées par cette carence en micronutriments, on compte le kwashiorkor, fréquent en Afrique noire, l'anémie, le rachitisme et la cécité. Les adolescents victimes du kwashiorkor ont le ventre gonflé, les cheveux qui deviennent roux, le teint jaune. Ils perdent leurs dents. Quiconque est privé en permanence d'un apport suffisant de vitamine A devient aveugle. Le rachitisme empêche le développement normal de l'ossature de l'enfant. Quant à l'anémie, elle attaque le système sanguin et prive la victime d'énergie et de toute capacité de concentration[29].

L'Organisation mondiale de la santé classe les carences en fer, en vitamine A et en zinc parmi les dix premières causes de décès dans les pays du Sud. Là encore, les enfants sont particulièrement touchés[30].

---

[28] Christian Troubé, *op.cit.*, p. 39.
[29] UNICEF et Banque mondiale, *Vitamin and Mineral Deficiency*. A Global *Assessment Report*, New York, Genève, 2004.
[30] Christian Troubé, *op.cit.*, p. 29.

« Le manque de fer affecte plus d'un milliard et demi de personnes et reste la carence la plus courante. Cette carence touche le développement du cerveau et conduit, dans un cas sur deux, à l'anémie. Celle-ci se caractérise par une réduction de la production d'hémoglobine, vecteur de l'oxygène dans le sang, ce qui provoque des essoufflements, une extrême fatigue, des vertiges et des maux de tête. La carence en iode, qui touche 780 millions de personnes, touche aussi le développement du cerveau : 20 millions d'enfants naissent avec une déficience mentale parce que leur mère souffrait d'un manque d'iode, le symptôme le plus courant étant un goitre, qui correspond à un gonflement de la glande thyroïde. Le manque de vitamine A, qui touche 140 millions d'enfants, affaiblit le système immunitaire et augmente les risques de décès face à la rougeole et au paludisme. Le manque de vitamine D conduit, lui, au rachitisme. Tous ces déséquilibres nutritionnels enclenchent un cycle « malnutrition/infection » qui peut aller jusqu'au pronostic fatal.

La malnutrition apparaît lorsque l'alimentation ne fournit plus suffisamment de micronutriments, comme les vitamines ou les sels minéraux, et/ou de macronutriments, nécessaires aux besoins du corps. Ces carences, récurrentes ou conjoncturelles, sont au cœur du problème de la faim et, dans leur stade aigu, elles conduisent à la mort. Les personnes sous-alimentées se trouvent ainsi en manque d'énergie physique et mentale. Leur système immunitaire est aussi affaibli, ce qui ouvre la porte à des infections et à des maladies »[31].

Comment réagissent des personnes souffrant de faim et de sous-alimentation ? Selon le rapport (2009) de la FAO, pour faire face au fardeau de ces crises alimentaire et économique consécutives, les pauvres réduisent la diversité de leur régime alimentaire, ainsi que leurs dépenses de satisfaction des besoins essentiels comme l'éducation et les soins de santé. Les pauvres vont être contraints de puiser encore plus dans leurs maigres avoirs, enclenchant ainsi un cercle vicieux de la pauvreté et avec un retentissement négatif à long terme sur la sécurité alimentaire. La mortalité infantile augmentera, et les filles seront plus touchées que les garçons[32].

---

[31] *Ibid.*, p. 29.
[32] FAO/WFP, 2009.

La malnutrition et la suralimentation morbide

En 2008, il y avait dans le monde 1,4 milliard d'adultes présentant un excès de poids, dont 500 millions se trouvaient dans un état d'obésité morbide. Selon l'OMS, cette « épidémie globale », dont les causes se trouvent dans une alimentation trop riche en calories et peu variée, se développe rapidement. En 1980, un quart de tous les adultes étaient affectés, en 2008 c'était le cas déjà de plus d'un tiers, et se trouvant aussi, de plus en plus, dans des pays pauvres. L'excès de poids est considéré désormais comme la cause principale pour le diabète, la pression sanguine, les attaques cérébrales et certains cancers[33].

« La science et la recherche ont cherché à rendre les produits alimentaires de base plus profitables (par exemple, en transformant les pommes de terre en chips). Sont obtenus ainsi des aliments industriels, bon marché, avec beaucoup de graisse, de sucre et de sel, une longue durée de conservation mais de faible valeur nutritive. La consommation croissante de ces produits, qui remplacent des habitudes alimentaires traditionnelles plus diversifiées, contribue à une obésité croissante au niveau mondial et à des maladies chroniques dues à l'alimentation »[34].

L'usage massif d'antibiotiques dans l'élevage industriel est une menace sérieuse pour la santé humaine. Ainsi, en 2012, en Allemagne, 1 619 tonnes d'antibiotiques ont été utilisées dans ce type d'élevage, soit deux fois plus que dans la médecine humaine.

Le Rapport sur l'agriculture mondiale, paru en 2013, voit la cause commune de la sous-alimentation, de la suralimentation et de la malnutrition dans la séparation et dans l'éloignement de la production alimentaire de ses lieux de consommation et exige le rétablissement de ces liens à tous les niveaux. Les produits malsains devraient être taxés, les produits riches en sels, en sucres et en graisses régulés, la publicité pour la malbouffe restreinte et les subventions agricoles qui réduisent le coût des ingrédients supprimées, comme le propose Olivier de Schutter. A l'inverse, la production alimentaire locale devrait être encouragée afin

[33] Zukunftsstiftung Landwirtschaft, *op cit.*, p. 7.
[34] *Ibid.,*, p. 9.

de garantir à toutes les personnes un accès à des denrées saines, fraîches et nutritives[35].

La faim est essentiellement rurale

80% des personnes souffrant de sous-alimentation vivent en milieu rural. Selon la Task Force Spéciale des Nations Unies sur la faim, environ 50% des personnes souffrant de la faim sont des petits paysans, 20% sont des paysans sans terre et 10% sont des éleveurs nomades, des pêcheurs et des utilisateurs de la forêt, les 20% restants vivant dans des bidonvilles[36].

Une toute petite minorité bascule dans la famine à cause de situations d'urgence alimentaire dues à des conflits armés, à des conditions climatiques exceptionnelles - sécheresses ou inondations - ou à des transitions économiques violentes[37].

La grande majorité des fermiers des pays en développement sont de petits producteurs et, selon les estimations, 85% d'entre eux cultivent une surface inférieure à deux hectares. La pression démographique, l'inégalité qui caractérise la propriété foncière et les règles de l'héritage favorisant la fragmentation mènent à une diminution rapide de la superficie des exploitations agricoles dans de nombreuses régions d'Asie et d'Afrique[38].

La petite agriculture - l'exploitation familiale, une ferme de petite échelle et une main-d'œuvre salariée limitée - reste la forme la plus commune d'organisation agricole, et ce, même dans les pays industrialisés. Les données historiques confirment la supériorité de la petite exploitation agricole en tant que forme d'organisation[39].

Alors que dans les pays de l'Union Européenne, les agriculteurs représentent moins de 5% de la population totale, à l'échelle du monde, les ruraux et les agriculteurs sont encore très nombreux. Plus de la moitié

---

35 *Ibid.*, p. 7.

36 Banque mondiale, *L'Agriculture au service du développement*, Ed. De Boeck, 2008, p. 112, 113.

37 Christian Troubé, *op.cit.*, p. 21.

38 Banque mondiale, *op.cit.*, p. 106, 108.

39 Christian Troubé, *op.cit.*, p. 106.

de la population des pays en développement, 3,1 milliards de personnes ou 45% de la population mondiale, vivent dans des zones rurales. Près de 2,5 milliards de personnes dans les pays en développement et 2,6 milliards au niveau mondial vivent avant tout de l'agriculture[40]. L'agriculture est la base d'existence pour 62% de toutes les personnes en Afrique subsaharienne. En Asie du Sud, la moitié de la population est active dans l'agriculture[41].

La discrimination des femmes

Les trois quarts des plus pauvres se retrouvent dans cette population. Ce sont surtout les femmes qui ont à souffrir de cette situation, alors que ce sont précisément elles qui assurent entre 60% et 80% de la production agricole.

Dans les pays en développement, les femmes assument une grande partie de la production alimentaire des ménages. Elles passent de longues heures dans les champs, s'occupent du bétail et du potager, ramassent le bois de chauffage, puisent de l'eau, préparent et cuisinent les plats, prennent soin des enfants et gèrent l'argent du foyer[42].

Le fardeau qui pèse sur les femmes dans les zones rurales augmente chaque fois que la pression démographique dépasse le développement et que toujours plus d'hommes quittent leurs fermes pour se mettre à la recherche d'un travail dans les villes[43].

Les femmes et les filles sont toujours nettement plus affectées que les hommes par la pauvreté, la faim et la maladie. Dans les familles, elles doivent se contenter de rations alimentaires plus réduites que les hommes et sur le marché de l'emploi des salaires nettement plus réduits leur sont payés – des salaires de misère au vrai sens du mot. Les mères souffrent le plus du manque de nourriture équilibrée et de soins médicaux de base et la responsabilité pour la survie des enfants leur demande encore souvent des renonciations additionnelles. Les femmes ont aussi un contrôle

---

[40] FAO, 2012.
[41] Organisation Internationale du Travail, *Global employment trends 2013. Recovering from a second jobs dip,* Genève 2013.
[42] Christian Troubé, *op.cit.,* p. 99, 100.
[43] Zukunftsstiftung Landwirtschaft, *op. cit.*, p. 24

beaucoup plus réduit des moyens de production et un accès plus faible à l'éducation, aux services de conseil et au crédit[44].

Deux types d'agriculture différents

Deux types bien distincts caractérisent aujourd'hui l'économie agricole mondiale :

- une agriculture à productivité très élevée et rapidement croissante dans les pays du Nord et certains pays en développement ou « émergents » comme le Brésil, l'Argentine, le Chili et la Thaïlande ;

- une agriculture familiale à productivité très basse et stagnante dans la grande majorité des pays en développement et notamment africains. Sur les 1,3 milliard de paysans au monde, on ne compte que 28 millions de tracteurs, soit 2% du total des actifs, et 250 millions d'animaux de travail, soit 19,2%. En d'autres termes, environ 1 milliard d'actifs travaillent uniquement avec des outils manuels, une houe, une bêche, une faucille, une machette…[45].

Ces différences apparaissent également au niveau de l'équipement et de l'utilisation des intrants. En Amérique du Nord et en Europe, on compte en moyenne un tracteur pour chaque fermier. En Amérique latine et en Asie, ce rapport est encore de un à dix. Dans beaucoup de pays d'Afrique cependant, on comptabilise seulement un tracteur sur 1 000 travailleurs ruraux. S'agissant de l'utilisation d'engrais chimiques, le tableau est assez comparable : en Chine et en Europe, 200 à 400 kilogrammes d'engrais sont utilisés par hectare de surface cultivable, entre 100 et 200 aux Etats-Unis et en Inde et moins de 10 dans beaucoup de pays d'Afrique[46].

Il en résulte que le rapport de productivité entre les agricultures du Nord et des pays émergents, comme le Brésil, et celles de la grande majorité des pays en développement, qui était de 10 à 1 au début du XXème siècle, est aujourd'hui de l'ordre de 1 000 à 1 voire même plus[47]. En d'autres

[44] *Ibid.*, p. 24.
[45] Mazoyer et Roudart, *op.cit.*, p. 18
[46] Millstone/Lang, *The Atlas of Food*, Earthscan, 2008, p. 34-35, 48-49.
[47] Mazoyer et Roudart, *op.cit.*, p.19.

termes, quand un paysan du Malawi ou du Burkina produit une tonne de céréales, dans le même temps, le fermier de l'Union Européenne ou du Brésil en produit au moins 1 000 tonnes.

Le professeur Marcel Mazoyer souligne que « les inégalités d'équipement, de productivité et de revenu entre les différentes agricultures du monde sont énormes : d'un côté, quelques millions d'agriculteurs qui disposent de puissants tracteurs et de machines valant plusieurs centaines de milliers d'euros et qui utilisent les intrants (semences et engrais) les plus efficaces, peuvent produire plus de 1000 tonnes de céréales ou équivalent céréales par travailleur et par an ; de l'autre côté, des centaines de millions de paysans qui disposent seulement d'un outillage manuel ne valant que quelques dizaines d'euros et qui n'utilisent pas d'intrants efficaces, ne peuvent produire plus de 1 tonne de céréales ou d'équivalent céréales par travailleur et par an » [48].

« Ainsi, dans les pays en développement, les paysans produisant moins d'une tonne de céréales par an, valant aujourd'hui autour de 100 euros la tonne, et les salariés agricoles gagnant moins de 2 euros par jour se comptent par centaines de millions : il n'est donc pas étonnant que la pauvreté et la sous-alimentation soient aussi massivement répandues dans les campagnes du monde » [49].

---

[48] *Ibid.*, p. 19.
[49] *Ibid.*

2. *La crise alimentaire*

A. La crise alimentaire de 2008

« Des Haïtiens en sont réduits à manger de la boue », titrait le journal suisse « Le Temps », le 17 février 2008. Il s'agit de galettes faites de terre, d'eau, d'huile et de sel. Ce fut au plus fort de la crise alimentaire planétaire qui a éclaté au début de 2008. De mars 2007 à mars 2008, le prix du blé a augmenté de 130%, celui du soja de 87%, celui du riz de 75%, celui du maïs de 31%. La flambée des prix des denrées alimentaires a affecté tout particulièrement les populations vulnérables des villes des pays en développement qui consacrent une grande part de leurs revenus à l'alimentation.

D'Abidjan à Port-au-Prince, du Caire à Dakar, partout dans le monde des émeutes ont éclaté, des manifestations ont été organisées, parfois durement réprimées, des attroupements ont eu lieu devant des palais présidentiels comme à Haïti où le Président a été conduit à démissionner. La crise alimentaire a déclenché des crises politiques qui ont secoué la communauté internationale. Au Bangladesh, quelque 20 000 travailleurs du textile sont descendus dans la rue pour dénoncer l'augmentation vertigineuse des produits alimentaires et aussi pour demander des salaires plus élevés. Des manifestations et des grèves ont également eu lieu en Bolivie, au Pérou, au Mexique, aux Philippines, en Indonésie, en Ethiopie, au Pakistan, en Ouzbékistan, en Thaïlande et au Yémen. Les dirigeants politiques s'en sont inquiétés. L'opinion publique mondiale en a été étonnée et alarmée. Comment comprendre qu'au début du XXIème siècle, la faim puisse être de retour ?

B. Les causes conjoncturelles ou à court terme

Il convient de faire la distinction entre causes conjoncturelles ou « récentes » et causes structurelles ou « à long terme ». Font partie de la première catégorie les dérèglements climatiques en 2007 comme la sécheresse en Australie, la production des agrocarburants, la spéculation boursière, les mesures d'interdiction des exportations de riz et le déstockage. La deuxième comprend la question de l'augmentation de la demande, la négligence de l'agriculture et surtout les stratégies erronées qui seront examinées dans les chapitres 3 et 4. Outre ces deux catégories, l'augmentation du prix du pétrole est également à considérer comme un autre facteur essentiel de renchérissement des prix, étant donné qu'il est un important élément du coût de certains équipements et de certains intrants comme les engrais et les pesticides.

a) La spéculation boursière

Tous les analystes du problème ont été d'accord pour estimer que la spéculation a joué un rôle très important dans la brusque hausse des prix alimentaires en 2008. On retrouve ici le phénomène récurrent des bulles spéculatives intervenues sur les marchés boursiers ou immobiliers qui allaient se reproduire à peine un an plus tard pour déclencher la crise financière et économique.

Selon le *New York Times* du 22 avril 2008, l'augmentation du prix des produits de base a créé immédiatement un boom qui a « attiré un torrent de nouveaux investissements de Wall Street, estimés à au moins 300 milliards de dollars ».

Pour Michel Chossudovsky, économiste canadien, professeur à l'Université d'Ottawa et directeur du Centre de recherche sur la Mondialisation, l'escalade des prix des produits alimentaires est en grande partie le résultat d'une manipulation du marché et attribuable à la spéculation boursière sur les marchés des matières premières. Des transactions spéculatives sur le blé, le riz ou le maïs peuvent se produire sans réalité concrète, ainsi la spéculation génère la volatilité des prix[50].

Pour la FAO et la CNUCED, les investissements financiers dans ces produits de base causent avant tout une volatilité accrue sur les marchés.

b) Les agrocarburants

Face au problème des prix élevés du pétrole et de la disponibilité des carburants fossiles, les Etats-Unis et l'Union Européenne, mais aussi des pays comme le Brésil, soutiennent activement la production d'agrocarburants liquides. Les impacts économiques, environnementaux et sociaux des agrocarburants sont largement débattus. Pour la Banque mondiale, les risques environnementaux et la pression à la hausse des

[50] Michel Chossudovsky, *La famine mondiale* ; Michel Collon Investigation, 26.05.08.

prix alimentaires constituent le revers de la médaille de cette politique énergétique[51] (*voir chapitre 10*).

Aux Etats-Unis, la surface de maïs réservée à la production d'éthanol a rapidement augmenté ces dernières années. En 2007-2008, 23,7% de la production de maïs a été consacrée à la production d'éthanol, contre seulement 14,4% en 2005-2006. La production d'éthanol est ainsi passée de 3,785 milliards de litres en 2005 à 18,925 milliards de litres en 2006, soit cinq fois plus, et atteignait plus de 35 milliards de litres en 2009, donc neuf fois plus[52].

Pour le professeur Jacques Berthelot, les Etats-Unis sont indubitablement les principaux responsables de la flambée des prix agricoles et des émeutes de la faim par les objectifs démesurés qu'ils se sont fixés pour la production d'agrocarburants et parce que ce sont les prix des grains des Etats-Unis qui font les prix mondiaux sur lesquels les autres pays exportateurs s'alignent.

La forte hausse de prix du maïs en 2006-2007 a entraîné une forte hausse des surfaces semées en maïs et une récolte record en 2007, au détriment des surfaces attribuées à la production de blé et de soja, dont les prix ont bondi davantage que celui du maïs.

La plupart des analystes ont conclu que l'augmentation de la production d'éthanol est une cause majeure, depuis 2005, de l'augmentation du prix d'abord du maïs, mais également du blé et du riz. Selon la FAO, l'éthanol de maïs des Etats-Unis est responsable d'un tiers de la hausse des prix du maïs. Cette responsabilité de l'éthanol de maïs est difficilement contestable dans cette flambée des prix mondiaux si l'on observe que le second producteur et exportateur d'éthanol, le Brésil, le produit, lui, à partir de la canne à sucre et non du maïs. Or, le prix mondial du sucre est resté très bas en 2007 et était encore inférieur en février 2008 à son niveau de 2006[53].

---

[51] Banque mondiale, *op.cit.*, p. 82, 83.

[52] Jacques Berthelot, *Démêler le vrai du faux dans la flambée des prix agricoles mondiaux*, p. 33.

[53] Jacques Berthelot, *ibid.*

c) Les mesures d'interdiction des exportations de riz

Au plus fort de la crise, une quinzaine de pays dont la Chine, l'Inde et la Russie, mais aussi des pays comme l'Argentine, le Vietnam, le Pakistan, l'Egypte, le Bangladesh et l'Ethiopie, ont imposé des restrictions sur les exportations de produits agricoles de base[54]. En mars 2008, les plus importants exportateurs de riz (la Thaïlande, la Chine et l'Inde) ont d'un coup banni toute exportation de riz, afin, ont-ils affirmé, d'assurer la sécurité alimentaire sur le plan national et de lutter contre l'inflation. Cette mesure a engendré une augmentation massive du prix du riz renforcée par la spéculation boursière. Ont ainsi été frappés assez durement les pays importateurs de riz comme l'Egypte, le Bangladesh, les Philippines, et nombre de pays pauvres de l'Afrique.

Si, selon la CNUCED, ces mesures peuvent être considérées comme conformes aux règles de l'OMC[55], le Japon a, au sein de l'OMC, introduit dans les négociations du Doha Round une proposition appuyée par la Suisse visant à interdire de telles mesures prises sans aucune concertation. Cette déstabilisation des marchés internationaux agricoles aura de fortes répercussions sur la politique de sécurité alimentaire que nombre de gouvernements vont poursuivre par la suite (*voir chapitre 11*).

d) Les stocks

Les stocks mondiaux des céréales sont tombés de 70,1 jours de consommation en 2005-2006 à 59,8 jours en 2007-2008. Ce niveau historiquement bas des stocks a joué un rôle structurel majeur.

Selon le professeur Marcel Mazoyer, « la raison de la chute des stocks, c'est la baisse des prix des 25 années qui précèdent. Cela se passe ainsi tous les 25 ou 30 ans, depuis 200 ans. De 1975 à 2005-2006, les prix des matières premières agricoles sur le marché international avaient été divisés environ par six. Les stocks se vidaient petit à petit. En ce qui concerne les céréales, ils étaient tombés à moins de 16% de la production et de la consommation mondiales. Arrivé à ce niveau, il suffit d'un rien pour que les prix explosent ». De fait, lors de la crise alimentaire de 1974, la baisse des stocks avait déjà joué un rôle important. Susan

---

[54] Frédéric Lemaître, *Demain la faim* !, Ed. Grasset, 2009, p. 64.

[55] CNUCED, *Addressing the global food crisis*, 2008, p. 15.

George avait alors écrit que les stocks, descendus en dessous de 96 millions de tonnes, ne représentaient que 26 jours de consommation. Elle constatait une opposition « farouche » des compagnies commerciales à l'établissement d'un système de réserves[56].

La FAO préconise depuis longtemps l'établissement d'un contrôle international des stocks mondiaux de céréales dont elle a fixé le niveau de « sécurité » à 230 millions de tonnes ; 160 millions constitueraient le stock exploitable et les 70 millions de tonnes restants seraient utilisés, en cas de besoin, pour lutter contre la famine dans les années de mauvaise récolte[57]. Comme la crise de 2007-2008 l'a montré, la question de la gestion adéquate de ces stocks reste entière.

C. Les causes structurelles : la question de la nouvelle demande en Chine et en Inde

Jacques Diouf, ancien directeur général de la FAO, mais aussi des Chefs d'Etat ou de gouvernement comme George Bush ou Angela Merkel ainsi que les médias occidentaux ont imputé une responsabilité importante à la Chine et à l'Inde du fait de la forte hausse de leur consommation alimentaire, notamment de viande, liée à leur forte croissance économique. Qu'en est-il exactement ?

Jacques Berthelot relativise ces affirmations en notant que ces deux pays conservent une balance commerciale agricole excédentaire et restent d'importants exportateurs nets de céréales, même s'ils sont devenus de très gros importateurs d'oléagineux. Ni la Chine, ni l'Inde ne peuvent être rendues responsables de l'augmentation des prix agricoles. Mais on oublie en revanche que l'UE non seulement reste le premier importateur d'oléagineux, mais a été également le troisième importateur net de céréales en 2007-2008, après le Japon et le Mexique et avant la Corée du Sud et l'Egypte[58].

---

56 Susan George, *Comment meurt l'autre moitié du monde*, p. 178 - Frédéric Lemaître, *op.cit.*, p. 65.
57 Susan George, *ibid.*, p. 178.
58 Jacques Berthelot, *op.cit.*, p. 42.

D. *L'augmentation des prix agricoles suit une longue période de baisse. La volatilité des prix agricoles*[59]

La flambée des prix des produits agricoles en 2007-2008 doit toutefois être fortement nuancée si on la restitue en longue période. En trente ans, de 1976 à 2006, les prix des produits alimentaires ont baissé en moyenne de 2% à 3% par an. Depuis, ils remontent, mais restent historiquement bas[60]. Ainsi, en 1949, le prix réel du blé sur le marché de Chicago a dépassé les 400 dollars la tonne (dollars 1998). En 1997, ce prix était descendu à quelque 100 dollars. La seule exception sur cette période de près de quarante ans, a été la crise alimentaire de 1974. Si les prix des matières premières ont à nouveau augmenté, ils sont loin d'atteindre les records des années 1970. En janvier 1971, la tonne de riz valait 129 dollars. En avril 1974, le prix du riz s'élevait à 630 dollars la tonne, un record sans précédent[61].

La conclusion est évidente. Les prix élevés n'ont rien d'exceptionnel. C'est plutôt la baisse durant plus d'un quart de siècle qui, sur le moyen terme, paraît atypique. Si tel est bien le cas, les prix devraient rester élevés. Nous ne sommes donc pas confrontés à une crise provisoire, dont nous devrions attendre la fin prochaine, mais à un nouvel équilibre alimentaire[62]. Depuis 2008, les prix des produits alimentaires restent à un niveau plus élevé qu'avant la crise. En même temps, ils sont soumis à des fluctuations importantes qui ont à nouveau conduit à des tensions dans certains pays. En 2011, le monde a même connu un deuxième choc global des prix agricoles[63].

Selon une étude réalisée par l'Université de Tennessee, les prix aux Etats-Unis des principaux produits d'exportation agricoles - maïs, blé, soya, coton et riz - ont chuté de plus de 40% entre 1996 et 2004. Cette baisse s'est répercutée sur le monde entier. Un phénomène similaire s'est observé en ce qui concerne les produits agricoles d'exportation qui occupent une place importante, surtout pour certains des pays les moins

---

59 Une partie de cette analyse s'appuie sur *« l'analyse critique des causes de la flambée des prix agricoles mondiaux »*, par Jacques Berthelot.

60 Frédéric Lemaître, *op.cit.*, p. 60.

61 Susan George, *op.cit.*, p. 164.

62 Frédéric Lemaître, *op.cit.*

63 Zukunftsstiftung Landwirtschaft, *op. cit.* , p. 3

avancés (PMA). Ainsi, en 20 ans, les prix du café, du cacao, du sucre et de l'huile de palme ont diminué de plus de 60%[64].

E. La crise avant la crise alimentaire

Les fermiers américains, conclut cette étude, continuent d'être forcés de quitter la terre malgré des subventions massives du gouvernement visant à compenser les bas prix. L'impact sur les fermiers d'autres pays a été encore plus dévastateur. D'Haïti au Burkina Faso, des Philippines au Pérou, ces bas prix sans précédent ont détruit des existences et récolté le désespoir, la famine et la migration.

L'indice des prix agricoles mondiaux qui se situait à 155 en 1977, était tombé à 94 en 2002. Les termes de l'échange n'ont cessé de se dégrader. Le pouvoir d'achat dégagé par les produits agricoles des pays en développement a été divisé par trois en trente ans. Cette chute a beaucoup contribué à aggraver les problèmes de nombreux pays du Sud, notamment sur le plan de la dette. Au Nord, les paysans ont pu s'adresser à leurs gouvernements pour avoir des compensations, des aides. Au Sud, les gouvernements ne sont pas en mesure de payer de telles aides. Et là où elles existaient, elles ont dû être abandonnées dans le cadre des politiques d'ajustement structurel octroyées par les institutions de Bretton Woods *(voir chapitre 4)*.

Le professeur Marcel Mazoyer écrivait en 2003 que les prix agricoles internationaux s'établissent à des niveaux très inférieurs aux prix de revient de la très grande majorité des paysans du monde ; très inférieurs aux prix qui leur permettraient de vivre dignement de leur travail, d'investir et de se développer ; inférieurs même aux prix qui permettraient aux plus démunis d'entre eux de manger à leur faim[65].

---

[64] Daryll Ray, Daniel De la Torre Ugarte, Kelly Tiller, Agricultural Policy Analysis Center, Tennessee University, *"Rethinking US Agricultural Policy : Changing Course to Secure Farmer Livelihoods Worldwide"*, 2003, p. 8.

[65] Marcel Mazoyer, *Mondialisation et pauvreté paysanne*, dans Alternatives Sud, *Question agraire et mondialisation*, Centre Tricontinental/L'Harmattan, 2003, p. 7.

La baisse des prix

« Dans les pays en développement, confrontés à la baisse des prix, les paysans faiblement outillés, mal situés et peu productifs ont d'abord vu leur pouvoir d'achat baisser. La majorité d'entre eux s'est retrouvée dans l'incapacité d'acheter des outils plus performants, et même d'acheter des intrants efficaces de la révolution verte. Leur développement a donc été bloqué. La baisse des prix se poursuivant, leur revenu monétaire est devenu insuffisant pour, à la fois, renouveler leur outillage et acheter quelques biens de consommation indispensables. Ils ont dû alors faire des sacrifices de toutes sortes, vendre leur menu bétail, réduire leurs achats etc. Ils ont dû aussi étendre le plus possible les cultures destinées à la vente, et réduire la superficie des cultures vivrières destinées à l'autoconsommation familiale, car la superficie totale cultivable avec leurs faibles outils est forcément très limitée. C'est dire que la survie de l'exploitation paysanne dont le revenu tombe en dessous du seuil de renouvellement économique n'est possible qu'au prix d'une véritable décapitalisation (vente de cheptel vif, réduction et mauvais entretien de l'outillage) et de la sous-alimentation »[66].

Il est évident que le niveau des prix agricoles que touchent les paysans pour leurs produits est essentiel pour leur revenu et pour leur capacité à s'alimenter et à survivre. Et pourtant, bien rares sinon inexistantes ont été les publications des organisations internationales qui ont examiné et analysé cette dimension clé. Une des causes structurelles profondes du problème de la pauvreté, de la faim et de la malnutrition est ainsi restée ignorée.

On a tendance à oublier que le problème de la faim et de la malnutrition n'est pas nouveau. Déjà avant la crise alimentaire de 2008, plus de 850 millions de personnes, surtout des enfants, souffraient de faim et de malnutrition. Année après année, le Conseil des droits de l'Homme des Nations Unies a examiné la situation de ces affamés dont le droit à l'alimentation a été violé. Il serait donc plus correct de dire qu'en 2008, il y a eu une aggravation subite et brutale de la crise alimentaire qui existe depuis longtemps.

[66] Mazoyer & Roudart, *op.cit.*, p. 27.

On peut dès lors se demander pourquoi la communauté internationale a manifesté une si grande préoccupation lorsque la crise alimentaire a éclaté alors qu'elle ne paraissait, dans son ensemble, pas tellement concernée par un problème déjà existant. La réponse est que, cette fois, ce sont surtout les consommateurs les plus vulnérables habitant les villes situées dans les pays en développement qui sont affectés. Ceux-ci ne se laissent pas faire, ils protestent, organisent des manifestations, se battent contre la police, se réunissent et demandent des changements politiques sinon même la démission des dirigeants politiques.

La majorité des 850 millions d'affamés qui existaient avant cette crise de 2008, en revanche, se trouve en milieu rural, loin des villes. Ces personnes - souvent de petits paysans ou des paysans sans terre, très pauvres - sont mal éduquées, mal informées, très peu organisées et très peu mobilisables. Guère menacés par ces victimes de la faim et de la malnutrition, ni les gouvernements des pays concernés, ni la communauté internationale ne se sentaient obligés de réagir. Ce qui explique aussi à quel point le milieu rural et l'agriculture ont pu être négligés tant par les gouvernements des pays concernés que par les bailleurs de fonds internationaux (*voir chapitre 3).*

3. *L'agriculture, un secteur négligé*

La baisse à long terme des investissements de l'APD dans l'agriculture

Subventionner l'agriculture est une des stratégies les plus efficaces pour réduire la pauvreté et la faim et pour encourager un développement durable. Ce sont les paysans eux-mêmes qui, dans des conditions souvent difficiles, assurent la part de loin la plus importante des investissements nécessaires[67]. Les bailleurs de fonds étatiques étrangers pourraient toutefois jouer un rôle important dans l'amélioration des conditions de vie de la population rurale et, en particulier, celles des petits paysans dans les pays en développement.

Hélas, la part réservée à l'agriculture dans l'Aide Publique au Développement (APD) a diminué de manière significative ces derniers vingt-cinq ans. Elle est passée de 19% en 1980 à 3,8% en 2004 avant de remonter légèrement à quelque 6% en 2010 *(voir tableau no 3).*

Tableau n°3 :

Régression de la part de l'Aide Publique au Développement (APD) pour l'agriculture (pourcentage)

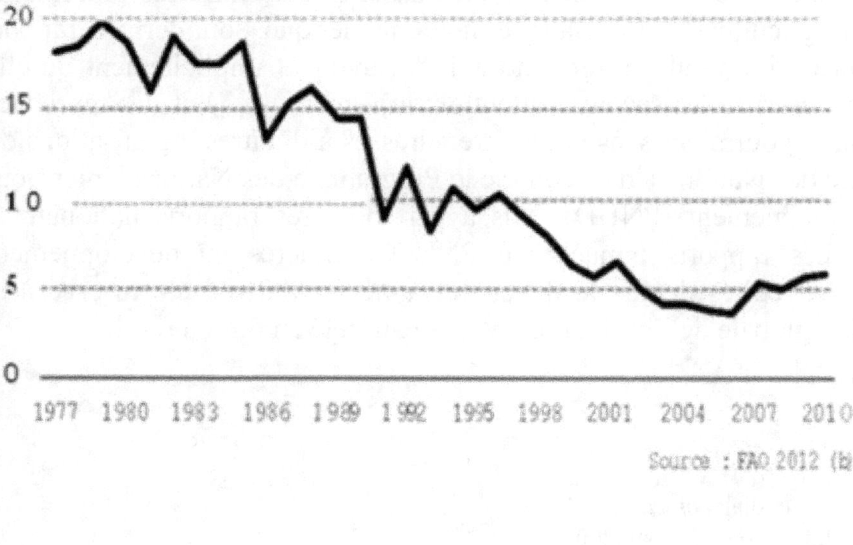

[67] FAO, 2012, p. XI-XV.

Elle a également régressé, en termes absolus, de 8 milliards de dollars en 1984 à 3,4 milliards en 2004. La baisse la plus importante concerne la contribution des institutions financières multilatérales, particulièrement la Banque mondiale. Le volume de ses ressources financières réservé par la Banque mondiale à l'agriculture est tombé de 32% en 1977-1979 à 9% en 1999-2000. La part des prêts alloués à ce secteur a diminué d'un tiers de 1993-1995 à 1998-2000.

L'Aide Publique au Développement totale pour l'agriculture en Afrique a quelque peu augmenté dans les années 1980, mais est revenue à son niveau de 1975, c'est-à-dire environ 1,2 milliard de dollars. Cette perte d'intérêt pour l'agriculture est pour le moins surprenante alors que l'on observait une croissance de la pauvreté rurale[68].

Pour Olivier de Schutter, ancien Rapporteur spécial de l'ONU pour le droit à l'alimentation, la Banque mondiale et le FMI ont gravement sous-estimé la nécessité d'investir dans l'agriculture[69]. La Banque mondiale reconnaissait elle-même, en 2008, que l'agriculture a été négligée dans les efforts de développement. Son rapport note que l'agriculture a servi de base à la croissance et réduit la pauvreté dans de nombreux pays, mais que plus de pays pourraient en bénéficier, si les pouvoirs publics et les bailleurs de fonds pouvaient combler des années de négligence politique et remédier à leurs sous-investissements et à leurs mauvais placements dans l'agriculture[70]. La Banque note même que son dernier rapport consacré à l'agriculture remonte à 1982, avouant implicitement qu'elle n'a pas réservé à ce secteur l'attention qu'il mérite[71]. Mais des reproches similaires pourraient sans doute être adressés à d'autres organisations du système des Nations Unies comme le Programme des Nations Unies pour le Développement (PNUD). Mis à part de rares rapports nationaux[72], aucun des rapports annuels du PNUD consacrés au développement humain et édités depuis le début des années 1990 n'a été réservé à la question globale de l'agriculture et à la pauvreté en milieu rural.

---

[68] Banque mondiale, *op.cit.*, p. 60.
[69] Journal, Le Monde, 3 mai, 2008.
[70] Banque mondiale, *op.cit.*, p. 2.
[71] *Ibid.*, p. 9.
[72] Comme celui consacré à l'Ouganda « Uganda HDR 2007 ».

Le bilan d'autres organisations importantes comme l'Union Européenne n'est guère plus brillant. Ainsi, la part des contributions consenties pour l'agriculture et les zones rurales par l'Union Européenne est passée de 24% dans les années 1986-1990 à 2,2% dans les années 1996-1998[73].

Ce déclin des fonds pour l'agriculture de la part des pays développés a été accompagné par une baisse similaire des ressources des gouvernements des pays en développement. Souvent cette part est inférieure à 5% des budgets publics. C'est en Afrique que la part de ces dépenses est sensiblement inférieure à celle des autres pays[74]. En Asie et en Amérique latine, la baisse des financements publics de l'agriculture reflète partiellement la perte de l'importance de l'agriculture pour l'économie[75]. C'est surtout l'Afrique subsaharienne qui a souffert de cette tendance[76]. En effet, dans les pays les plus pauvres et notamment en Afrique subsaharienne, la part des dépenses publiques dans l'agriculture n'a jamais atteint un niveau très élevé. De 6,9% de ces dépenses en 1980, elle a été réduite à 4% en 2004.

Depuis 2005, les moyens de l'aide publique au développement pour l'agriculture et le développement rural ont à nouveau augmenté quelque peu. Ainsi, les pays industrialisés ont dépensé pour ces secteurs, en 2009-2010, 6,6 milliards de dollars, 2,2 milliards de plus qu'en 2005-2006. Ce qui ne représente toujours que 5% de la dépense totale de l'APD en 2010, qui s'élevait à 128,7 milliards de dollars.

Les aides publiques pour la recherche agricole ont également été fortement réduites. Entre 1980 et 2006, elles ont diminué de plus de la moitié passant de 6 milliards de dollars à 2,8 milliards par an. Les Etats-Unis à eux seuls ont fait passer leur appui à la recherche agricole de 2,3 milliards à 624 millions de dollars[77].

---

[73] Hartmut Brandt et Uwe Otzen, *op.cit.*, p.38, 39.
[74] Banque mondiale, *op.cit.*, p. 49.
[75] *Ibid.*
[76] Banque mondiale, *op.cit.*, p.40.
[77] Jomo Kwame Sundaram, *The 2008 World Food Crisis*, 2008, p. 3.

Une des conséquences : une urbanisation sauvage

Chaque année, quelque 50 millions de paysans quittent la terre pour se mettre à la recherche d'une nouvelle base d'existence dans les bidonvilles. Ce sont souvent les hommes et les jeunes qui prennent cette initiative. Souvent, les femmes restent au village pour continuer à s'occuper de l'entretien de la ferme et des champs ainsi que du bétail.

L'urbanisation sauvage dans les pays en développement est largement le résultat de la négligence du secteur rural et de la paysannerie. L'exode rural est avant tout l'expression de la misère et du désespoir de cette paysannerie. Cet exode a maintenant tendance à s'accélérer surtout en Afrique où les taux d'urbanisation dépassent aisément ceux des pays asiatiques en développement[78].

La fuite vers les villes s'avère, dans bien des cas, une illusion, car les conditions de vie y sont très précaires et les activités ou les emplois décents sont rares.

« Cette situation montre qu'une large majorité de ceux qui émigrent dans les villes dans les pays de l'Afrique subsaharienne finiront dans la pauvreté. D'un autre côté, cette contradiction est aussi une indication forte sur la pauvreté oppressive, le sous-équipement relatif en services sociaux et un manque général de perspectives de progrès des zones rurales dont les gens sont aujourd'hui bien conscients »[79].

« Une des causes principales de ce déséquilibre est l'abandon de la politique agricole. Sont responsables de cette fuite de la campagne, en premier lieu, l'absence de perspectives dans l'agriculture, deuxièmement, une politique du « pain à bon marché » dans les zones urbaines grâce aux importations et, troisièmement, la concentration de la coopération au développement sur les villes »[80] .

---

[78] Hartmut Brandt et Uwe Otzen, *ibid.*, p. 93, 94.
[79] *Ibid.*
[80] *Ibid.*

Quand le désespoir conduit à Lampedusa

La misère, la pauvreté, l'absence de perspectives, la violence et la guerre dans leur pays conduisent de plus en plus d'hommes, de femmes et d'enfants des pays, dits « en développement » à rechercher leur bonheur ailleurs. Ils quittent leur patrie, que celle-ci soit en Amérique centrale, en Afrique ou en Asie. Les uns se lancent sur le chemin long et incertain vers l'Amérique du Nord, les autres vers l'Europe ou l'Afrique du Sud. Souvent la famille réunit toute son épargne pour payer le transfert coûteux, en bateau vers l'Italie, l'Espagne ou la Grèce,[81] à des passeurs sans scrupules. Pour y arriver, ils courent d'énormes risques et acceptent des sacrifices douloureux. En passant par Lampedusa ou par Ceuta et Melilla. Le nombre des demandeurs d'asile ne cesse d'augmenter.

C'est ainsi que 23 000 êtres humains ont perdu la vie au cours des quinze dernières années aux frontières de la forteresse de l'Europe, comme le dénonce Amnesty International. Rien qu'au début d'octobre 2013, quelque 400 personnes se sont noyées le long des côtes de Lampedusa. Le pape a effectué une visite sur cette île en juillet 2013. Il a pris position contre la « globalisation de l'indifférence ». « C'est une honte », s'est-il écrié ! Les hommes politiques de l'Europe demandent une autre politique d'asile qui soit mieux coordonnée, un renforcement du système Frontex qui devrait sécuriser les frontières de la Méditerranée à l'aide de bateaux de surveillance, toujours plus nombreux et mieux équipés. Ils traitent ainsi les symptômes du problème, mais non pas ses causes plus profondes. Ce sera seulement lorsque l'Europe permettra aux pays du Sud de développer leur économie - et en particulier leur agriculture - et de créer ainsi des emplois, que le problème pourra trouver une solution.

Le démantèlement des compétences

Brandt et Otzen, chercheurs au DIE (Institut allemand pour le développement) attirent l'attention sur un autre effet dramatique de cette négligence pour le développement. Celle-ci a conduit à un grave problème de capacités humaines. Où peut-on encore trouver des spécialistes en agriculture dans les coopérations au développement, se demandent-ils ? Cela vaut en premier lieu pour les pays en développement dont les ministères de l'Agriculture ne disposent plus

[81] *Ibid.*

guère d'agronomes, d'économistes et autres spécialistes. Cela vaut aussi pour les ministères de la Coopération des pays donateurs autant que pour les organisations internationales. Un immense retard s'est créé qu'il ne sera pas facile de combler. Au Sénégal, constate l'Institut International français des Relations Internationales (IFRI), la moyenne d'âge au ministère de l'Agriculture est d'environ 55 ans, certains postes n'ont pas été occupés, il y a eu blocage dans l'évolution des carrières, résultat des programmes d'ajustement structurel, ce qui a conduit les éléments les plus dynamiques à partir dans le secteur privé[82].

La répartition des ressources financières est considérée par Hartmut Brandt et Uwe Otzen comme complètement inadéquate au vu de la distribution spatiale de la pauvreté et ceci dès avant la crise alimentaire. Ces auteurs éprouvent de plus en plus de doutes sur la qualité de l'allocation des ressources, alors que l'objectif essentiel de la coopération au développement bi- et multilatérale est la réduction de la pauvreté et qu'entre 75% et 85% des pauvres vivent en milieu rural. Selon eux, le développement agricole et rural est la seule voie pour s'approcher de l'objectif visant à réduire de moitié la pauvreté d'ici 2015[83].

Le biais urbain

Parmi les causes de cette situation, les auteurs avancent l'image conceptuelle que les élites technocratiques et politiques, tant des pays donateurs que des pays bénéficiaires, ont du processus de développement. Cette image serait influencée par un biais mental « urbain » qui conduit à la négligence de l'agriculture et des zones rurales. Viennent enfin le risque d'échec et les coûts plus élevés des projets de développement agricole et rural[84]. Une intelligentsia basée dans les villes - y compris parmi les économistes du développement - et des systèmes politiques essentiellement urbains se combinent pour former un biais intellectuel et une pression politique, deux forces orientant les ressources vers le secteur urbain[85].

---

[82] Institut Français des Relations Internationales (IFRI), *Les émeutes de la faim au Sénégal*, 2010.
[83] Hartmut Brandt and Uwe Otzen, *op. cit.,* p. 5.
[84] *Ibid.*, p. 93-94.
[85] *Ibid.*

L'ingénieur agronome et sociologue René Dumont avait suggéré, dès les années 1980, que l'une des raisons du peu d'importance accordée à l'agriculture, et notamment aux petits agriculteurs, dans bien des pays en développement pouvait se trouver dans le système d'éducation dominant : « Le système d'éducation du tiers-monde, servilement copié sur le nôtre dans des conditions complètement différentes, a ralenti le développement agricole et poussé les jeunes générations à abandonner l'agriculture. Le fossé entre la ville exploitante et la campagne exploitée accroît l'exode rural et la prolifération des bidonvilles. Le secteur agricole ne dispose pas du personnel formé nécessaire à sa modernisation. La plupart des animateurs ruraux, parfois formés en Europe, sont habitués à la vie citadine et ne peuvent se réadapter au monde rural[86]. »

Pour l'ingénieur agronome et économiste Michel Griffon, une des deux causes plus fondamentales de la faim et de la sous-alimentation est que le monde paysan est culturellement dévalorisé et dominé ; il en résulte un véritable abandon politique de ses intérêts et une sous-représentation dans le cadre de la démocratie, lorsqu'elle existe[87]. Parlant du Maghreb, le professeur Marc Dufumier dit sa surprise à la vue du mépris et de la méconnaissance dont font encore preuve maintes autorités à l'égard de la paysannerie[88].

En 2010, l'IFRI a mené une étude au Sénégal sur les causes structurelles de la crise alimentaire qu'a connue ce pays en 2007-2008. Selon les résultats de cette étude intitulée « Les "émeutes de la faim" au Sénégal », ces causes ne peuvent être réduites à des raisonnements économiques. Bien vite, la défaillance de gouvernance apparaît dans toute sa béance : accoutumance aux importations, structure monopolistique de l'importation de certains produits, sacrifice des populations rurales pendant des décennies pour s'assurer de prix raisonnables pour les consommateurs urbains, bien plus redoutés par le pouvoir que le monde rural. Le Sénégal qui importe 50% de son riz a, selon l'IFRI, connu un désengagement progressif de l'Etat depuis les années 1980. Pour Jacques Faye, un des meilleurs spécialistes des questions agricoles du pays, « le

---

86 Susan George, *op.cit.*, p. 99.

87 Michel Griffon, *Nourrir la planète*, Ed. Odile Jacob, 2006, p. 151.

88 Marc Dufumier, *Agricultures et paysanneries des Tiers mondes,* ED. Karthala, 2004, p. 99.

mépris de l'agriculture et du monde rural n'est pas seulement celui du Président, mais en réalité celui de l'ensemble de la classe politique et, plus largement, des élites de ce pays »[89].

Selon le Rapport sur l'agriculture mondiale, l'échec de nombreux gouvernements dans la lutte contre la faim est dû, à côté de la corruption, de l'incompétence, de la guerre et de la violence interne, également à l'arrogance et à l'ignorance des élites urbaines concernant le développement des zones rurales[90].

Un autre facteur d'explication important pour la négligence de l'agriculture est à trouver dans les stratégies erronées qui seront traitées au chapitre suivant.

---

[89] IFRI, *op.cit.*

[90] Zukunftsstiftung Landwirtschaft, *op. cit.*, p. 6

4. Des stratégies erronées

Le piège de la dette

Dans le sillage de la révolution verte des années 1960 et 1970, tout un système d'économie agricole publique s'était alors mis en place dans un grand nombre de pays en développement. Outre des sociétés publiques de développement, des offices d'approvisionnement, ou encore des sociétés de vulgarisation, des offices publics de commercialisation des céréales ont été constitués. Ceci permettait l'achat aux producteurs de leur production à un prix fixé avant la récolte, et quelquefois la distribution d'engrais et de produits divers. Ont aussi été créées des Caisses de stabilisation et de péréquation (Marketing Boards) destinées à acheter les produits d'exportation (café, coton, cacao...) à un prix stabilisé. Le phénomène de la constitution progressive d'un secteur para-agricole de grande dimension a été particulièrement net en Afrique subsaharienne, mais il a aussi connu un déploiement important en Asie, au Maghreb et au Moyen-Orient, moins en Amérique latine.

Cette économie publique a rapidement représenté des coûts trop importants pour l'économie nationale, tout particulièrement en Afrique où l'Etat n'avait pas de longue existence historique, où il n'existait pas ou très peu d'entrepreneurs et où étaient rares les capitaux privés permettant de créer les entreprises de service. Les embauches dans la fonction publique ont donc été importantes, dont une partie était financée par des prêts internationaux. Les salaires des fonctionnaires, toutes catégories confondues, ont fini par représenter une part essentielle des dépenses budgétaires au détriment des investissements, ceux-ci ne pouvant plus être assurés que par des dons ou des prêts de l'aide internationale.

Cette économie ne pouvait fonctionner sur la longue période que si l'ensemble des efforts produisait des effets importants d'accroissement de la production et de la productivité. Ce fut le cas en Asie, beaucoup moins au Maghreb et au Moyen-Orient. En Afrique subsaharienne, d'importants détournements de fonds ont été le fait de gouvernants, mais, à chaque niveau de l'échelle sociale, chacun a cherché à profiter d'une manière ou d'une autre du pillage des sociétés publiques[91].

L'endettement des pays en développement a eu deux autres causes qui échappaient entièrement à leur contrôle. La première est la politique monétaire menée par les Etats-Unis sous le Président Reagan qui a augmenté, de manière vertigineuse, le taux d'intérêt avec comme conséquence une augmentation du service de la dette libellée en dollars. La deuxième est qu'en même temps, les prix des produits de base ont connu une chute dramatique ce qui a conduit à une détérioration des termes de l'échange.

Les politiques d'ajustement structurel (PAS) ont été une réponse à la crise financière sévère qui a ainsi affecté une grande partie des pays en développement au début des années 1980. Selon Oxfam, le ralentissement de l'économie mondiale et l'interaction mortelle entre la baisse des prix des matières premières et l'augmentation des taux d'intérêt (due aux changements de la politique monétaire des Etats-Unis) ont dévasté leurs économies l'une après l'autre. Comme les recettes ont diminué, les obligations pour payer la dette ont augmenté, ce qui a conduit une large partie de l'Afrique et de l'Amérique latine à un état de banqueroute[92].

Les programmes d'ajustement structurel[93]

Face à cette situation, ces pays ont été obligés, au milieu des années 1980, de s'adresser au FMI et à la Banque mondiale pour demander des prêts. Ces prêts ont été accordés mais à la condition que ces pays mènent à bien d'importantes réformes. En d'autres mots, ces « prêts à l'appui des réformes » ont été accordés par les institutions financières de Bretton Woods à condition que le gouvernement du pays endetté adopte des mesures de « stabilisation économique » et mette en place des réformes

[91] Michel Griffon, *Nourrir la planète*, Ed. Odile Jacob, 2006, p. 115, 117.
[92] Oxfam, *The Poverty Report 1995*, p.73.
[93] Fin 1999, les PAS ont été relayés par des programmes de lutte contre la pauvreté dans le cadre de ce qui a été appelé *« Document Stratégique de Réduction de la Pauvreté »* (DSPR, en anglais PRSP). Si cette approche a conduit à un allègement de la dette dans le cadre de l'initiative PPTE, et si elle a misé sur le rôle de l'Etat dans le cadre de la bonne gouvernance, elle n'a guère modifié l'essence des PAS.

structurelles en profondeur. Le terme « ajustement structurel » couvre une large gamme de réformes politiques.

Celles-ci commencent par un programme du FMI, dit de stabilisation, visant à réduire les déficits budgétaires et à restaurer l'équilibre des paiements à un niveau viable. La rationalité de l'approche du FMI est que les déficits sont créés par une demande excessive qui se reflète dans une pression inflationniste. Les programmes de stabilisation sont presque toujours conçus pour réduire la demande, d'abord en réduisant les dépenses du gouvernement, en contrôlant l'offre monétaire et en augmentant les taux d'intérêt. La dévaluation, destinée à corriger la surévaluation de la monnaie, la restriction des importations et le développement des exportations font pratiquement toujours partie des programmes du FMI[94].

Oxfam souligne que les programmes d'ajustement de la Banque mondiale sont différents et beaucoup plus étendus, car ils sont destinés à créer les bases d'un redressement à long terme. La libéralisation des importations visant à augmenter l'exposition à la concurrence étrangère y occupe une place éminente. Tout ce qui est considéré comme une « distorsion du marché national », selon les termes de la BM, - c'est-à-dire la protection sociale, la promotion des cultures vivrières et le contrôle étatique de la commercialisation agricole - sera alors supprimé[95].

Michel Chossudovsky, économiste canadien, professeur à l'Université d'Ottawa et directeur du Centre de recherche sur la Mondialisation, explique la « claire répartition des tâches » entre FMI et Banque mondiale de la manière suivante :

- Le FMI s'occupe des négociations concernant le taux de change et le déficit budgétaire ce qui inclut la dévaluation, la libéralisation des prix et l'austérité fiscale ;

- La Banque mondiale est impliquée plutôt dans le processus de réforme structurelle par l'intermédiaire de son bureau dans le pays et de ses nombreuses missions techniques. En outre, la Banque mondiale est présente dans les principaux ministères afin d'établir les plans sectoriels

94 Oxfam, *ibid.*, p. 75-76.
95 *Ibid.* p. 76.

d'ajustement structurel. Les réformes dans les secteurs de la santé, de l'éducation, de l'agriculture, des transports, etc. sont sous la surveillance de la Banque mondiale[96].

Dès la fin des années 1990, plus de 80 pays en développement avaient appliqué de tels programmes ou étaient en voie de le faire[97]. Ces politiques du FMI et de la Banque mondiale ont eu, en particulier, un effet très étendu sur la politique commerciale des pays en développement invités à réduire, de manière drastique, leurs barrières tarifaires. Leur impact, à cet égard, est nettement plus important que celui de l'Organisation Mondiale du Commerce, même si l'Accord d'Uruguay a, de manière non négligeable, développé le processus de libéralisation de l'agriculture. Lors d'un séminaire organisé à Luxembourg en mars 2005 sur le thème de la sécurité alimentaire, Pascal Lamy, ancien directeur général de l'OMC, a affirmé qu'entre 80% et 90% de toutes les réductions tarifaires et non tarifaires auxquelles les pays en développement ont procédé, l'ont été en application des politiques, non de l'OMC, mais du FMI et de la Banque mondiale.

Le consensus de Washington

Joseph Stiglitz, prix Nobel d'économie, explique que l'orientation keynésienne du FMI qui, à sa naissance en 1944, soulignait les insuffisances du marché et prônait le rôle de l'Etat dans la création d'emplois, a cédé la place, durant les années quatre-vingt, à l'hymne au libre marché dans le cadre d'un nouveau « consensus de Washington ». Celui-ci, fruit d'un consensus entre le FMI, la Banque mondiale et le Trésor américain sur la *bonne* politique à suivre pour les pays en développement, a marqué un tournant radical dans la conception du développement et de la stabilisation[98]. Ancien vice-président et économiste en chef durant trois ans auprès de la Banque mondiale, Stiglitz se montre particulièrement sévère à l'égard du Fonds Monétaire. Aujourd'hui, affirme-t-il, ce sont les fanatiques du marché qui dominent le FMI. Ils sont persuadés que, très généralement, « le marché cela marche », et que l'Etat, très généralement, « cela ne marche pas ! ». Nous avons de toute évidence un problème : une institution publique créée

[96] Michel Chossudovsky, *Mondialisation de la pauvreté*, Ed. Ecosociété, 2004, p. 71.
[97] John Madeley, *Le commerce de la faim*, Ed. Enjeux Planète, p. 90.
[98] Joseph Stiglitz, *La grande désillusion*, Fayard, 2002, p. 41.

pour remédier à des échecs du marché est à présent dirigée par des économistes qui font très largement confiance aux marchés et très peu aux institutions publiques[99].

L'impact des PAS sur le développement

Les politiques d'ajustement structurel (du FMI), ajoute Stiglitz, ont provoqué dans de nombreux cas des famines et des émeutes. Même quand leurs effets n'ont pas été aussi terribles et même quand elles ont réussi à susciter une maigre croissance pour un temps, une part démesurée de ces bénéfices est souvent allée aux milieux les plus riches des pays en développement, tandis qu'en bas de l'échelle sociale, la pauvreté s'est parfois aggravée[100].

Pour Michel Chossudovsky, les plans de stabilisation macroéconomique et les « programmes d'ajustement structurel » mis au point par le FMI représentent un puissant instrument de remodelage qui affecte la vie de centaines de millions de personnes et a un effet direct sur le phénomène de mondialisation de la pauvreté[101]. Le programme de libéralisation du commerce consiste à éliminer les quotas d'importation et à réduire et unifier les tarifs. Conçue en vue de rendre l'économie domestique plus « concurrentielle », la libéralisation du commerce mène souvent à l'effondrement de la production locale destinée au marché intérieur sans pour autant assurer une relance des exportations[102].

Le résultat, précise de son côté Stiglitz, a été pour bien des gens la pauvreté, et pour bien des pays le chaos social et politique. Le FMI a fait des erreurs dans tous les domaines où il est intervenu : le développement, la gestion des crises et la transition du communisme au capitalisme. Les plans d'ajustement structurel n'ont pas apporté la croissance forte, même aux Etats - comme la Bolivie - qui se sont pleinement pliés à leurs rigueurs. Dans de nombreux pays, une cure d'austérité excessive a étouffé la croissance[103].

---

[99] *Ibid.*, p. 256.
[100] *Ibid.*, p. 22, 23.
[101] Michel Chossudovsky, *op.cit.*, p. 39.
[102] *Ibid.*, p. 77.
[103] Stiglitz, *op.cit.*, p. 43.

Chossudovsky affirme que l'ajustement structurel détruit l'économie nationale. L'ensemble des mesures provoque l'effondrement économique et social. Les mesures d'austérité conduisent à l'affaiblissement de l'Etat, l'économie nationale est remodelée et la production pour le marché intérieur est détruite par la compression du pouvoir d'achat[104].

La Commission économique des Nations Unies pour l'Afrique (CEA) a dressé le bilan suivant : « Les PAS n'ont pas contribué à résoudre les vrais problèmes et, dans bon nombre de cas, ils n'ont même pas réussi à s'attaquer aux véritables causes de la crise africaine. En outre, ces programmes n'ont en général pas tenu compte des réalités politique, sociale, culturelle et économique des pays africains. » Les réductions budgétaires sévères « minent les conditions de vie et les perspectives de développement »[105].

Dans son rapport 2009 sur les Pays les Moins Avancés (PMA), la CNUCED examine les résultats de la politique industrielle menée par ces pays. Le bilan est largement négatif. Il critique dans ce contexte les politiques du FMI et de la Banque mondiale. De manière générale, souligne ce rapport, les bénéfices promis par les politiques de libéralisation, de privatisation et de dérégulation des trois dernières décennies ne se sont pas réalisés comme attendu. « L'Afrique a été sujette à des changements majeurs dans les idées concernant son développement économique plus que tout autre continent, passant de modèles étatiques bruts au fondamentalisme du marché »[106].

Diminution des recettes des Etats

Un autre impact de l'abaissement des tarifs douaniers est que les recettes publiques des PMA ont diminué. Pour la CNUCED, la chute des revenus provenant des taxes commerciales n'a que partiellement été compensée - à seulement 30% en moyenne - par la TVA. La part des taxes commerciales par rapport au total des revenus a diminué de 38,6% au début des années 1990 à 31,1% durant la période 2000-2006. Durant cette période, les importations ont augmenté, de manière significative, ce

---

[104] Michel Chossudovsky, *op.cit.*, p. 83.
[105] John Madeley, *op.cit.*, p. 91.
[106] CNUCED, *Rapport 2009 sur les Pays les Moins Avancés*, pp 140 et ss.

qui montre le degré de réduction des tarifs commerciaux[107]. La CNUCED invite les pays à la prudence avant qu'ils ne s'engagent dans des négociations (multilatérales ou bilatérales) de nouveaux accords de libéralisation, afin de ne pas subir de nouvelles diminutions des recettes de l'Etat. Cet avertissement n'a guère été pris au sérieux. La tendance à la libéralisation des marchés a encore été renforcée, ces dernières années, par la conclusion d'une série d'accords commerciaux bilatéraux et régionaux.

Impact sur les systèmes de santé

Cette réduction des recettes a eu un impact sur les secteurs sociaux, à commencer par la santé. En mars 2008, Paul Hunt, Rapporteur spécial pour le droit à la santé, présente au Conseil des droits de l'Homme de l'ONU un rapport consacré aux systèmes de santé dans les pays en développement. Pour l'OMS, la mise en place de tels systèmes est une condition nécessaire pour atteindre, de manière durable, les objectifs du Millénaire liés à la santé. Le financement de tels systèmes présente un défi particulier. A cet égard, le rapport de Paul Hunt dit ce qui suit :

« Nés de la vague de néo-libéralisation, différents programmes d'ajustement structurel se sont traduits par une diminution des budgets de la santé et l'introduction de services facturés aux usagers. Comme l'a récemment fait observer l'OMS, les résultats étaient prévisibles. Les pauvres ont été dissuadés de se faire soigner et les paiements à la charge des usagers ont généré des recettes limitées. Par ailleurs, l'obligation de maintenir un réseau d'hôpitaux et de dispensaires sous-équipés alors que les ressources humaines et financières disponibles allaient de plus en plus à des programmes verticaux, a imposé aux systèmes de santé des contraintes de plus en plus fortes qui les ont menés au bord de la faillite. » Ces observations de l'OMS, étonnantes, inspirent un sentiment de honte, ajoute Paul Hunt.

Chaque année, près de 2 millions de personnes meurent dans le monde des suites du Sida/HIV, et 1 million d'autres sont victimes du paludisme tandis que plus de 500 000 femmes meurent des complications au moment de la naissance d'un enfant.

---

[107] *Ibid.*

On peut comprendre que le FMI et la Banque mondiale se devaient d'obtenir des changements afin de rééquilibrer les finances des Etats. La CNUCED admet que la stabilité macroéconomique est le résultat le plus marquant des programmes d'ajustement structurel[108]. Mais le problème réside dans la philosophie de base, dans le choix des moyens retenus pour arriver à cet équilibre. Pour une organisation altermondialiste comme ATTAC (Association pour une Taxation des Transactions Financières pour l'Aide aux Citoyens), la critique qui peut être faite aux PAS n'est pas le retour à l'équilibre lui-même, mais les choix faits pour y retourner[109].

Effets de la libéralisation sur l'agriculture et la paysannerie

Marcel Mazoyer écrit que cette libéralisation a conduit les Etats à privatiser les entreprises publiques ou les mutuelles de production agricole, d'approvisionnement de l'agriculture, de transformation et de commercialisation des produits agricoles, dans lesquelles les pouvoirs publics étaient éventuellement engagés. Elle les a aussi amenés à réduire les interventions publiques, tant soit peu favorables au développement de l'agriculture paysanne : politiques de réforme agraire ou foncière ; politiques de stabilisation des prix agricoles, de crédit et d'aide aux investissements et aux achats d'intrants agricoles ; politiques de recherche agricole nationale et projets de développement local[110].

Pour la CNUCED, l'absence d'investissements (dans l'agriculture) s'explique par les programmes d'ajustement structurel. Ces derniers ont encouragé l'austérité budgétaire et négligé ou dévalorisé le rôle de soutien institutionnel de l'Etat. Ce fut le cas pour notamment les offices de commercialisation, les services de vulgarisation appuyés par les pouvoirs publics, les subventions pour les intrants agricoles (semences, pesticides, herbicides, engrais, etc.) et les fonds de stabilisation. Ces derniers agissaient tant pour les produits de base agricoles (café, thé, cacao, coton ou tabac, etc.) que pour les denrées vivrières telles que le blé ou le maïs. Aucune alternative viable n'a été offerte[111].

---

[108] CNUCED, *Le développement économique en Afrique*, 2007.
[109] ATTAC, *Une économie au service de l'homme*, Ed. Mille et Une Nuits, p. 179.
[110] Marcel Mazoyer, *Mondialisation et pauvreté paysanne*, dans Alternatives Sud, *Question agraire et mondialisation*, Centre Tricontinental/L'Harmattan , 2003, p. 6.
[111] CNUCED, *Rapport Répondre à la crise alimentaire globale*, p. 12.

A l'absence d'investissements s'est donc ajouté le fait que le marché a été incapable - ce qui n'est pas surprenant - de procurer des biens d'intérêt public comme ceux auparavant procurés par les offices de commercialisation locaux ou nationaux. En outre, pour les cultures vivrières, la situation s'est parfois détériorée du fait que des producteurs ruraux s'en sont détournés au profit de cultures commerciales plus rentables destinées aux marchés des pays développés (fleurs coupées, fruits et légumes exotiques, tourteau de soja pour le bétail, tabac, etc.)[112].

L'ajustement structurel, explique Michel Griffon, consistait à modifier l'économie nationale et à la faire bénéficier de ses avantages comparatifs. En d'autres termes, il s'agissait d'encourager les productions d'exportation pour lesquelles la compétitivité était bonne et de délaisser les productions vivrières pour lesquelles la compétitivité était mauvaise. Cela devait aussi générer de nouvelles recettes pour l'Etat et lui permettre d'assurer son service de la dette. Dans un tel contexte, abattre les protections douanières dans les pays à déficit et à insécurité alimentaire risquait de les exposer à une situation de désavantage comparatif structurel important. Ce risque a été renforcé par l'effet de concurrence déloyale, spécifique des subventions aux exportations des pays occidentaux. Par ailleurs, les grandes variations des cours des matières premières agricoles tropicales (café, cacao, sucre, coton, etc.) rendaient aussi risquées les stratégies de spécialisation vers les exportations. En effet, parallèlement, pendant toute cette période, les accords internationaux sur les marchés des grands produits d'exportation tropicaux ont été démantelés les uns après les autres[113].

Les politiques agroalimentaires, observe John Madeley, sont aujourd'hui dominées par le commerce et le fait que l'agriculture soit axée sur l'exportation plutôt que sur l'autosuffisance alimentaire. Ce système creuse les inégalités entre ceux des pays qui ont les moyens d'acheter des denrées importées et les autres qui n'ont aucun pouvoir d'achat. Loin de faire progresser la sécurité alimentaire, le commerce international lui fait donc obstacle[114].

---

[112] *Ibid.*

[113] Michel Griffon, *op.cit.*, p. 119, 121.

[114] John Madeley, *Le commerce de la faim*, Ed. Enjeux Planète, p. 88.

Un déficit commercial alimentaire rapidement croissant

Selon la Commission économique pour l'Afrique, la promotion aveugle des cultures d'exportation sape l'agriculture vivrière et l'autosuffisance alimentaire. « La libéralisation des importations entraîne une dépendance accrue et plus profondément ancrée et compromet des priorités nationales comme l'autosuffisance alimentaire ». De plus, le retrait du soutien aux agriculteurs, ou sa réduction, exigé par les PAS a frappé plus durement les paysans pauvres et entraîné un exode rural sans précédent[115].

Les pays en développement qui ont libéralisé leur agriculture trop rapidement et trop largement ont été durement touchés par le dumping à prix bradés des exportations alimentaires subventionnées en provenance de pays développés. Ces pratiques ont porté préjudice à la production pour le marché intérieur et pour l'exportation et empêché les agriculteurs de répondre par l'offre à la crise actuelle. En fait, beaucoup de pays en développement, et en particulier de PMA, qui sont traditionnellement des exportateurs de produits alimentaires, sont devenus des importateurs nets de produits alimentaires au cours des vingt dernières années[116].

En 2012, les pays les moins avancés (PMA) - il s'agit des 53 pays les plus pauvres - ont payé 23 milliards de dollars pour leurs importations croissantes de produits alimentaires, une facture de près de sept fois plus élevée qu'en l'an 2000 (3,2 milliards de dollars)[117]. Ce montant correspond à quelque 60% de toute l'Aide Publique au Développement que les PMA ont reçu en 2011. Il y a 30 ans, ces pays avaient encore un surplus de un milliard de dollars dans leur balance commerciale alimentaire. Dans 11 pays de l'Afrique subsaharienne, ces mêmes importations représentaient plus de 50% des approvisionnements en céréales en 2005-2006, dans sept autres pays, la proportion se situait entre 30% et 50%[118]. Il s'agit là d'une évolution extrêmement préoccupante si l'on sait que dans les PMA entre 60% et 80% de la population vit directement ou indirectement de l'agriculture.

---

[115] *Ibid.*, p. 91.

[116] CNUCED, *Répondre à la crise alimentaire globale*, p.15.

[117] CNUCED, 2013.

[118] FAO/WFP, *op.cit.*, p. 23.

Pour Stéphane Parmentier, la mise en œuvre du consensus de Washington va à l'encontre des intérêts et des droits fondamentaux des paysans. En alignant progressivement les prix intérieurs sur les prix internationaux, cette politique rend instables et incertains leurs revenus. En mettant brutalement en concurrence des agricultures aux écarts de productivité colossaux, elle encourage la généralisation d'échanges non durables de produits agricoles, dont les poussées d'importations constituent un bon exemple[119].

Michel Chossudovsky ajoute que la famine est le résultat d'un processus, celui de la restructuration en « marché libre » de l'économie mondiale, qui prend ses assises dans la crise de la dette du début des années 1980. Ce n'est pas un phénomène récent, tel qu'il a été suggéré par plusieurs reportages des médias occidentaux, concentrés strictement sur l'offre et la demande à court terme des produits agricoles de base[120].

Le commerce inéquitable - Politique de deux poids et deux mesures

Joseph Stiglitz rappelle que la plupart des pays industrialisés avancés - dont les Etats-Unis et le Japon - ont édifié leur économie en protégeant judicieusement et sélectivement certaines de ses branches, jusqu'au moment où elles ont été assez fortes pour soutenir la concurrence étrangère. Contraindre un pays en développement à s'ouvrir à des produits importés qui vont rivaliser avec ceux de certaines de ses industries, dangereusement vulnérables à la concurrence de leurs homologues étrangères bien plus puissantes, peut avoir de désastreuses conséquences - sociales et économiques. Les paysans pauvres des pays en développement ne pouvant évidemment pas résister aux produits massivement subventionnés en provenance d'Europe et des Etats-Unis, des emplois ont été systématiquement détruits avant que les secteurs industriel et agricole nationaux aient pu engager une dynamique de croissance forte et en créer de nouveaux[121]. Le prix Nobel de l'économie parle d'une hypocrisie flagrante : on prétend aider les pays en développement alors qu'on les force à ouvrir leurs marchés aux produits des pays industriels avancés, qui eux-mêmes continuent à protéger leurs

---

[119] Stephane Parmentier, *op.cit.*

[120] Michel Chossudovsky, *op.cit.*, Michel Collon Investig'Action, 26.05.08.

[121] Joseph Stiglitz, *op.cit.*, p. 42.

propres marchés. Ces politiques sont de nature à rendre les riches encore plus riches, et les pauvres encore plus pauvres - et plus furieux[122].

Selon la CNUCED, les pays développés appliquent des droits de douane moyens de 34% alors que ce taux est pour les pays en développement de 25% seulement[123]. Si l'Europe se targue d'avoir diminué ses aides à l'exportation, elle applique encore des droits moyens de 18,5% sur les importations. Bien plus qu'aux Etats-Unis (7,9%) qui, eux, privilégient les aides directes aux agriculteurs. Bien plus également que les pays pauvres dont les droits de douane sont de l'ordre de 10%.

Les pays occidentaux, commente Frédéric Lemaître, journaliste au journal *Le Monde*, continuent de subventionner leurs agriculteurs à tout va alors qu'ils exigent des pays en développement, notamment ceux qui ont besoin du FMI et de la Banque mondiale, un démantèlement de leurs barrières douanières et une réduction des aides publiques à l'agriculture. Un double discours qui laisse planer le doute sur la sincérité des Occidentaux, notamment de ceux qui ne cessent de proclamer les liens indéfectibles qui les lient à l'Afrique et de l'autre se battent pour maintenir la Politique Agricole Commune, dénoncée par tous les pays du Sud[124].

Cette analyse est corroborée par Jacques Berthelot qui précise que les droits de douane moyens de l'UE sur les céréales restent de 50%, contre 5% dans l'Union économique et monétaire ouest-africaine (UEMOA); ceux de la poudre de lait sont de 87%, contre 5% pour l'UEMOA ; ceux des produits sucrés de 59%, contre 20% ; et ceux des viandes congelées (bovine, porcine et volaille) de 66%, contre 20%[125] (*voir tableau no 4*). Quant au Japon, il prélève des droits de douane de plus de 500% pour ses importations de riz.

---

[122] Joseph Stiglitz, *Quand le capitalisme perd la tête*, Ed. Fayard, p. 56, *La grande désillusion*, p. 23.
[123] CNUCED, *op.cit.*, p. 9.
[124] Frédéric Lemaître, *op.cit.*, p. 116.
[125] Jacques Berthelot, *Pour un modèle agricole dans les pays du Sud*, Le Monde Diplomatique, novembre 2008.

Tableau n°4

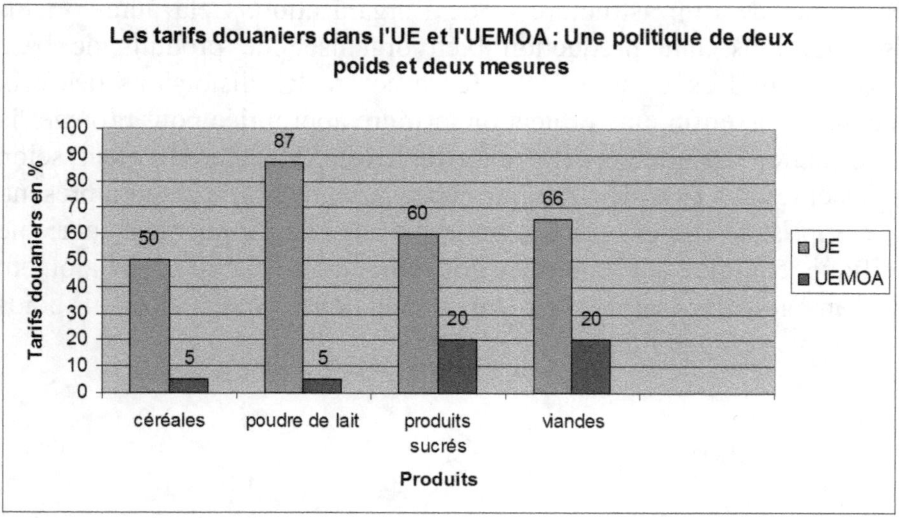

Pour Brandt et Otzen, la distorsion des prix alimentaires sur les marchés mondiaux est une menace sérieuse sur les secteurs agricoles des pays en développement. Car, où les pauvres vont-ils trouver du travail, si la nourriture vendue à bas prix et la négligence des politiques d'innovation agricole rendent l'agriculture domestique non compétitive[126] ?

Une question se pose : est-ce que les gouvernements endettés avaient la possibilité de renégocier les termes des PAS, voire de s'y opposer ? Pouvaient-ils se montrer plus décidés dans la défense des intérêts des petits producteurs ? Joseph Stiglitz estime à cet égard que des doutes, il y en avait, certes, chez les gouvernements des pays en développement. Cependant, beaucoup craignaient tant de perdre les financements du FMI, et avec eux de bien d'autres fonds, qu'ils les exprimaient avec la plus grande prudence, quand ils le faisaient et seulement en privé[127].

Brandt et Otzen sont d'avis qu'une plus grande résistance aurait pu être opposée à ces politiques y compris en s'unissant entre pays concernés. Ils doutent de la volonté des élites africaines de défendre les intérêts de leurs populations. Ce dont l'Afrique avait besoin, écrivent-ils, était de faire tous les efforts, concevables et concertés, pour résister aux avantages

[126] Hartmut Brandt et Uwe Otzen, *ibid.*, p. 5.
[127] Joseph Stiglitz, *op.cit.*, p. 23.

comparatifs que les pays industrialisés ont dans les domaines de la technologie, de l'infrastructure et de l'organisation. Cela aurait inclus trois conditions, une production bien organisée de produits de base agricoles pour l'exportation, la défense contre les distorsions des prix alimentaires et, enfin, une protection tarifaire appropriée pour protéger la transformation des aliments et l'industrie textile. Malheureusement, selon eux, les élites des pays de l'Afrique subsaharienne n'ont, jusqu'à présent, pas compris le besoin d'une politique de développement agricole spécifique, comme l'ont promu les gouvernements asiatiques. Ils ajoutent que, dans les pays asiatiques, les populations rurales ont un poids considérable sur la politique[128].

[128] Hartmut Brandt & Uwe Otzen, *op.cit.*, p. 85-86.

5. *Le cas du Ghana*

Le Ghana ne compte pas parmi les pays africains les plus pauvres de l'Afrique. Le pays se distingue plutôt par le fonctionnement de la démocratie, sa bonne gouvernance et le développement de son économie.

Dans son rapport de 2013 sur l'Etat de l'insécurité alimentaire dans le monde, la FAO salue les réformes entreprises, relève la croissance économique robuste depuis trente ans, qui fait figure d'exemple pour l'Afrique et qui aurait bénéficié à une grande partie de la population. Elle arrive à la conclusion que le Ghana aurait déjà atteint en 2000-2002 l'objectif du Millénaire concernant la faim. Cela aurait permis aux petits paysans d'augmenter, de manière durable, leur production. Entre 1990-1992 et 2008-2010, la production alimentaire par habitant aurait progressé de 55%. La FAO admet toutefois que des problèmes sérieux de dénutrition subsistent.

Le documentaire « People and numbers »[129] réalisé en 2013 sur le Ghana constate pourtant de manière critique que « 4000 écoles primaires manquent d'équipements de base, que les étudiants doivent préparer leurs devoirs à domicile sous les arbres, qu'au Nord du pays un médecin doit s'occuper de 161 000 habitants et que l'Etat n'aide guère les petits paysans, les laissant mourir de faim alors qu'ils doivent se battre seuls dans l'océan du marché libre ».

Le bilan global de la FAO ne saurait cacher les conditions de vie difficiles en particulier des petits paysans qui représentent la moitié des emplois. Ceux-ci subissent de plus en plus la loi d'une concurrence internationale impitoyable qui tend à les rejeter dans la faim et la pauvreté. En 2007-2008, les résultats de deux études ont été publiés. Elles ont été menées pour examiner les effets de la politique de libéralisation commerciale agricole et la question du respect du droit à l'alimentation. L'une a été réalisée par Martin Khor, (ancien directeur de l'ONG Third World Network-TWN) avec l'appui du FIDA (Fonds International de Développement Agricole) et l'autre par le FIAN (Food First Information and Action Network), une ONG s'occupant des droits de l'Homme et plus particulièrement du droit à l'alimentation, agissant

[129] Small Planet Documentary Production House, *People and Numbers*, film documentaire de Yorgos Avgeropoulos, Athènes 2012.

en partenariat avec l'Ecumenical Advocacy Alliance à Genève[130].Que nous enseignent-elles ?

De la colonisation à l'indépendance et aux programmes d'ajustement structurel

De 1874 à 1957, le Ghana a été une colonie britannique. Comme dans toutes les colonies, l'économie a été structurée en fonction des besoins du pays colonisateur. Ainsi, le Ghana a une économie basée sur les produits d'exportation des minerais (l'or, la bauxite, le manganèse) ainsi que du cacao. Au début du XXème siècle, le Ghana est devenu un des grands producteurs mondiaux de cacao (à côté de la Côte d'Ivoire). La plupart des paysans étaient alors des producteurs s'adonnant à la production de céréales, de racines, de plantains, de fruits et de légumes pour leur subsistance. Dans les années 50, l'accent a été mis sur l'exportation et une faible priorité a été réservée à la production vivrière.

Durant les premières années de l'indépendance, cette politique a continué . Sous le régime socialiste du président Nkrumah (1957-1966), des fermes d'Etat ont été mises en place et une Organisation de Développement Agricole a été créée pour moderniser l'agriculture. L'accent a été mis sur une industrialisation de substitution des importations, une agriculture mécanisée et une intervention publique directe dans la production. De petits fermiers indépendants ont été organisés en coopératives et pratiquaient une agriculture mécanisée. Des programmes ont été mis en place pour arriver à une autosuffisance et pour étendre les surfaces cultivables. Ainsi, le Ghana est devenu autosuffisant dans la production de riz entre 1974 et 1975 alors que la production de cacao a décliné[131].

---

[130] Martin Khor est actuellement directeur du South Centre, une organisation intergouvernementale à Genève - *Trade Policies and Hunger (Politiques commerciales & faim) : The impact of trade liberalisation on the Right to Food of rice farming communities in Ghana, Honduras and Indonesia* by Armin Paasch (editor), Frank Garbers and Thomas Hirsch (FIAN – *Food First Information and Action Network)* Commissioned and published in October 2007 by the Ecumenical Advocacy Alliance, 150 rte de Ferney P.O.Box 2100 CH-1211 Geneva 2.

[131] Le cacao a été la principale cause de la catastrophe économique au Ghana dans les années 1970. Le prix sur les marchés internationaux s'est effondré à un moment où le pays mettait toute son énergie dans la culture de cette petite fève. Pendant des années, le cacao lui avait rapporté la moitié de ses devises. Evidemment, les petites cultures

Une période de libéralisation a commencé en 1981 sous l'administration du Président Rawlings. Différents programmes d'ajustement structurel ont été appliqués à partir de 1986. La réforme a introduit un système de marché libre, un taux d'échange libre et le gouvernement s'est progressivement retiré de la gestion de l'économie. Dans ce cadre, les importations ont été libéralisées et les tarifs douaniers ont été réduits. Ainsi, pour le sucre, ils furent ramenés de 80% à 10%. Au niveau de l'OMC, le Ghana a fixé ses droits consolidés à 99% pour la plupart des produits agricoles. Cela veut dire que le Ghana peut lever ses tarifs du niveau des tarifs appliqués au niveau des droits consolidés en application des règles de l'OMC.

Les importants subsides aux intrants et notamment aux engrais - jusqu'à 65% - et aux semences que le gouvernement avait toujours payés ont été éliminés. La commercialisation de ces produits a été entièrement confiée au privé. Résultat : le prix des engrais a augmenté en flèche et leur consommation s'est réduite. La faible productivité que connaît aujourd'hui l'agriculture ghanéenne, surtout pour les productions vivrières, peut être attribuée à ces changements. Les services techniques agricoles ont de même été supprimés tout comme l'aide au crédit agricole (le taux d'intérêt du crédit agricole est aujourd'hui entre 36% et 46% !), et l'aide à la mécanisation pour tracteurs et moissonneuses. Le même sort a été réservé aux politiques des prix et à la plupart des structures de commercialisation étatiques. Ainsi, la fixation de prix minima garantis pour le maïs et le riz fut abandonnée. Le monopole étatique d'achat du cacao fut réduit par l'introduction de commerçants privés.

La libéralisation des importations a contribué à une augmentation de celles-ci qui n'a pas été équilibrée par une augmentation similaire des exportations, ce qui a conduit à des déficits commerciaux élevés.

---

familiales de cacao ont, elles aussi, été touchées. Cette chute des prix a été une catastrophe pour le pays et son économie parce que dans de nombreuses régions presque toutes les familles pratiquaient la culture du cacao. Il a fallu trente ans pour que l'économie ghanéenne se remette lentement de ce choc.

L'importance de l'agriculture pour le pays

L'agriculture reste le principal secteur économique du Ghana. Cependant, la part dans le PNB de l'agriculture, du secteur forestier et de la pêche est tombée, ces dernières années, de 40% à moins de 25%. Mais l'agriculture assure toujours environ 50% des emplois et une partie des autres emplois en dépendent. La grande majorité des paysans sont actifs dans l'agriculture de subsistance ou de semi-subsistance. La majorité de ces petits producteurs sont des femmes, souvent analphabètes et âgées ; ce sont elles qui assurent le gros de la production. Quelque 80% de la production est assurée dans des exploitations dont la surface moyenne est de moins de un hectare. Seulement un tiers de la surface apte à la production agricole est actuellement cultivée. Le secteur agricole joue donc toujours un rôle crucial pour assurer l'existence et les revenus d'une partie importante de la population.

Le cas du riz

La demande de riz a augmenté, de manière remarquable, durant les années 2000, et présenté une opportunité pour les quelque 800 000 producteurs de riz ghanéens. Hélas, durant la même période, la production nationale de riz a longtemps diminué en volume et en surface plantée. Les revenus des paysans ont chuté, avec des effets alarmants en termes de pauvreté et de sécurité alimentaire. L'incidence de la pauvreté est la plus élevée parmi les producteurs de produits alimentaires dont 70% sont des femmes.

Une des raisons majeures identifiées de cette crise est l'augmentation des importations de riz depuis 1990. La demande croissante de riz a été satisfaite avant tout par ces importations, venant surtout des Etats-Unis (33%), du Vietnam (17%) et de Thaïlande (30%). Ces importations ont remplacé le riz local sur les marchés urbains. Ceci s'est passé grâce à trois facteurs.

a) L'augmentation des importations de riz

Selon la FAO, la consommation de riz au Ghana a plus que doublé ces dernières années. De son côté, la production a, de nouveau, progressé ces dernières années passant de 281 000 tonnes en 1998 à 391 000 tonnes en

2009. Elle continue de se développer grâce à de nouveaux programmes d'appui du gouvernement surtout pour l'achat d'engrais.

Tableau n°5 : Ghana : production et importation de riz en tonnes (1998-2009)

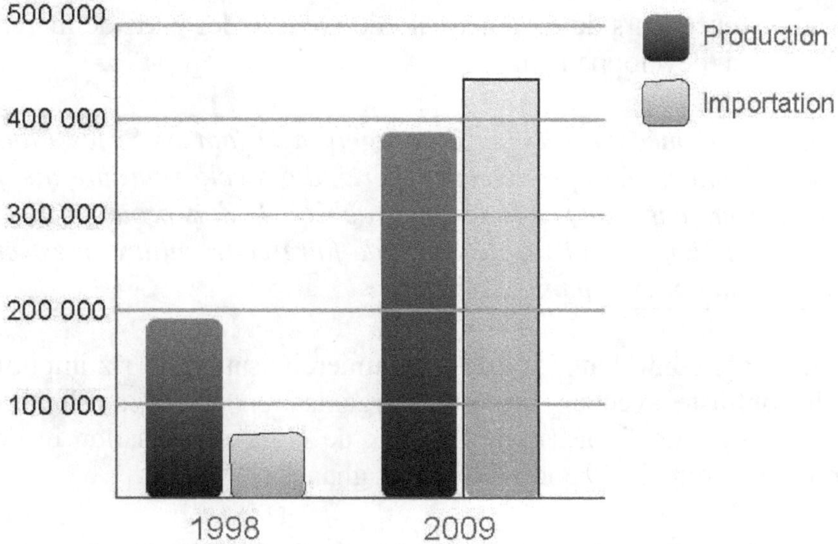

Mais durant cette même période, les importations ont augmenté encore plus vite passant de 70 000 tonnes à 440 000 tonnes (*voir tableau no 5*). Aujourd'hui, quelque 70% des besoins en riz sont couverts par les importations[132].

b) Des prix de dumping

Une des raisons des importations à bas prix est la pratique du « dumping ». Cela vaut pour les trois plus grands pays vendeurs de riz au Ghana, mais pas au même degré.

Aux Etats-Unis, la production de riz a augmenté largement au-delà des besoins nationaux. Le gouvernement a donc mis en place une politique pour aider les exportateurs de riz. Les exportations ont augmenté de 60%, au cours des 20 dernières années du XXème siècle, arrivant à 3,8 millions de tonnes en 2003. Cette même année, le coût de production a été de 191

[132] FAOSTAT/Ghana MAFAP Policy Brief no 3 mars 2013.

dollars/tonne, mais le prix d'achat par l'industrie n'a été que de 140 dollars/tonne. Le gouvernement a fourni aux agriculteurs des subventions de 1,3 milliard de dollars. Ceci permet aux firmes américaines d'exporter en dessous du prix de revient. Alors que, entre 2000 et 2003, le prix à la production a été de 415 dollars/tonne, le prix à l'exportation a été de 274 dollars/tonne, soit 34% en dessous du prix de revient. Ce dumping permet aux exportateurs de riz américain de prendre des parts de marché dans les pays en développement.

Une paysanne ghanéenne raconte à un agent d'Oxfam : « Si les Etats-Unis subventionnent leurs producteurs de riz, alors cela veut dire que je souffre pour rien, car mon riz ne sera pas acheté. Je dois produire du riz parce que je vis ici, je n'ai pas le choix de faire cette culture, c'est ma nourriture et ma boisson, mon existence. »

Cinq entreprises contrôlent 75% de la commercialisation du riz importé. Cela fait contraste avec un manque d'organisation et de coordination pour le riz local. La faiblesse des canaux de commercialisation et des infrastructures limite la disponibilité du riz ghanéen.

c) La suppression des mécanismes de protection des producteurs

Longtemps, les producteurs de riz au Ghana ont bénéficié d'une solide protection sous forme de soutien au prix, subventions aux intrants, tarifs élevés et restrictions quantitatives, exigence de licences d'importation et contrôle des prix intérieurs. Malgré ce dispositif, le Ghana a toujours importé du riz, mais ces importations étaient alors contrôlées et limitées. Elles n'ont jamais dépassé la production nationale.

Cette situation a changé depuis 1983 lorsque le gouvernement a libéralisé les importations en application des programmes d'ajustement structurel. Le système des quotas a été remplacé et, en 1992, un tarif douanier de 20% a été mis en place. C'est à partir de 1993 que les importations ont augmenté de manière dramatique. Aujourd'hui, le Ghana a une des économies les plus ouvertes en Afrique. Nombre d'entreprises nationales ont été acculées à la banqueroute, comme la Banque mondiale l'a confirmé en 1996.

Comment le FMI a respecté la souveraineté du Ghana

Soucieux de promouvoir la sécurité alimentaire et la substitution des importations, le gouvernement arrivé au pouvoir en 2001 se propose de réduire les importations de riz de 30% en 2004 et d'augmenter la production nationale à 375 000 tonnes. A cet effet, le ministre des Finances et de la Planification économique propose dans le projet de loi budgétaire de 2003 d'augmenter les tarifs douaniers pour le riz de 20% à 25% et pour les poulets de 20% à 40%. Le Parlement adopte ce projet le 17 avril 2003. La douane commence à appliquer cette loi le 8 mai suivant, mais en suspend l'application quatre jours plus tard. Celle-ci est définitivement arrêtée en août 2003. Une action en justice menée par le Centre du Droit Public au nom des associations de paysans condamne le gouvernement à revenir sur cette suspension et à appliquer la loi budgétaire dans son intégralité. Mais, entre-temps, le gouvernement demande au Parlement de revenir sur sa décision d'avril. Que s'est-il passé ?

Le FMI a joué un rôle crucial dans cette question et a exercé des pressions discrètes. Selon les documents du FMI, ce sont les autorités du Ghana qui « après consultations avec le FMI », ont décidé de ne pas appliquer l'augmentation tarifaire. Il n'est toutefois pas sans intérêt de noter que le 8 mai 2003, le Conseil exécutif du FMI a conclu une consultation avec le Ghana conduisant à l'approbation d'un arrangement triennal portant sur un crédit de 258 millions de dollars dans le cadre de la Facilité de Réduction de la Pauvreté et de Croissance. Le rapport du FMI mentionne que l'augmentation tarifaire a été discutée durant ces consultations et que le FMI a argumenté que cette mesure était de nature à affecter la stratégie de croissance et de réduction de la pauvreté. La suspension de la loi budgétaire est intervenue le 12 mai, soit trois jours après l'approbation du crédit du FMI. Sous prétexte de ne pas affecter le programme de réduction de la pauvreté, le gouvernement annule des mesures destinées à protéger les petits paysans, un des groupes les plus vulnérables en termes de pauvreté et de faim !

D'autres acteurs ont agi, derrière la scène, dans le sens du FMI à savoir la communauté des bailleurs de fonds dont les plus importants sont la Banque mondiale, l'Union Européenne et la coopération britannique DFID (Department for International Development). Un tiers du budget du Ghana vient de l'APD. Selon l'Organisation Internationale du Travail (OIT), 40% du budget de la santé est couvert par cette aide.

L'argument, souvent avancé par la Banque mondiale, que sa politique des bas tarifs douaniers est à l'avantage des consommateurs n'est pas pertinent. En effet, les plus pauvres vivent en milieu rural et consomment avant tout du riz local. Ils ne seraient donc guère affectés par l'augmentation tarifaire. Au contraire, ils bénéficieraient de prix plus élevés à la production. La libéralisation des importations n'est pas la seule manière d'obtenir des prix raisonnables à la consommation. Un appui plus massif à la production nationale serait une alternative pour augmenter l'offre nationale et maintenir les prix. Or, avec les programmes d'ajustement structurel, tous les investissements majeurs dans l'agriculture ont été supprimés. En même temps, les bailleurs de fonds ont longtemps montré très peu d'intérêt pour ce secteur.

Le visage de la faim au Nord du Ghana

Au Nord du Ghana, les droits de l'Homme sont violés et, en particulier, le droit à l'alimentation. C'est la conclusion à laquelle arrivent, en 2007, les auteurs d'une étude du FIAN.

Les auteurs de l'étude sont allés sur place au Nord du Ghana dans la communauté de Dalun, à quelque 50 km de la capitale régionale, Tamale. Ils y ont interrogé des intermédiaires, des producteurs de riz, des représentants des syndicats paysans. Le bilan est inquiétant : la vente de riz local a partout baissé de manière dramatique (près de 75%). La pression du riz importé se fait sentir de plus en plus. Les prix ont diminué. Les structures de commercialisation comme les moulins à riz disparaissent. Les infrastructures se dégradent. Résultat : le pouvoir d'achat de ces producteurs de riz a décliné au point que les familles n'arrivent plus à se nourrir durant toute l'année. La qualité de l'alimentation diminue. Les ressources scolaires et de santé manquent. Durant les mois qui précèdent la récolte, la sous-alimentation et même la faim sévissent. Les auteurs de l'étude concluent que le droit à l'alimentation de ces populations n'est pas respecté. « Le visage de la faim à Dalun » est le titre d'un des sous-chapitres de l'étude.

Dans leurs conclusions, les auteurs de l'étude rendent responsables de la violation du droit à l'alimentation l'Etat du Ghana, le FMI et les pays exportateurs de riz[133].

Le secteur des poulets et le rôle de l'UE

Entre 1957 et 1980, le Ghana a monté une industrie de production de poulets qui a ensuite décliné au cours des années 1980. En effet, en vertu des mêmes politiques de libéralisation, le tarif douanier pour les importations a été réduit. Depuis 1993, les importations de viande de poulet ont également augmenté très fortement. Or, en Europe, les subventions comprennent des aides à l'exportation ainsi que des aides internes pour la nourriture (des céréales et des protéines) qui représentent plus de la moitié des coûts de production des poulets. Selon Jacques Berthelot, en 2002, les 15 Etats membres de l'UE ont produit 9 010 millions de tonnes de viande de poulet dont 1 147 millions ont été exportées pour une valeur de 928 millions d'euros. La valeur totale des subventions a été de 291,5 millions d'euros. Pour une valeur par tonne de 809 euros, les subventions ont été de 254 euros par tonne.

L'Afrique de l'Ouest est devenue un marché important et croissant pour les exportations de viande de poulet européen. La région a reçu 8% du total des exportations de l'UE en 2002, soit 8 fois plus qu'en 1996. Le Ghana en importe plus de 30% sous forme de poulets congelés. Les importations se composent essentiellement de pattes, cous, ailes et d'autres parties qui ne trouvent pas de marché en Europe. En 2002, plus de 27 000 tonnes de poulets ont été importées au Ghana, provenant principalement de pays européens. En 2011, ces importations ont été multipliées par plus de six, passant à plus de 155 000 tonnes (*voir tableau no 6*). Celles-ci proviennent de l'UE, mais aussi des Etats-Unis et du Brésil. Elles ne couvrent pas moins de 90% de la demande au Ghana[134].

[133] FIAN, op. cit.
[134] The Poultry Site, 2011.

Tableau n°6 : Ghana : production et importation de poulets en tonnes (2002-2011)

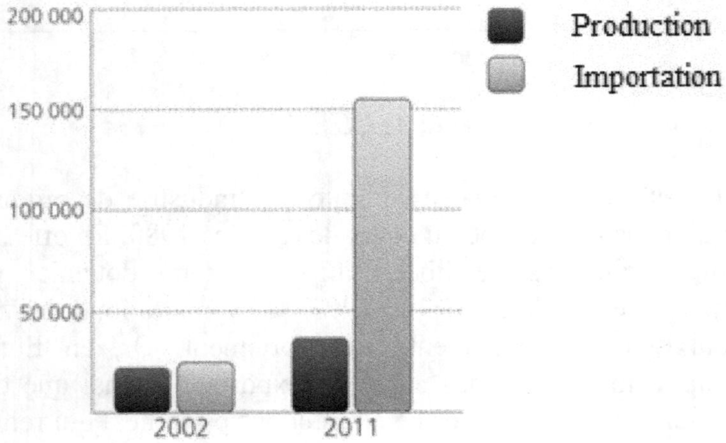

Alors que le Ghana compte environ 400 000 éleveurs de poulets, le résultat des importations de poulet montre que seules les grandes unités de production arrivent à soutenir la concurrence. Les importations ont un impact sérieux sur ce secteur de l'économie et sur les conditions d'existence de ces producteurs. Bien que le Ghana ait été près de l'autosuffisance dans cette production, il y a une vingtaine d'années, il n'arrive aujourd'hui qu'à couvrir une part marginale de la demande. Le poulet importé est disponible à un prix légèrement supérieur à la moitié du prix du poulet local. Une partie de l'industrie d'abattage de poulet ferme ses portes, d'autres ne travaillent qu'à quelque 38% des capacités.

Comme dans le cas du riz, le gouvernement a voulu réagir en 2003 et protéger quelque peu ses producteurs de poulet en faisant adopter une loi augmentant le tarif douanier sur les importations de 20% à 40%. Nous savons le sort réservé à cette loi sous l'influence du FMI.

Le secteur des tomates

Le Ghana avait développé une importante production de tomates et des ateliers de transformation.

Tableau n° 7 : Ghana : production et importation de tomates/concentré de tomates en tonnes (1991-2011)

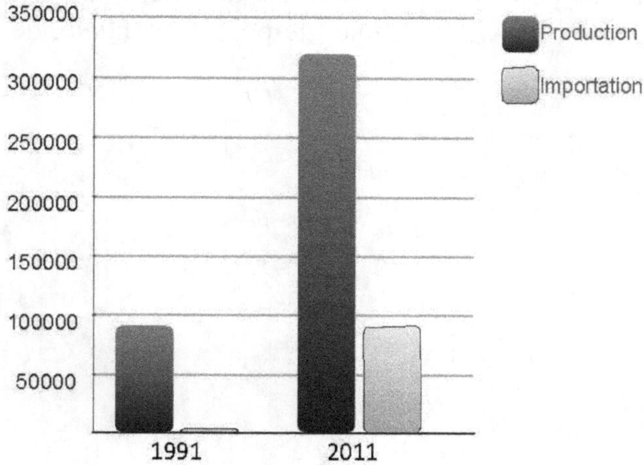

La libéralisation des années 1980 a conduit à l'écroulement de deux entreprises de mise en boîtes et a permis à l'industrie des tomates européenne de pénétrer le marché ghanéen. Seulement 3 600 tonnes de concentré de tomates étaient importées en 1991, puis déjà 24 077 tonnes en 2002, et même 92 000 tonnes en 2011 ! L'UE est le plus important producteur de tomates surtout en Italie, en Grèce, en Espagne, au Portugal et en France. 20% des exportations de l'UE de concentré de tomates vont en Afrique de l'Ouest. Les entreprises de concentré de tomates de l'UE reçoivent à peu près 300 millions d'euros de subventions, chaque année, dans le cadre de la Politique Agricole Commune de l'UE.

Voilà donc un autre secteur où le Ghana est exposé à une concurrence déloyale. La production de tomates a augmenté, entre 1991 et 2011, de 91 700 tonnes à 320 000 tonnes, soit une multiplication par plus de trois, mais elle a augmenté beaucoup plus lentement que les importations de concentré de tomates (*voir tableau no 7*). En même temps, le producteur ghanéen doit faire face à une sérieuse augmentation des coûts de production. En 2003, le prix de la houe a augmenté de 30,8%, les machettes de 14,5%, les engrais de 2,5% à 32,2%. Il s'agit des instruments de base du paysan ghanéen.

Toutes ces importations rapidement croissantes pèsent, de manière considérable, sur les finances de l'Etat. Le Ghana paye chaque année, pour ses seules importations de riz, quelque 600 millions de dollars et, en plus, 400 millions pour les importations de sucre, de concentré de tomates, de légumes, d'huile végétale, de poisson congelé, de viande de poulet et de blé[135].

[135] Myjoyonline.com.

6. Haïti, et d'autres exemples

Le 12 janvier 2010, Haïti a connu un tremblement de terre d'une exceptionnelle gravité faisant quelque 200 000 morts, 250 000 blessés et plus d'un million de sans-abri. Les destructions matérielles se sont chiffrées par milliards de dollars. Ces événements ont déclenché une action humanitaire internationale massive et une vague de solidarité mondiale impressionnante. Une vaste action de reconstruction a été lancée.

Peu de pays ont subi aussi durement le choc de la crise alimentaire qu'Haïti. Le prix du riz a doublé ou même triplé entre janvier et avril 2008. L'augmentation des prix des produits alimentaires a rendu la vie encore plus difficile pour les 56% de Haïtiens qui vivent dans l'extrême pauvreté et les 76% de la population qui vivent avec moins de 2 dollars par jour. De plus en plus de gens ont été obligés de manger des biscuits faits d'huile, de sel, et de boue afin de survivre. Des familles entières dans les zones rurales ont survécu en vendant cette boue à des « fabricants » de biscuits dans la capitale d'un pays où 6 personnes sur 10 ne peuvent manger un repas par jour.

Mais que la communauté internationale puisse aussi avoir sa part de responsabilité dans la misère des Haïtiens est moins connu.

En juin 2008, Amélie Gauthier, chercheur à la Fondation espagnole pour les Relations Internationales et le Dialogue (FRIDE), basée à Madrid, décrit ainsi la crise à Haïti[136] :

« Il y a huit ans, de nombreux producteurs de riz et leurs familles ont décidé que la vie à Haïti était devenue insupportable. Ils ont mis ensemble leurs maigres économies, ils ont acheté un canoë et ils sont partis pour les îles Turks et Caicos. Au cours de leur voyage de 150 miles, le canoë a coulé et les 60 passagers, essayant d'échapper à une situation invivable, ont perdu la vie. Il y a deux semaines, un autre groupe poussé au désespoir par la faim est parti dans un canoë qui s'est renversé à 20 mètres de la côte causant la mort de 20 personnes. Une

[136] FRIDE, Amélie Gauthier, *Food crisis in Haïti : a ruptured process ?*, juin 2008.

décennie a passé entre ces deux voyages, mais les victimes ont subi le même destin. »

« La pauvreté et la migration ont une longue histoire à Haïti. La même chose peut être dite sur les crises alimentaires. Ce problème est dû à l'irresponsabilité des élites locales, ainsi qu'aux programmes d'ajustement structurels de la Banque mondiale et du FMI. Ceux-ci avaient imposé au pays des réformes de libéralisation rapide dans les années 1990. »

« La crise en Haïti n'est rien moins qu'un pas de géant en arrière du processus de paix, de stabilisation et de consolidation commencé en 2004. En avril 2008, des troubles violents ont eu lieu partout à Haïti, l'activité s'est arrêtée et le Premier ministre a été chassé. Haïti était enfoncée dans le chaos, ni le gouvernement, ni la Mission des Nations Unies n'ont été en mesure de contrôler l'éruption de violence qui a coûté la vie à quatre Haïtiens et à un agent de police des Nations Unies originaire du Nigéria. Les dégâts matériels causés par les manifestants et les conséquences économiques catastrophiques auront des effets à long terme sur le pays. Ces dommages sont évalués à 100 millions de dollars. »

Histoire de l'agriculture

Premier pays de la région à avoir acquis, dès 1804, son indépendance politique, Haïti fut en effet libérée de sa tutelle coloniale à la suite d'une longue révolte contre l'esclavage. Les terres arables ont alors été bien récupérées par les anciens esclaves, une fois recouvrée leur liberté. Ce sont les petites exploitations agricoles familiales qui prédominent désormais largement dans les campagnes haïtiennes[137].

Pendant plus d'un siècle, l'économie haïtienne évolua au rythme de la production et des prix du café, du sucre, du bois précieux et des huiles essentielles. Le café est ainsi rapidement devenu la principale marchandise exportée, mais l'intégration des petits paysans des mornes

[137] Marc Dufumier, *Agricultures et paysanneries des Tiers mondes*, Ed. Karthala, 2004, p. 467.

au sein des échanges internationaux s'est opérée très largement sous la dépendance de commerçants usuriers (« spéculateurs ») en position de quasi-monopole. La paysannerie n'a donc jamais pu négocier librement les prix de ses marchandises agricoles, ni les taux d'intérêt de ses emprunts. Les exportations de café ont été sévèrement taxées par l'Etat afin de pouvoir notamment rembourser la dette à l'égard de la France[138].

L'outillage des paysans haïtiens reste encore aujourd'hui celui de l'époque coloniale : la houe, la pioche et la machette[139]. Riz, haricots, choux, arbres fruitiers sont exploités avec pratiquement les mêmes moyens qu'en 1804[140] sur de minuscules parcelles, méticuleusement ordonnées.

Le contingentement des importations et les droits de douane prélevés à l'entrée des produits alimentaires (de l'ordre de 50%) ont contribué dans une certaine mesure à protéger les paysans haïtiens de la concurrence internationale[141].

Les Programmes d'ajustement structurel

Ces programmes ont été introduits au cours des années 1980. Dans un reportage sur Haïti, publié en novembre 2006, le Comité Catholique contre la Faim et pour le Développement (CCFD) a, à l'exemple du riz, examiné les effets de la libéralisation économique et commerciale introduite en Haïti par le FMI et la Banque mondiale au cours des années 1980.

---

138 *Ibid.*, p. 470.
139 Marcel Mazoyer, *op.cit.*, 1984.
140 CCFD, FDM 216, novembre 2006.
141 Marc Dufumier, *op. cit.*, p. 473.

Tableau n°8

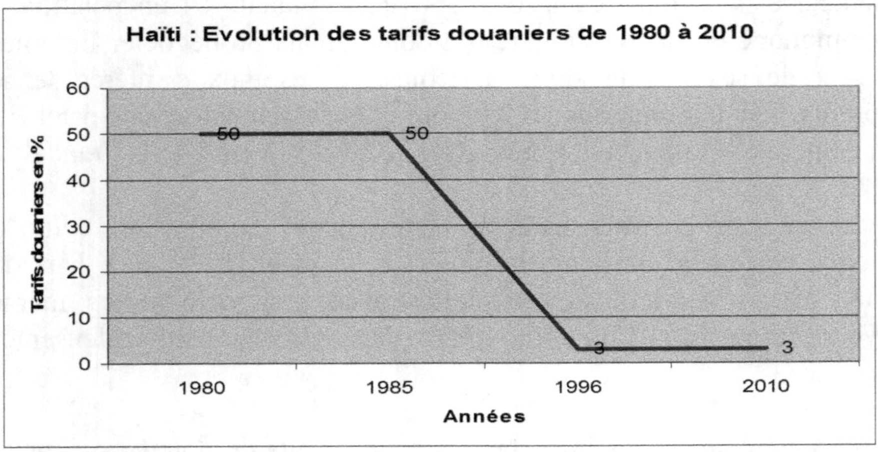

Cette libéralisation a conduit à une réduction du tarif douanier pour des produits comme le riz de 50% à 3% (*voir tableau no 8*). Le résultat de cette baisse dramatique a été une augmentation massive des importations, surtout du riz subventionné des Etats-Unis, qui sont passées de 15 000 tonnes au début des années 1980 à 220 000 tonnes en 2000 et même à 415 000 tonnes en 2012. La production nationale, de 120 000 tonnes en 1980, n'a augmenté que légèrement pour atteindre 130 000 tonnes en 2000 avant de diminuer de plus de la moitié pour s'élever à seulement 62 000 tonnes en 2012 (*voir tableau no 9*).

Pour les Etats-Unis, Haïti est devenu le deuxième pays d'exportation de son riz [142]. Selon la Task Force de l'ONU sur la crise alimentaire, Haïti importe aujourd'hui 50% des produits laitiers, 75% à 85 % des céréales - riz et blé -, et de viande de poulet, 100% du sucre et de l'huile. Tous ces produits sont importés des Etats-Unis. Aujourd'hui, le gouvernement d'Haïti consacre 80% de ses recettes d'exportation à l'importation de produits alimentaires pour lesquels le pays doit payer chaque année quelque 326 millions de dollars[143]. « Un coup féroce a été porté à toute l'agriculture haïtienne : selon la Banque mondiale ce secteur représentait 27% du PIB en 2004, contre 35% dix ans plus tôt »[144].

[142] Haiti Grassroots Watch, novembre 2013.
[143] *Ibid.*
[144] CCFD, *op.cit.*

Tableau n°9 : Haïti : production et importation de riz en tonnes (1981-2012)

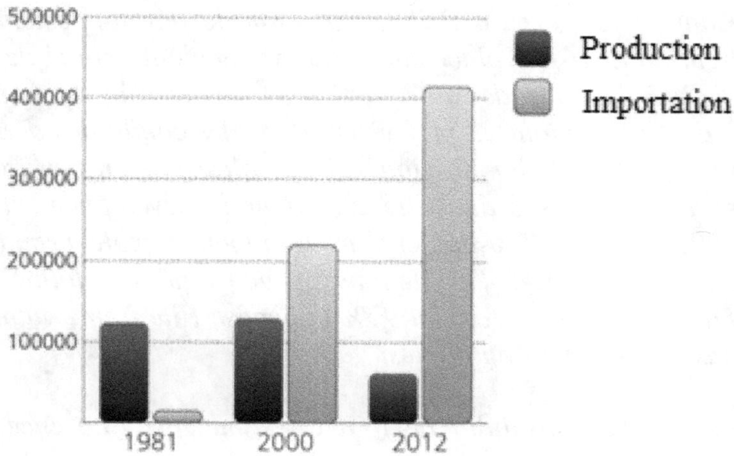

Ce n'est pas seulement dans le domaine de l'agriculture que des emplois ont été perdus. Un impact similaire s'observe, selon le CCFD, dans le domaine textile et dans celui de la production de chaussures. Les réformes de libéralisation ont détruit plusieurs industries nationales. Il y a 20 ans, plus de 100 000 personnes avaient un emploi dans l'industrie textile d'Haïti, aujourd'hui il en reste moins de 30 000, même si le programme « Hope » a pu en recréer un nombre limité[145].

Les petits producteurs rizicoles de la vallée de l'Artibonite, particulièrement affectés par la concurrence des riz nord-américains, entreprirent des actions de commandos contre les camions qui acheminaient ces riz importés vers la ville. Mais les populations pauvres des centres urbains, soucieuses de pouvoir s'alimenter au moindre prix n'ont pas tardé à réagir à leur tour violemment contre ces petits producteurs. Cette « guerre du riz » met en évidence l'une des contradictions majeures auxquelles sont désormais confrontés les gouvernements haïtiens successifs : abaisser les prix des produits alimentaires de première nécessité pour les populations pauvres des bidonvilles sans provoquer la ruine des petits paysans, ni accélérer un exode rural déjà trop massif[146].

[145] Welt-sichten, 6-2009.

[146] Marc Dufumier, *op.cit.*, p. 475.

La pauvreté à Haïti

Dans le rapport du PNUD 2013 sur le développement humain, Haïti figure à la 161ème place sur 196 pays. Seule la moitié de la population a accès à des soins de santé. 78% vivent en dessous du seuil de pauvreté de 2 dollars par jour et 54% vivent dans des conditions d'extrême pauvreté (moins de 1 dollar par jour). Haïti n'est pas en mesure d'atteindre un seul des objectifs du Millénaire pour le développement d'ici 2015. En 2002, seuls 35,5% des enfants terminent l'école primaire. Le taux de chômage est, avec 47%, le plus fort de l'Amérique latine et des Caraïbes. La déforestation a atteint 97% et expose l'île à une vulnérabilité accrue aux catastrophes naturelles.

Le groupe consultatif de l'ONU estime que l'absence de l'Etat dans différents secteurs est un des obstacles majeurs au développement. La permanence du taux de mortalité maternelle a un niveau élevé - 630 pour 100 000 naissances vivantes - résulte aussi de l'incapacité de l'Etat haïtien à assurer un accès aux services de santé de base à l'échelle du pays. Près de 30% des enfants dans certaines régions souffrent de malnutrition chronique[147].

L'effondrement du prix des produits vivriers et la suppression des taxes à l'exportation du café, décidée en septembre 1987 sur les conseils de la Banque mondiale, auraient dû, selon certains, inciter les petits producteurs des mornes à se spécialiser en caféiculture pour laquelle de nombreuses régions montagneuses et humides présentent des avantages comparatifs indéniables du point de vue écologique. Mais les effets ont été exactement inverses à ceux escomptés : la politique de prix défavorable aux productions vivrières s'est en fait traduite par un nouveau déclin de la caféiculture[148].

La production de céréales ne cesse en effet de décroître alors que la progression démographique dépasse encore les 2% annuels. Celle de sucre s'est littéralement effondrée depuis la fermeture des grandes

---

[147] ECOSOC, *Rapports 2007 et 2009 du Groupe consultatif sur Haïti.*
[148] *Ibid.*

centrales sucrières. Les importations de riz et de farine de blé augmentent à une allure vertigineuse, mais sans qu'elles soient pour autant compensées par une exportation accrue de café, dont la production continue de baisser très progressivement[149].

Camille Loty Malebranche, écrivain et philosophe, écrit le 26 avril 2008 :

« Au moment où les émeutes de la faim font rage, il est un aspect essentiel que le cas d'Haïti révèle à tous : la volonté du Nord ploutocratique de contrôler le ventre des pauvres du Sud. En Haïti, le dumping des denrées étatsuniennes subventionnées par l'État étatsunien pour détruire la production locale(sans subventions, ni moyens), a fini par avoir raison de l'alimentation produite sur place. Victime de cette concurrence déloyale, Haïti est devenue un cloaque des produits agricoles, avicoles et piscicoles de bas étage des Etats-Unis. »

« À un pays qui mangeait opulemment sa viande saine, ses vivres, ses fruits (bananes, oranges, corossols, melons, papayes, ananas, cachimans) et ses céréales naturelles et en exportait, on a fini par imposer les poulets aux hormones, toutes sortes d'abats d'oiseaux, des rebuts de poissons méphitiques des piscines de Miami. Le homard, la langouste et le poisson haïtiens sont pêchés en haute mer par des chalutiers étatsuniens qui ne laissent que les petits aux Haïtiens sans techniques de pêche pouvant rivaliser avec celles des étatsuniens violant les eaux territoriales haïtiennes[150]. »

Parmi les causes structurelles de la pauvreté et du chômage (70% de la population), la Task Force de l'ONU sur la crise alimentaire mentionne le déclin de l'agriculture dû à un manque extrême d'attention pour l'agriculture ainsi que la dégradation environnementale (érosion et déforestation)[151].

La CNUCED a dénoncé les conditionnalités excessives des prêts qui ont imposé des politiques de libéralisation prématurées dans beaucoup de

[149] Marc Dufumier, *op.cit.*, p. 492.
[150] Oulala.net.
[151] Rapport 2009 de la Task Force à Haut Niveau de l'ONU sur *la crise mondiale de sécurité alimentaire*, p. 95.

pays en développement[152]. Cela a certainement été le cas en Haïti. Le pays a été inondé de céréales américaines subventionnées. Des mesures similaires ont miné les secteurs de la volaille et du sucre. La politique de réduction tarifaire et budgétaire et de privatisation a aidé à miner les conditions de vie rurales et la sécurité alimentaire sans créer des activités manufacturières pourvoyeuses d'emplois et établir une économie plus diversifiée[153].

En privant ce pays de toute possibilité de protéger ses producteurs notamment agricoles, les pays industrialisés, par l'intermédiaire du FMI et de la Banque mondiale, ont procédé au mieux à un acte économique et commercial totalement absurde en termes de développement et au pire à une violation sérieuse de la souveraineté, notamment alimentaire, de ce pays. Certains grands Etats ont ainsi su assurer à leurs grandes transnationales agricoles un nouveau marché aux dépens des petits paysans haïtiens voués à la ruine.

Avant le tremblement de terre, plus d'un tiers de la population totale se trouvait dans une insécurité alimentaire modérée ou extrême avec des poches de malnutrition aiguë dans les régions lointaines où la distribution d'aide reste difficile. Le budget du PAM qui a augmenté de 22 millions en 2007 à 103 millions en 2008 a longtemps assisté quelque 2,7 millions de personnes dans le pays.

Comment reconstruire Haïti ?

Une Conférence internationale sur la reconstruction d'Haïti s'est tenue à New York fin mars 2010. Le plan de reconstruction adopté comprend un chapitre sur la relance de l'agriculture doté d'un budget de plus de 700 millions de dollars. FRIDE souligne que le modèle économique doit être repensé. Haïti a besoin d'un plan cohérent orienté vers l'autosuffisance alimentaire et énergétique, de l'utilisation de ses propres ressources naturelles et de l'aide internationale pour créer une infrastructure de base et digne pour ses citoyens[154].

---

[152] CNUCED, no 13, mars 2010.

[153] Richard Kozul-Wright and Pierguiseppe Fortunato, UNCTAD, *Rebuilding Haïti from post-conflict experience*, January 2010.

[154] FRIDE, *op.cit.*

Pour le groupe consultatif de l'ONU, la crise politique de 2008 a souligné le défi du renforcement de la sécurité alimentaire et du développement rural à Haïti. Tous les interlocuteurs nationaux et internationaux ont mis en évidence le besoin urgent de relancer la production agricole nationale y compris la pêche. La réhabilitation des activités agricoles et le renforcement des communautés rurales devraient rester des objectifs clés tant pour le gouvernement que pour les partenaires du développement du pays. L'amélioration des rendements agricoles, la formation de base et la réforme agraire sont à poursuivre. Une des recommandations du groupe souligne l'importance de la sécurité alimentaire pour la stabilité d'Haïti. Toute stratégie doit prendre en compte l'interrelation entre la sécurité alimentaire, l'agriculture, le régime foncier, l'énergie et la déforestation[155]. Le Président d'Haïti, Martelly, a l'intention de doubler la production de riz et d'introduire, à cet effet, de nouvelles méthodes agricoles. La communauté internationale des bailleurs de fonds semble s'intéresser désormais plus fortement à divers programmes de développement agricole. L'aide alimentaire a diminué.

La relance de l'agriculture sera-t-elle possible sans prévoir pour les importations un relèvement substantiel des droits de douane ? Marc Cohen, expert d'Oxfam, reconnaît l'importance réservée à l'agriculture dans la stratégie de reconstruction américaine, mais il estime qu'elle a ses limites. Il constate un manque flagrant de cohérence entre cette aide et la politique commerciale dans le domaine agricole[156]. Pour Marc Dufumier, la crise de l'agriculture paysanne ne saurait être résolue sans de réelles mesures protectionnistes destinées à accroître le prix des produits payés aux producteurs. Cette protection devrait être exclusivement tarifaire, de façon à ce que les droits de douane prélevés à l'importation des produits alimentaires (céréales, abats de porc, etc.) puissent servir au plus vite à créer de nouveaux emplois productifs et distribuer des revenus permettant aux populations pauvres d'affronter l'augmentation des prix provoquée par les nouvelles mesures[157]. Il convient, dans ce contexte, de saluer l'organisation de la paysannerie à Haïti qui est en train de se renforcer et de s'engager à réduire progressivement la dépendance alimentaire du pays, dans un souci de rétablir la souveraineté alimentaire.

---

[155] ECOSOC, *rapport 2009 du groupe consultatif sur Haïti*, p. 11.
[156] Haiti Grassroots Watch, novembre 2013.
[157] Marc Dufumier, *ibid.*, p. 475.

L'aveu de Bill Clinton

Le 10 mars 2010, l'ancien Président Bill Clinton, Représentant spécial de l'ONU pour Haïti s'est présenté devant la Commission des Relations Etrangères du Sénat pour expliquer les efforts déployés par la Fondation qui porte son nom en matière de santé au niveau international. A cette occasion, il s'est aussi prononcé sur Haïti et la politique en matière de sécurité alimentaire suivie à son égard.

« Depuis 1981, a-t-il dit, nous avons pensé que des pays riches qui produisent beaucoup de produits alimentaires devraient les vendre à des pays pauvres et les soulager du fardeau de les produire eux-mêmes. Ainsi, ils pourraient sauter dans l'ère industrielle ; cela n'a pas marché. Cela a pu être bon pour mes fermiers de l'Arkansas. Mais cela a été une erreur. Une erreur à laquelle j'ai participé. Je dois vivre chaque jour avec à l'esprit les conséquences de la perte de capacité de produire du riz à Haïti pour nourrir ces gens ; à cause de ce que j'ai fait et personne d'autre. Tout ce que nous pouvons faire pour appuyer l'autosuffisance alimentaire renforcera les initiatives en matière de santé »[158].

Il convient, bien sûr, de se féliciter de ces aveux de l'ancien Président Clinton. Ils sont lourds de signification. Il s'agit désormais de redresser la politique poursuivie dans le sens qu'il préconise et d'œuvrer en faveur du retour à l'autosuffisance alimentaire de l'île. Son intervention montre aussi, et confirme publiquement, l'influence du Président des Etats-Unis sur la politique de la Banque mondiale et du FMI.

En 2008, lors de la Journée Mondiale de l'Alimentation, il avait reconnu une erreur similaire concernant les politiques alimentaires menées en Afrique, en disant que « nous avons détruit le système alimentaire » (« We blew it »)[159]. Reste à savoir si les dirigeants américains et européens, qui participent aux décisions des organisations financières internationales, auront la lucidité de partager les conclusions de Bill Clinton et d'en tirer les leçons qui s'imposent ? Hélas, le fait est que, jusqu'à présent, cette politique commerciale néolibérale est poursuivie sans relâche tant par les Etats-Unis que par l'UE.

---

[158] http :www.clintonfoundation.org/news/news-media/transcript-president-clinton-s-remarks-before-the-committee-on-foreign-relations-hearing-on-global-health.
[159] Voir South Centre 2009.

Cas du Burkina Faso et du lait en poudre européen subventionné

En 2007, Misereor, une des plus grandes organisations non gouvernementales de l'Allemagne, a diffusé une publication intitulée « Des subventions agricoles créent la pauvreté, l'exemple du lait de l'Union Européenne au Burkina Faso ». Misereor y dénonce les dangers que la politique agricole commune de l'Union Européenne, dont les subventions accordées à ses producteurs de lait, fait peser sur les producteurs de lait du Burkina Faso.

Misereor écrit que le Burkina Faso fait partie des pays les moins avancés. Il est donc dispensé par les règles de l'OMC de tout engagement d'ouvrir son marché. Le pays pourrait donc protéger son secteur laitier avec un tarif douanier allant jusqu'à 100% sans violer le droit commercial international. En fait, le Burkina ne prélève qu'un droit de 5% sur les importations de lait. Cette situation est due, entre autres, aux programmes d'ajustement structurel que l'Etat du Burkina Faso a menés à bien avec l'appui du FMI[160]. Les négociations en cours entre l'UEMOA et la CEDEAO (Communauté Economique d'Etat de l'Afrique de l'Ouest) prévoient de « consolider » ce si faible droit de 5% pour le lait, ce qui serait catastrophique pour les familles de petits éleveurs qui produisent du lait dans ces pays. La politique commerciale agricole actuelle diminue les chances d'accès des producteurs locaux à un revenu suffisant, a des effets négatifs sur l'autosuffisance alimentaire et augmente la dépendance de la population envers les importations de produits alimentaires. L'exemple du secteur laitier au Burkina Faso montre que des pays en développement devraient pouvoir protéger leur marché des importations à bas prix et que le dumping agraire massif des pays industrialisés devrait être arrêté. Cela revêt une haute priorité pour la lutte contre la pauvreté[161].

---

160 Ces programmes ont conduit l'UEMOA dont le Burkina fait partie à réduire la structure des tarifs douaniers appliqués à 4 taux différents : 0%, 5%, 10% et 20%. Le taux de 5% est appliqué aux produits alimentaires de première nécessité.

161 Misereor, *« Agrarsubventionen schaffen Armut »*, Das Beispiel der EU-Milch in Burkina Faso, 2005.

Les conséquences dévastatrices de l'accord NAFTA

Au Mexique, deux millions de paysans ont perdu leur emploi suite à l'introduction en 1994 de l'Accord de libre-échange NAFTA (North American Free Trade Agreement) conclu entre les Etats-Unis, le Canada et le Mexique. Les importations de maïs provenant des Etats-Unis ont été multipliées par cinq et les prix du maïs se sont effondrés de 66%. Entre 1997 et 2005, il y a eu également d'énormes augmentations des importations de viande de bœuf, de porc et de poulet, de blé et de riz des Etats-Unis. La perte pour les paysans mexicains est évaluée à quelque 12,8 milliards de dollars.

Mais d'autres répercussions de cet accord sont aussi désastreuses pour la société mexicaine. Il a contribué à la disparition de petites et moyennes entreprises agricoles et ainsi à une grave destruction de la vie sociale et de la cohésion sociale dans les villages. Beaucoup d'hommes et de jeunes ont émigré vers les Etats-Unis, laissant derrière eux femmes et enfants. L'augmentation explosive de la violence au Mexique et la progression de barons de la drogue sont en relation avec l'absence de perspectives pour les jeunes, dans les zones rurales, résultat de l'accord NAFTA. En 2011, 19 millions de Mexicains ont été sous-alimentés dont 60% dans des zones rurales. En même temps, le Mexique arrive en deuxième position sur la liste mondiale de l'obésité, juste derrière les Etats-Unis, et en première position s'agissant de l'obésité des enfants[162].

Impact de la libéralisation commerciale sur d'autres pays

Au Mali, au Burkina Faso et au Niger, le riz importé de Thaïlande et de Chine se vend à des prix inférieurs à celui du riz local.

Les importations massives de viande de volaille en Côte d'Ivoire, comme ailleurs en Afrique noire, largement subventionnées à l'exportation par l'UE, furent tellement importantes en 1999 que plus de la moitié des éleveurs ont arrêté leurs activités[163]. En Afrique du Sud, la suppression des tarifs et des subsides a éliminé beaucoup de petits paysans, surtout les producteurs de maïs. Entre 1993 et 2002, le nombre de fermes

---

[162] Marie Monique Robin, Les Moissons du Futur, La Découverte, 2012, p. 197-219.

[163] Jacques Berthelot, *L'agriculture, talon d'Achille de la mondialisation*, Ed. L'Harmattan, 2001.

commerciales a diminué de 21% alors que l'emploi rural a baissé de 14%. Au Sri Lanka, 70% du lait consommé est importé. Grâce à de bas tarifs, les importations de poudre de lait ont été multipliées par sept, les 25 dernières années, passant de 10 000 tonnes en 1981 à plus de 70 000 tonnes en 2005. Durant ce temps, la production locale a stagné[164].

« De 1992 à 1995, écrit Michel Chossudovsky, économiste et professeur à l'Université d'Ottawa, j'entrepris des recherches sur le terrain en Inde, au Bangladesh et au Vietnam, et je retournai en Amérique latine pour terminer mon étude sur le Brésil. Dans tous ces pays, y compris le Kenya, le Nigeria, l'Egypte, le Maroc et les Philippines, j'observai le même modèle de manipulation économique et d'ingérence de la part des institutions financières de Washington »[165]. « En Somalie, a-t-il constaté, les petits paysans furent ruinés en raison des prix de dumping des céréales américaines subventionnées et de la hausse des prix des entrants. L'histoire récente de la Corne de l'Afrique confirme le danger pour le tiers-monde de politiques d'ajustement qui affaiblissent l'Etat et conduisent à l'implosion et à la guerre civile »[166]. Au début des années 1990, en effet, la guerre civile a éclaté, l'Etat s'est effondré et le territoire sert aujourd'hui de base à toutes sortes d'opérations de piratage et de terrorisme.

Avant même l'éclatement de la guerre civile en octobre 1990, le Rwanda était ravagé par une crise économique dont ont peu parlé les médias, pourtant de plus en plus attentifs aux souffrances humaines. Une restructuration de l'agriculture, l'effondrement des cours du café qui fournit à ce pays plus de 80% de ses recettes d'exportation et l'imposition d'un programme de réformes macroéconomiques par les institutions de Bretton Woods auront, en exacerbant les difficultés de la vie et les tensions ethniques, contribué à l'effondrement politique. Au début des années 1990, l'économie nationale du Rwanda a cessé d'être fonctionnelle et son système agricole autrefois florissant était déstabilisé. Le FMI avait exigé du pays qu'il « ouvre » son marché intérieur au dumping des excédents céréaliers des Etats-Unis et de l'Europe. Il s'agissait d'encourager les agriculteurs rwandais à devenir plus

[164] Actionaid International, trade Invaders, The WTO & developing countries *"Right to Protect"*, 2005, p. 4.
[165] Michel Chossudovsky, *op.cit.*, p. 19.
[166] *Ibid.*, p. 115.

concurrentiels[167]. L'avocat général belge, Damien Vandermeersch, fait état, dans ce contexte, de « l'irresponsabilité » des institutions financières internationales[168].

Après avoir semé la famine en Ethiopie au moyen de l'ajustement structurel, le FMI et la Banque mondiale ont donné aux multinationales américaines le moyen d'exploiter le désastre en accordant à cet Etat une aide, dite alimentaire, sous forme de semences génétiquement modifiées. Les mesures économiques ont enclenché la ruine de l'économie paysanne et acculé à la misère des millions de personnes. Avec le concours du département de l'Agriculture des Etats-Unis, ces réformes ont également ouvert la voie aux sociétés biotechnologiques américaines. Ces dernières s'approprient alors les semences traditionnelles détruisant la biodiversité et imposant leurs propres semences génétiquement modifiées, sous couvert de secours d'urgence et d'aide alimentaire[169].

L'organisation non gouvernementale Actionaid conclut que, dans le monde, des milliers et même des millions de vies ont été affectées. Des emplois à la ferme ont été perdus ; des entreprises de transformation agroalimentaire ont fermé ; l'endettement s'est accru ; des communautés ont été décimées ; et les souffrances ont augmenté. Comme l'agriculture reste au centre de l'économie de beaucoup de pays en développement, l'impact de l'afflux des importations a été sévère. Il s'agit de la principale source de travail, assurant entre 40% et 80% des emplois. Comme un autre emploi dans les services ou dans le secteur industriel n'est souvent pas aisément disponible, et certainement pas en nombre aussi élevé, la perte d'emplois dans l'agriculture équivaut souvent à une aggravation de la pauvreté, de l'insécurité alimentaire, et à la perte d'accès à des services essentiels, comme l'éducation et les soins de santé[170].

---

[167] *Ibid.*, p. 19, 117.

[168] Damien Vandermeersch, Comment devient-on génocidaire ?, 2013, Ed. GRIP, p.44.

[169] Michel Chossudovsky, *op.cit.*, p. 143.

[170] Actionaid, *op.cit.*

7. *L'agriculture industrielle n'est pas durable*

Le Rapport sur l'agriculture mondiale le précise : le productivisme unilatéral de l'agriculture industrielle exploite entre-temps les ressources naturelles disponibles de notre planète d'une façon non durable et par conséquent indéfendable. La stratégie de base visant à remplacer le travail humain par les techniques les plus modernes, la chimie agricole et l'énergie fossile, conduit à une impasse face aux changements climatiques, à des réserves en pétrole qui s'épuisent et à des ressources naturelles surexploitées. Nous nous sommes basés, de manière exagérée, sur une approche permettant de gagner d'énormes quantités de produits agricoles et de viande à partir de monocultures rationnalisées et de quelques plantes à haut rendement et de les transformer, à l'aide de techniques toujours plus coûteuses, en cette diversité apparente de denrées que nous trouvons dans nos supermarchés. D'immenses quantités de pesticides et d'engrais chimiques, d'énergie et d'émissions affectant le climat et une eau douce qui se raréfie, alimentent ce type d'agriculture. Des sols dégradés et salinisés, des forêts défrichées, des cours d'eau empoisonnés et une disparition des espèces d'une ampleur inconnue sont le prix écologique de ce progrès[171].

La plus grande partie des milliards de subventions agricoles allouées dans les pays industrialisés et émergents favorisent des méthodes de culture et de production, des habitudes de consommation et des flux commerciaux, qui aggravent le réchauffement du climat[172].

Durant des siècles, et malgré la diversité des agricultures, les paysans du monde entier produisaient sans avoir à se préoccuper ni de la stabilité du milieu naturel ni du régime climatique sous lequel ils vivaient. Soudain, et avec une brutalité inouïe, les conditions du milieu et du climat sont sérieusement menacées et fragilisées. Les écosystèmes se détériorent à une vitesse jamais connue auparavant, en particulier le climat, l'eau, la biodiversité et les ressources halieutiques. L'érosion avance. Les changements climatiques affectent les conditions d'exploitation et les récoltes. Résultat, la sécurité alimentaire, en particulier pour les plus vulnérables, connaît de nouvelles incertitudes. Les pays en

---

[171] Zukunftsstiftung Landwirtschaft, *op. cit.*, p. 22.
[172] *Ibid.*, p. 35.

développement, et surtout les plus pauvres et les pays insulaires, qui sont les moins responsables de ces changements en souffrent le plus. Des défis d'adaptation redoutables se posent, y compris pour les paysans du monde entier.

Les changements climatiques intensifient la faim et la malnutrition

La relation entre changements climatiques et agriculture est à double sens : l'agriculture contribue à maints égards aux changements climatiques, et les changements climatiques ont généralement des répercussions négatives sur l'agriculture[173]. L'agriculture participe à l'effet de serre par l'émission de gaz qui tendent à augmenter la température de l'atmosphère et à modifier le climat. Sa contribution est importante. Elle représente environ un tiers des émissions de gaz à effet de serre, ce qui en fait une des sources les plus importantes. Plusieurs causes expliquent ce phénomène : le brûlis de la forêt, la déforestation, le labour, l'irrigation, le recours à des engrais azotés et enfin les émissions de méthane par les animaux ruminants[174].

Si on tient compte de la transformation, du transport, de la réfrigération, du réchauffement, de la préparation de produits alimentaires et du traitement des déchets, on arrive au constat que plus de 40% de toutes les émissions dépendent de la manière dont nous nous nourrissons et pratiquons l'agriculture[175]. Selon GRAIN, une organisation non gouvernementale, notre système alimentaire global est responsable de 44% à 57% de toutes les émissions de gaz à effet de serre[176]. L'agriculture et notre système alimentaire ont donc un rôle décisif à jouer dans la réalisation de l'objectif de réduction, au cours de ce siècle, de nos émissions de 80%, afin de limiter le réchauffement global à deux degrés Celsius[177].

Les changements d'affectation des sols ont un impact très décisif. L'assèchement de marais et leur mise en culture, le défrichement de

---

[173] FAO, 2009.
[174] Michel Griffon, *op.cit.*, p. 245.
[175] Zukunftsstiftung Landwirtschaft, *op. cit.*, p. 34
[176] Wake Up Before It Is Too Late, UNCTAD, 2013 p. 20.
[177] Zukunftsstiftung Landwirtschaft, *op. cit.*, .p. 34.

forêts vierges au Brésil, la transformation de prairies dans la pampa en Argentine ou le remplacement de forêts vierges par les plantations d'huile de palme en Indonésie, conduisent à d'énormes émissions de gaz à effet de serre. Ce qui est déterminant dans ces processus est le dégagement de CO_2 fixé dans l'humus des sols[178].

Deux autres gaz ont un impact plus important que la consommation directe d'énergies fossiles et l'émission de CO_2 qui en résulte : les oxydes d'azote NO_2 (comme p.ex. le gaz hilarant) et le méthane (CH4). Ils contribuent nettement plus au réchauffement de l'atmosphère que la même unité de poids CO_2. L'effet de serre pour le méthane est 23 fois plus important, celui du gaz hilarant 300 fois. Alors que le gaz hilarant est produit avant tout par la production de fumier et de lisier, le méthane est essentiellement produit par le travail intestinal des bovins et dans les périmètres irrigués où est cultivé le riz[179]. 1,34 milliard de têtes de bétail sont élevées dans le monde pour la production de lait et de viande et, pour la FAO, la production animale exerce également une pression croissante sur la terre, l'air, l'eau et la biodiversité. L'élevage contribue aux changements climatiques mais en subit également les conséquences[180].

Alors que la demande de produits alimentaires, de fourrages, de fibres et de combustibles ne cesse d'augmenter, les changements climatiques risquent de dégrader irrémédiablement le stock de ressources naturelles dont dépend l'agriculture[181]. Les sécheresses et les inondations, les tempêtes et les tornades, l'augmentation du niveau des mers, la salinisation des nappes phréatiques, des intempéries plus fréquentes et plus graves, la circulation et l'extension d'agents pathogènes anciens et nouveaux, une disparition des espèces accélérée, tous ces fléaux du changement climatique affecteront directement l'agriculture. Maintes régions côtières seront complètement perdues pour l'exploitation agricole, de nombreuses régions souffriront des pertes sérieuses et rares

---

[178] *Ibid.*, S.112-113.
[179] Felix zu Löwenstein, Food Crash: Wir werden uns ökologisch ernähren oder gar nicht mehr, Pattloch 2011, p. 112.
[180] FAO, Rapport 2009, *op.cit.*, p. 113.
[181] FAO, 2009.

seront celles qui vont en bénéficier. Des millions d'êtres humains perdront leur patrie et leur base d'existence[182].

Ce sont probablement l'Afrique, le sud de l'Asie et l'Amérique latine qui auront en particulier à souffrir du changement climatique. Dans quelques régions du nord de l'Europe, de l'Asie et de l'Amérique, la productivité pourrait même augmenter. Les régions d'exportation les plus importantes et les greniers à blé du monde - comme le Midwest des Etats-Unis, l'Australie, le Brésil, la Thaïlande, le Vietnam ainsi que de grandes parties de l'Inde et de la Chine - doivent s'attendre, à moyen terme, à des pertes de récolte drastiques[183].

Le changement climatique aggravera les conditions de vie des agriculteurs, des pêcheurs et des populations dépendant des forêts, lesquels sont déjà vulnérables et souffrent d'insécurité alimentaire. La faim et la malnutrition augmenteront. Les communautés rurales tributaires de l'agriculture dans un environnement fragile seront confrontées à un risque immédiat de pertes accrues de récolte et de bétail. Les communautés les plus exposées seront les communautés vivant le long des côtes, dans les plaines inondables, en montagne, sur les terres arides et dans l'Arctique. En général, les pauvres souffriront d'insécurité alimentaire à cause de la perte de leurs biens de production et du manque de couverture d'assurance adéquate[184].

L'érosion et la dégradation des sols

Le sol, base nutritive pour la croissance des plantes, est lui-même un produit de processus vitaux organiques et constitue donc un capital de base pour l'agriculture. L'état des sols est très varié, mais selon des estimations globales, 23% de la terre cultivable est plus ou moins dégradée, une cause de préoccupation sérieuse[185].

L'érosion des sols peut être une conséquence d'une agriculture intensive qui exploite de manière lente les ressources des sols en nutriments sans

---

[182] Zukunftsstiftung Landwirtschaft, *op. cit.*, p. 38.
[183] *Ibid.*, p. 38.
[184] *Ibid.*
[185] *Ibid.*, p. 32.

en renouveler suffisamment le stock ni celui de la matière organique[186]. Dans certaines régions du monde, la dégradation des sols est particulièrement avancée. Ainsi, seuls 12% des terres du continent latino-américain n'ont pas perdu en fertilité, tandis que l'Afrique concentre un quart des terres affectées par la salinisation dans le monde[187].

Dans les pays, en particulier asiatiques, qui ont le plus bénéficié de la Révolution verte et qui ont donc réussi à augmenter prodigieusement les rendements, on constate que ces rendements présentent, ces dernières années, une tendance au plafonnement. Plusieurs causes expliquent ce phénomène : la salinisation des sols suite à une irrigation intensive, un engorgement hydrique des mêmes sols, une augmentation des prix des engrais et enfin des attaques d'insectes et de maladies. En très peu de temps, le travail du sol et la culture intensive du coton, du soja ou du maïs peuvent réduire fortement le taux de matière organique des sols, ce qui leur fait perdre leur structure et leur fertilité. Les rendements baissent alors de façon spectaculaire, et l'érosion s'installe[188].

L'épuisement et la pollution des sources d'eau

Le monde est menacé par un gigantesque déficit en eau douce ; cette évolution est largement invisible et récente, et le problème gagne rapidement du terrain. Comme l'essentiel de ce déficit provient du surpompage de l'eau des nappes phréatiques, il n'est souvent pas apparent. Le forage de millions de puits pour l'irrigation a généré un niveau de prélèvement qui s'élève bien au-delà de la capacité de recharge naturelle de nombreuses nappes aquifères[189]. 70% des ressources en eau sont consacrées à un seul usage : l'irrigation ; 20% vont à l'industrie, et les 10% restants couvrent les besoins domestiques[190]. L'agriculture utilise plus de 80% de l'eau consommée dans les pays en développement et 40% dans les pays riches[191].

---

[186] Michel Griffon, *op.cit.*, p. 244.
[187] Alternatives économiques, *L'économie durable*, Hors-série no 83, 2009.
[188] Michel Griffon, *op.cit.*, p. 234-236.
[189] Brown Lester R., *Le Plan B, Pour un Pacte Ecologique Mondial*, Ed. Calmann-Lévy – Souffle Court, 2007, p. 62.
[190] *Ibid.*
[191] Frédéric Lemaître, op. cit., p. 71

Lester Brown avertit que les baisses de charge des nappes phréatiques ont déjà produit des effets négatifs sur les récoltes de certains pays, comme la Chine, le plus grand producteur mondial de céréales. Ses producteurs de blé doivent désormais pomper parfois l'eau à plus de 300 mètres de profondeur. Après un pic historique de 392 millions de tonnes en 1998, la production céréalière chinoise a chuté à 358 millions de tonnes en 2005. La Chine n'a pas pour autant augmenté ses importations. L'épuisement des nappes phréatiques, la conversion de terres arables à des usages non agricoles et la perte de main-d'œuvre agricole dans des provinces qui s'industrialisent rapidement, sont les trois facteurs principaux de la diminution de la récolte de céréales chinoises. Il sera difficile pour la Chine de retrouver son niveau de production antérieur du fait de la diminution de ses capacités d'irrigation[192].

Les problèmes de l'Inde sont plus sérieux encore. Ainsi, dans le Tamil Nadu, un Etat de plus de 62 millions d'habitants du sud de l'Inde, les puits s'assèchent quasiment partout. L'épuisement des nappes phréatiques a conduit à l'assèchement de 95% des puits possédés par les petits fermiers, réduisant la surface irriguée de moitié au cours des dix dernières années[193].

Les pays qui surexploitent leurs nappes phréatiques sont la Chine, l'Inde, les Etats-Unis, l'Iran, le Mexique, la Jordanie, Israël, l'Espagne, le Maroc, le Pakistan, l'Arabie Saoudite, la Corée du Sud, la Syrie, la Tunisie et le Yémen. Ensemble, ils représentent près de la moitié de la population mondiale (3,2 milliards de personnes)[194].

Tous les jours sont répertoriés des lacs disparus, des puits asséchés, ou des fleuves qui n'atteignent plus la mer. La surface du lac Tchad s'est réduite de 95% depuis les années 60. Il pourrait bien disparaître entièrement à court terme[195]. La mer d'Aral est en cours de reconstruction partielle car elle a perdu 80% de son volume depuis 1960. L'expansion de la culture du coton a conduit à un accroissement de la salinisation de cette mer entraînant une disparition de la faune aquatique. Les pêcheries florissantes, qui autrefois donnaient jusqu'à 50 000 tonnes de prises par an, ont complètement disparu et avec elles les emplois, tant de marins que

---

[192] Lester Brown, *op.cit.*, p. 65.
[193] *Ibid.*, p. 66.
[194] *Ibid.*, p. 63.
[195] *Ibid.*, p. 61.

d'ouvriers des usines de transformation du poisson[196]. Des travaux d'aménagement opérés ces dernières années ont conduit à un certain redressement d'une partie du lac. Le niveau du lac de Tibériade a chuté de 25 mètres au cours des 40 dernières années[197]. En Chine, le Fleuve Jaune, qui coule sur 4 000 kilomètres avant de se jeter en mer de Chine, n'arrive souvent plus à atteindre la mer[198].

L'avenir s'annonce difficile : d'ici 2025, les prélèvements d'eau devraient encore augmenter de 50% dans les pays en développement et de 18% dans les pays développés[199].

Les pollutions agricoles sont les plus répandues et sont issues des techniques de la révolution verte : pollutions dues aux engrais (les nitrates et les phosphates) et surtout aux pesticides. Les eaux de surface et les nappes sont contaminées par ruissellement et par érosion, phénomène menaçant la potabilité de l'eau[200].

Le Rapport sur l'agriculture mondiale et l'ONU mettent en garde devant des conflits de plus en plus graves, internes aux Etats mais aussi entre les Etats, pouvant aboutir à des affrontements violents et des guerres à cause de l'eau. La construction d'un gigantesque barrage sur le cours supérieur du Nil bleu en Ethiopie conduit à des tensions avec l'Egypte qui redoute une atteinte à l'afflux normal de l'eau du Nil[201]. Dans les territoires palestiniens occupés, Israël s'appuie sur sa force d'occupation pour puiser l'eau des nappes phréatiques pour ses colons et l'irrigation des nombreuses serres. En même temps, les Palestiniens sont privés de l'accès nécessaire à l'eau ce qui cause des frais élevés à la population et conduit souvent les paysans à l'abandon de leurs fermes et à l'exode vers les villes.

---

196 *Ibid.*, p. 73.
197 *Ibid.*, p. 72.
198 *Ibid.*, p. 70.
199 Alternatives Economiques, *op.cit.*, p. 24.
200 Michel Griffon, *op.cit.*, p. 240.
201 *Ibid.*, p. 31.

L'épuisement des ressources halieutiques

Les dernières six décennies de pêche industrielle ont porté l'exploitation des mers et des océans à des niveaux insoutenables. La pêche industrielle a réduit, de façon souvent dramatique, les captures des petits pêcheurs opérant dans leurs embarcations traditionnelles, à partir de la côte. Les trois quarts des stocks de poissons du monde seraient aujourd'hui exploités au maximum de leurs capacités, et bien souvent au-delà. Certaines pêcheries multiséculaires, comme celle de la morue au large de Terre-Neuve, s'effondrent. Les populations de grands prédateurs comme le thon ou le cabillaud sont largement décimées. L'inflation des subventions publiques qui ont irrigué le secteur de la pêche au cours des dernières décennies a créé une flotte de bateaux de pêche en nette surcapacité : on estime que la flotte mondiale possède une capacité 2,5 fois supérieure à ce que l'océan peut « produire » de manière durable.

L'aquaculture s'est en même temps développée de manière impressionnante. Elle connaît une croissance de 10% l'an. Elle assure aujourd'hui plus d'un tiers de la production mondiale de poisson contre seulement 15% au début des années 1990. Les pays en développement concentrent 90% de la production aquacole, contre seulement 51% de la production de viande. La Chine, à elle seule, pèse pour 70% de la production mondiale sur les ressources en volume et 50% en valeur. Mais, l'aquaculture constitue aussi une pression supplémentaire sur les ressources, car un quart des poissons pêchés en mer sert à l'alimentation de poissons d'élevage carnivores[202].

La biodiversité

La biodiversité est une ressource essentielle pour l'agriculture et la production alimentaire. Elle est menacée par l'urbanisation, la déforestation, la pollution, la pêche excessive et la transformation des marécages[203]. Chaque année, plusieurs milliers d'espèces disparaîtraient de la planète[204]. L'agriculture transforme et réduit la diversité aux trois niveaux d'organisation de celle-ci : la diversité des espèces (le nombre des espèces animales, végétales, microbiennes), la diversité génétique au

---

[202] Alternatives Economiques, *op.cit.*, p. 25 - Bruno Parmentier, *op.cit.*, p. 154.
[203] FAO 2009.
[204] Alternatives Economiques, *op.cit.*

sein de chaque espèce que l'on qualifie de diversité intraspécifique (réduction du nombre de variétés cultivées) et la diversité des écosystèmes[205].

Une douzaine d'espèces d'animaux fournissent 90% des protéines animales consommées au niveau mondial et seulement 4 espèces de plantes fournissent la moitié des calories dans l'alimentation humaine.

Les entreprises transnationales qui monopolisent de plus en plus le commerce des semences présentent également une menace non négligeable pour la biodiversité *(voir les chapitres 8 et 12).*

La conservation de la biodiversité est une précaution absolument nécessaire pour les générations futures. L'agriculture, qui est à la fois une menace pour la biodiversité mais aussi l'un des principaux utilisateurs potentiels de cette biodiversité, a un rôle essentiel à jouer pour la gérer et la maintenir, cela aux trois niveaux : écosystèmes, espèces et variétés au sein de chaque espèce[206].

La production de viande hors-sol : surexploitation des ressources agricoles et délocalisation de la production

Au cours des cinquante dernières années, la production de viande globale a été multipliée par plus de quatre, passant de 71 à 300 millions de tonnes par an. La FAO s'attend à une augmentation de la production de viande de 70% d'ici 2030. La consommation de viande moyenne par habitant s'élève au niveau mondial à 42 kilogrammes. C'est aux Etats-Unis que la consommation est la plus élevée, avec en moyenne 120 kilogrammes par habitant, un Allemand en consomme 88 kilogrammes en moyenne, un Chinois 58 et un Indien seulement 4. C'est surtout en Chine que cette consommation a beaucoup augmenté ces dernières années.

La production et la consommation de viande de porc et de poulet augmenteront beaucoup plus vite que celle de viande de bœuf et de mouton. Au cours des dernières années, l'élevage de masse s'est fortement développé et cette tendance se poursuivra à l'avenir. Les énormes installations d'élevage produisent d'immenses excès de fumier

[205] Michel Griffon, *op.cit.*, p. 247.
[206] *Ibid.*, p. 249.

et de lisier. Et, même si de tels fertilisants organiques peuvent fournir des substances nutritives précieuses pour les sols agricoles, leur épandage conduit à des émissions importantes et est nuisible pour l'air, le sol et l'eau[207].

Un problème particulier se pose lorsque la production des aliments pour le bétail est « délocalisée » dans d'autres pays ou d'autres régions. Ainsi, l'UE importe plus de 70% des oléoprotéagineux pour l'alimentation du bétail, surtout des graines et des tourteaux de soja, du Brésil, de l'Argentine, du Paraguay et des Etats-Unis. La surface nécessaire à cet effet dans ces pays correspond à plus de 20% de toute la surface cultivable de l'UE. Cette culture rend nécessaire le défrichement des forêts vierges et la transformation d'immenses pâturages en champs. Les conséquences pour la biodiversité globale et le climat sont catastrophiques. Ces monocultures conduisent également à une grave dégradation des sols. De l'autre côté du Pacifique, en Chine, principal pays d'importation, les importations à bon marché causent de très graves problèmes aux producteurs locaux de soja. La surface cultivée y a été réduite de près d'un tiers[208].

« L'élevage industriel engendre, de loin, la plus grande contribution de l'agriculture au changement climatique. Car les animaux émettent du méthane (ruminants), un gaz particulièrement dangereux pour le climat et de l'ammoniac produit par le lisier et le fumier. Aux Etats-Unis, l'élevage cause 55% de l'érosion des sols et de la sédimentation, utilise 37% des pesticides, 50% des antibiotiques et provoque un tiers de la pollution de l'eau douce par de l'azote et des phosphates »[209].

La consommation de viande : un gaspillage de calories végétales

En 2007, ont été produites 222 millions de tonnes de soja dont seulement 20 millions ont été utilisées pour l'alimentation humaine, y compris sous forme de tofu. 37 millions de tonnes ont été transformées en huile de soja, une huile utilisée d'abord pour la cuisine mais, de plus en plus, pour des agrocarburants, alimentant nos réservoirs de voitures. Le reste, donc

[207] Zukunftsstiftung Landwirtschaft, *op. cit.*, p.10.
[208] *Ibid.*, p. 11.
[209] *Ibid.*, p. 11.

la majeure partie, est transformé en fourrage et disparaît dans les gosiers des vaches, des poules, des porcs et des poissons[210].

Une énorme dépense de calories résulte de la production de viande, d'œufs et de lait grâce à des céréales et des oléoprotéagineux. La production d'une calorie de bœuf absorbe sept calories végétales, celle de viande de porc, de poissons d'élevage, de lait et d'œufs trois et celle de viande de poulet deux. La production d'un kilogramme de viande de bœuf consomme 15 000 litres d'eau, contre seulement 1 600 litres pour un kilo de blé. Une perte d'aliments et d'eau potable résulte ainsi de la production de viande, d'œufs et de lait. Selon un calcul du Programme des Nations Unies pour l'environnement, les calories, perdues lors de la transformation d'aliments végétaux en aliments d'origine animale, pourraient, en théorie, nourrir 3,5 milliards de personnes[211].

Par contre, lorsque les animaux mangent de l'herbe ou des plantes qui ne servent pas à une alimentation humaine directe, ils n'entrent pas en concurrence sur le plan alimentaire. Ils apportent souvent une contribution importante à la production, en particulier dans les pays en développement. Ils fournissent du fumier, contribuent aux travaux du sol, travaillent comme animaux de trait et de transport, absorbent des déchets et stabilisent la sécurité alimentaire et les revenus de leur propriétaire.

La plupart des animaux sont toutefois nourris aujourd'hui dans des installations toujours plus grandes avec des concentrés de soja, du colza, du maïs, du blé et d'autres céréales, provenant de champs qui sont alors perdus pour la production directe de denrées[212]. Bruno Parmentier résume très bien la question: « Sur un hectare de terre, un paysan peut nourrir quelque trente personnes s'il cultive des fruits et des légumes. S'il produit des œufs ou de la viande, cela suffit seulement pour cinq personnes[213]. »

Pour certains experts, une des principales raisons de la demande toujours plus forte de viande serait à trouver en Asie où les revenus augmentent

---

210 Doan Bui, Les Affameurs, Ed. privé, 2009, p. 196.
211 Zukunftsstiftung Landwirtschaft, 2013, p. 10.
212 *Ibid.,* p.10.
213 Doan Bui, p. 170.

rapidement. Selon l'organisation non gouvernementale GRAIN, le facteur majeur est toutefois à chercher du côté de l'offre. Les industries agroalimentaires, appuyées par des subventions massives de leurs gouvernements, ont développé la production industrielle globale de viande à une échelle énorme au cours des dernières décennies, avec des conséquences désastreuses pour les êtres humains, les animaux et l'environnement. Ces industries qui naissent également au Sud, font venir « la grosse viande » (« big meat ») à chaque coin de la planète[214].

Un autre facteur a eu également une portée considérable, à savoir l'engagement que l'UE a pris à l'égard des Etats-Unis, lors de la création de la Politique Agricole Commune, de ne pas prélever de taxes à l'importation sur les oléagineux, comme le soja. Lors de la conclusion de l' « Accord de Blair House » avec les Etats-Unis en 1992, l'UE a accepté des restrictions sur les aides à sa propre production de graines oléagineuses ce qui a préparé et consolidé sa dépendance toujours plus grande envers les importations d'aliments pour bétail.

Du poison dans nos assiettes

Les produits agrochimiques ont des répercussions sur la santé, en premier lieu celle des paysans, des travailleurs ruraux et de leurs familles. Ces derniers s'occupent de l'épandage et sont exposés là où ils habitent, à proximité directe des champs. Des tribunaux ont commencé à condamner des entreprises qui ont, de façon insuffisante, attiré l'attention sur les dangers de ces produits qu'elles ont vendus.

Mais ils présentent également un danger pour les consommateurs. « L'utilisation de pesticides, d'engrais et d'hormones pour la production de viande, l'élevage industriel et l'ajout de divers additifs dans la transformation de produits alimentaires font partie des risques pour la sécurité alimentaire. Dans les pays en développement, la pauvreté fait souvent obstacle au respect des prescriptions et l'on y manque de moyens pour en assurer l'application et le contrôle »[215]. « Des menaces nouvelles et anciennes contre la sécurité alimentaire sont en progression tant dans les pays en développement que dans les pays industrialisés. On trouve en première ligne des contaminations microbiologiques par des bactéries,

---

[214] Grain, Seedling, 2010.
[215] Zukunftsstiftung Landwirschaft, *op. cit.*, p. 8.

des champignons, des virus et des parasites, provoquant des symptômes souvent aigus. Les scandales alimentaires ne constituent que la pointe de l'iceberg ».[216]

Des intoxications et des nuisances par des pesticides, des métaux lourds et d'autres résidus comme la dioxine, les PCB ou des hormones artificielles passent d'abord inaperçues car leur effet est à plus long terme. Lorsque, plus tard, se présentent des symptômes chroniques, les causes exactes sont souvent difficiles à établir. C'est également le cas pour les effets et les synergies des nombreux additifs chimiques nouveaux auxquels les consommateurs sont exposés aujourd'hui. Des milliards de dollars sont en jeu lors des litiges juridico-scientifiques pour déterminer les preuves exactes des maladies. Ce qui ne change en rien la progression dramatique de nouveaux syndromes, comme les allergies, l'hyperactivité, certains types de cancer ou une fertilité humaine en diminution[217].

Des normes de sécurité techniques toujours plus coûteuses et plus sophistiquées sont une réaction à double tranchant aux dangers croissants pour la santé du système alimentaire global. Des systèmes de traçabilité et de marquage complexes, du champ jusqu'à l'assiette, sont établis par les pays industrialisés et les entreprises internationales, suivant les orientations du Codex Alimentarius de l'Organisation Mondiale de la Santé (OMS) et de la FAO. Il en est de même pour les normes sanitaires et phytosanitaires (SPS) relatives à la santé des plantes de l'Organisation Mondiale du Commerce (OMC). Elles sont imposées aux petits producteurs qu'elles handicapent et renforcent ainsi la concentration sur les marchés. Elles étranglent la production alimentaire traditionnelle dans les pays industrialisés et donc aussi la qualité. Dans les pays soi-disant en développement mais qui ne sont pas encore en mesure d'assumer les frais de tels systèmes d'hygiène, de tests et de surveillance, elles ne s'appliquent souvent qu'aux produits d'exportation alors que des mesures de sécurité locales, simples et effectives font défaut[218].

---

216 *Ibid.*
217 *Ibid.*
218 *Ibid.*

8. Les entreprises transnationales

Les entreprises transnationales jouent un rôle décisif dans la production, la transformation et la commercialisation des produits agricoles. Au cours des 20 dernières années, la concentration et l'intégration verticale de ces entreprises dans l'industrie agroalimentaire ont augmenté de manière vertigineuse, suite à de nombreuses fusions et acquisitions. Ces entreprises sont les grandes gagnantes de la mondialisation. La plupart tirent des avantages substantiels de la baisse continue des prix agricoles offerts aux producteurs. Moins elles sont nombreuses, plus elles sont puissantes. Dans un monde de sept milliards de consommateurs et de 1,5 milliards de producteurs, le plus souvent petits, 500 grandes entreprises de commerce de gros, de transformation et de la grande distribution contrôlent nos choix de produits alimentaires[219]. On peut distinguer trois catégories d'entreprises selon la place qu'elles occupent dans la chaîne de la valeur ajoutée agricole.

a) Les transnationales des intrants

Il s'agit des fournisseurs de semences, de produits chimiques et de matériel agricole. Monsanto, la plus grande de ces entreprises, avait en 2013 un chiffre d'affaires (CA) de 14,8 milliards de dollars, soit presque trois fois plus qu'en 2006 et un bénéfice net de 2,4 milliards, en augmentation de 21% par rapport à 2012. Monsanto contrôle désormais la majeure partie du commerce des semences pour le maïs et le soja ainsi que pour de nombreuses sortes de légumes. L'entreprise Dupont/Pioneer, elle aussi américaine, avait en 2013 un CA de 8,4 milliards de dollars, 14% de plus qu'en 2012. Parmi les dix premières entreprises mondiales, il y a aussi quatre européennes : l'entreprise française Limagrain, les Allemandes KWS AG et Bayer Crop Science et la Danoise DLF-Trifolium.

Le marché des produits chimiques pour l'agriculture (engrais, pesticides) représente quelque 54 milliards de dollars par an. 40 milliards sont dépensés pour des produits phytosanitaires et 14 milliards pour des engrais minéraux. Trois leaders sont européens : les Allemands Bayer et BASF ainsi que le Suisse Syngenta. Bayer AG a augmenté son chiffre

---

[219] www.oxfamamerica.org.

d'affaires en 2013 à un niveau record de 53 milliards de dollars. Syngenta avait, la même année, un chiffre d'affaires de 14,6 milliards de dollars et celui de BASF était de 95 milliards de dollars. On a vu au chapitre précédent que, de plus en plus souvent, ces firmes offrent des « paquets complets » de semences et de produits chimiques.

Monsanto, une menace pour la démocratie ?

Marie-Monique Robin a réalisé un documentaire pour la chaîne ARTE intitulé « Le Monde selon Monsanto » et a publié un livre qui porte le même titre[220]*. L'auteur y examine avec maints détails, l'histoire, le fonctionnement et les méthodes de cette transnationale. Quiconque a pu suivre ce documentaire ne peut qu'être ébahi devant les pratiques sans scrupules, brutales et peu responsables que Monsanto a toujours utilisées pour arriver à ses fins : mensonges, falsification des résultats des recherches menées, opacité dans la communication, pressions de toutes sortes, observation et traque des fermiers par des détectives, liens étroits avec le pouvoir politique et militaire, instrumentalisation de ce pouvoir dans la défense aveugle et implacable de ses intérêts et cela tant aux Etats-Unis qu'à l'extérieur.*

Les activités de ces sociétés quasi monopolistiques sont extrêmement profitables. Ainsi, le bénéfice de Syngenta a augmenté en 2013 de 17% pour s'élever à 1,6 milliard de dollars. Implantée dans 90 pays, cette entreprise emploie 21 000 personnes. Bayer, actif dans la chimie et la pharmacie, a augmenté pour sa part son bénéfice de 33% pour atteindre 3,2 milliards. L'entreprise emploie 93 000 personnes et BASF 112 000.

En même temps, de petites entreprises semencières indépendantes disparaissent de plus en plus. Elles sont d'abord achetées par des entreprises de taille moyenne avant d'être reprises, de manière systématique, par les grandes entreprises comme Monsanto. Et cette concentration conduit à son tour à une augmentation régulière des prix des semences[221].

Oxfam-Allemagne critique le gouvernement allemand et le ministère du Développement (BMZ) pour leur appui aux entreprises agroalimentaires

[220] Marie-Monique Robin, *Le Monde selon Monsanto*, Ed. La découverte/Arte, 2008.
[221] Marie-Monique Robin, Les moissons du futur, 2012, p. 189.

dont Bayer, BASF et Monsanto dans le cadre de programmes de coopération, comme le « German Food Partnership » et la « Nouvelle Alliance pour la Sécurité Alimentaire pour l'Afrique ». Ces partenaires, dit l'étude, « se targuent de l'étiquette de la lutte contre la pauvreté, mais servent en fait avant tout les intérêts des entreprises ». Les entreprises s'ouvrent de nouveaux marchés, par exemple de pesticides, ou bien elles s'assurent de nouveaux droits à la terre ou aux semences grâce à cette « Nouvelle Alliance ». Cela, aux dépens avant tout de la majorité des petits paysans qui sont marginalisés. Mais l'environnement aussi en subit les conséquences, car les monocultures industrielles des entreprises dégradent les sols et menacent la diversité biologique[222].

b) Les transnationales de la première transformation et du commerce international des produits de base

Il s'agit des entreprises transnationales actives dans le commerce des céréales. Elles les achètent, les stockent et affrètent des bateaux et des trains pour les transporter et les vendre aux quatre coins du globe. Elles extraient l'huile des graines de soja ou de tournesol, le coton de ses graines et la farine des grains de blé. Traitant d'immenses quantités, elles font des chiffres d'affaires et des bénéfices confortables.

La première est Cargill qui emploie 140 000 personnes dans 67 pays. En 2013, cette entreprise a réalisé un chiffre d'affaires de 136 milliards de dollars et 2,3 milliards de bénéfices. En 2007, son chiffre d'affaires n'était encore que de 88 milliards. Liée à Monsanto par de nombreuses alliances, cette société contrôle près de 45% des exportations américaines de maïs, 30% de celles de soja et 20% de celles de blé. Elle est active aussi dans le sucre, le coton, la viande, les engrais, les produits pharmaceutiques, les aliments pour animaux et même le pétrole et l'acier.

Une autre société mondiale importante dans ce secteur est Louis Dreyfus, une entreprise privée mais contrôlée à 49% par l'Union française des céréales, qui regroupe des coopératives. Elle est active dans 53 pays sur les marchés des céréales, des huiles, des agrumes, du coton, du café, du cacao, du sucre, de l'énergie, des télécommunications et de l'immobilier. Son chiffre d'affaires a augmenté en 2013 de 10% pour s'élever à 63 milliards de dollars. Elle a transporté 77 millions de tonnes de produits.

---

[222] www.oxfam.de.

« Nous aidons à résoudre le problème global de la faim », n'hésite pas à affirmer cette entreprise sur sa page web.

Une troisième, Archer Daniels Midland (ADM), opère surtout en Amérique dans le domaine des céréales et des farines. L'entreprise réalise un chiffre d'affaires de 89 milliards de dollars. ADM est l'une des plus grandes entreprises de transformation de tourteaux de soja, d'huile de soja, d'huile de palme, d'éthanol, de sirop de fructose et de farine boulangère. Elle possède 330 silos à céréales et un large réseau de transport constitué de navires hauturiers, de péniches, de semi-remorques et de quelque 25 000 wagons.

Bunge Limited, une autre entreprise américaine, affiche un chiffre d'affaires de 61 milliards de dollars. L'entreprise est fortement impliquée dans le commerce du soja au Brésil, où le groupe est le plus grand transformateur de cette légumineuse. Aujourd'hui, elle transforme aussi de grandes quantités de canne à sucre. Elle est dotée d'un important réseau logistique et dispose de capacités de transport et de stockage dans le monde entier. Elle a des installations portuaires complètes en Amérique du Nord, en Amérique du Sud, en Russie et au Vietnam.

20% du commerce mondial du coton et 35% du commerce du blé et des oléagineux se passent à Genève. En effet, la Suisse est la plaque tournante la plus importante au monde pour le commerce des matières premières agricoles. Les quatre entreprises citées ci-avant y ont établi d'importantes succursales[223].

En Asie aussi, agissent de plus en plus de ces multinationales de l'agroalimentaire. En fait partie le groupe Noble de Hong Kong, l'un des plus puissants marchands de matières premières d'Asie. Il a réalisé en 2011 un chiffre d'affaires de 56 milliards de dollars. C'est à Lausanne qu'il développe son commerce de café et de cacao. Mitsui est une gigantesque société commerciale japonaise dont les affaires se sont élevées, en 2013, à l'équivalent de 41 milliards d'euros assurant à l'entreprise un bénéfice de 2,6 milliards. L'une de ses filiales, Xingu SA, possède 100 000 hectares de terres cultivables au Brésil[224].

[223] Déclaration de Berne, Swiss Trading SA, Ed. d'en Bas, 2011, p. 199-213.
[224] *Ibid.,* p. 211-212.

c) Les transnationales de l'agroalimentaire et de la grande distribution

Nestlé, Mars, Danone, Kellogg's, PepsiCo et Coca-Cola, etc. sont les noms des entreprises transnationales qui commercialisent leurs produits alimentaires dans les supermarchés et sont donc connues par le grand public. Les dix premières firmes dans ce domaine concentrent, à elles seules, le quart du marché mondial de produits alimentaires industrialisés.

En 2013, l'entreprise suisse Nestlé, 1er groupe agroalimentaire mondial, a réalisé un chiffre d'affaires équivalent à 76 milliards d'euros et un bénéfice de quelque 8,3 milliards, soit presque 11%. L'entreprise emploie 333 000 salariés dans 87 pays. Dans la publication « Nestlé, Anatomie d'une entreprise mondiale », ATTAC-Suisse décrit la réalité vécue derrière la belle façade de marketing. Tandis que Nestlé encaisse d'énormes bénéfices, l'entreprise est accusée par les syndicats dans le monde entier de fouler aux pieds les droits sociaux de ses salariés. Nestlé s'implique dans la privatisation de l'eau, un bien commun vital. L'entreprise participe à la manipulation de la spirale des prix qui réduit le prix du café en dessous du coût de production et pousse des centaines de milliers de producteurs dans la pauvreté. Nestlé met en circulation des organismes génétiquement modifiés (OGM) dont il est impossible d'évaluer les dangers pour le monde et ses habitants. Enfin, Nestlé continue la commercialisation tristement célèbre du lait en poudre pour bébés qui assurait déjà à l'entreprise une mauvaise publicité il y a des années[225]. Début 2013, Nestlé a été condamnée par un tribunal suisse pour des activités d'espionnage que l'entreprise avait développées auprès d'ATTAC-Suisse entre 2003 et 2008[226].

L'entreprise la plus importante au monde est l'américaine Wal-Mart, active surtout dans la distribution. Elle compte 250 millions de clients chaque semaine et 2 millions de salariés, dont 1,4 millions aux Etats-Unis. Elle a vendu, dans 11 000 magasins établis dans 27 pays, des marchandises pour 473 milliards de dollars en 2013, un montant qui dépasse le PNB de presque tous les pays de l'Afrique subsaharienne[227].

---

[225] www.amazon.fr.

[226] Le Monde Diplomatique, Mai 2012.

[227] Bruno Parmentier, *op.cit.*, p. 213 - Stiglitz, *Making globalization work*, p. 188.

En 2007, l'entreprise ne comptait encore que 140 millions de clients dans seulement 6 000 magasins. Le chiffre d'affaires n'était que de 374 milliards, ce qui met en évidence l'expansion fulgurante de ce géant, en seulement sept ans.

25 millions d'agriculteurs et d'ouvriers agricoles produisent le café bu par 500 millions de consommateurs. Mais les principaux intermédiaires détiennent 45% de ce marché. Résultat : la part du prix de vente au détail, retenue par les principaux pays producteurs de café - le Brésil, la Colombie, l'Indonésie et le Vietnam -, est passée d'un tiers au début des années 1990 à 10% en 2002, alors que la valeur de ces ventes au détail a doublé[228]. La majeure partie du bénéfice est obtenue par les torréfacteurs ainsi que par les détaillants, alors que les paysans qui produisent le café doivent se contenter de sept à dix pour cent du prix de vente final[229].

François Houtart, fondateur du CETRI, un centre d'études belge, souligne que les lobbies des entreprises transnationales auprès des parlements et des gouvernements ont pris des proportions gigantesques. Il conclut qu'on ne peut donc considérer les institutions politiques comme indépendantes et constituant un véritable contrepoids aux pouvoirs économiques. Leur autonomie est très relative. C'est ce qu'aux Etats-Unis on appelle l'effet des « Revolving doors » (les portes tournantes)[230].

Les transnationales et les droits de l'Homme

Selon le rapport de la CNUCED 2009 sur l'investissement dans le monde, les investissements directs étrangers dans l'agriculture sont passés de 600 millions de dollars par an dans les années 1990 à 3 milliards de dollars en 2005-2007. Si les entreprises transnationales dominent en amont et en aval la chaîne de valeur agricole, celles du Sud sont aussi importantes que celles du Nord pour la production agricole. Ainsi, en Malaisie, des entreprises importantes, comme Sime Darby Berhad[231], sont surtout actives sur le marché de l'huile de palme. De nombreux pays africains encouragent la participation du secteur privé

---

[228] Frédéric Lemaître, *op.cit.*, p. 98.
[229] Der Spiegel, 19/2014.
[230] François Houtart, *op.cit.*, p. 157.
[231] Sime Darby Berhad opère dans 20 pays et emploie 100 000 personnes.

étranger, même dans la production vivrière, pour augmenter la production et les recettes en devises. OLAM, une entreprise transnationale basée à Singapour, par exemple, aide le Nigéria, le plus grand importateur de riz en Afrique, à développer sa production de riz en partenariat avec la coopération des Etats-Unis (USAID)[232].

En mars 2010, Olivier de Schutter a présenté au Conseil des droits de l'Homme son rapport consacré au secteur agroalimentaire. S'agissant de la chaîne agroalimentaire et des systèmes agroalimentaires, il a indiqué que la concentration croît rapidement notamment parmi les grands acheteurs de matières premières agricoles et parmi les grands distributeurs. Sur le marché brésilien du soja, a-t-il-précisé, 200 000 producteurs font face à cinq importants négociants permettant l'accès aux marchés, et en Côte d'Ivoire, par exemple, trois sociétés seulement (ADM, Cargill et Barry Callebaut) « monopolisent » l'exportation du cacao. L'intégration verticale progresse rapidement. Les achats sont de plus en plus centralisés, mettant en concurrence directe les producteurs de différentes régions du monde, tandis que les parts de marché que détiennent les grands distributeurs ne cessent de croître. 75% du marché de la distribution au Royaume-Uni est entre les mains de quatre firmes.

En Allemagne, cinq chaînes de supermarchés – Aldi, Lidl, Rewe, Metro et Edeka – se partagent 90% du marché alimentaire de détail. Elles constituent le chas de l'aiguille où doivent passer les producteurs sur le chemin de la vente de leurs produits à des millions de consommateurs[233]. Dans les économies émergentes, comme celles du Brésil ou de l'Argentine, déjà 60% à 70% du secteur de la distribution se trouvent entre les mains des centrales d'achat qui agissent en amont des supermarchés. Les standards de qualité des produits prennent une place croissante, notamment afin de répondre aux craintes des consommateurs des pays riches par rapport aux questions de sécurité alimentaire[234].

Dans ces conditions, il n'est pas étonnant que les petits paysans ne parviennent pas à surmonter les obstacles à l'accès aux chaînes alimentaires et soient relégués soit à une agriculture de subsistance soit, au mieux, à écouler leurs produits sur des marchés locaux, lesquels sont

---

232 CNUCED, *Rapport sur l'investissement dans le monde*, 2009, p. 17, 98, 126, 138.
233 www.oxfam.de.
234 Olivier de Schutter, Intervention au Conseil des droits de l'Homme, 5 mars 2010.

sous-développés parce que, longtemps, ces marchés n'ont pas compté dans les politiques publiques[235].

Quelles options politiques proposer ?

Selon M. Olivier de Schutter, les gouvernements peuvent d'abord renforcer les droits syndicaux des travailleurs agricoles et, de manière générale, mieux surveiller le respect de la législation du travail dans les zones rurales. Il y a plus de 450 millions de travailleurs agricoles salariés dans le monde, soit 40% de la population active agricole. Les droits fondamentaux de ces travailleurs sont fréquemment violés. Il est donc crucial que la législation du travail soit mieux appliquée et que les Conventions pertinentes de l'OIT soient pleinement respectées.

Les Etats peuvent aussi sanctionner les employeurs qui violent les droits des travailleurs, en les privant de subventions ou d'avantages fiscaux, comme l'a fait le Brésil, en janvier 2010, à l'encontre de Cosan S.A. Industria e Comercio, l'un des principaux producteurs d'éthanol.

Bien plus pourrait être fait pour soutenir la petite agriculture familiale, et pour la protéger contre le risque de disparition qui aujourd'hui la menace. Au Brésil comme au Nicaragua, Olivier de Schutter était très impressionné par la vitalité du secteur coopératif. Il a insisté sur la nécessité de mieux soutenir l'organisation des paysans en coopératives, afin de renforcer la position de négociateurs des petits producteurs, mais aussi pour fournir à ceux-ci des services publics, tels qu'une formation, une capacité de transformation de leurs produits et des moyens de commercialisation.

Un rôle important peut être joué par une entreprise publique chargée d'acheter les récoltes à des prix rémunérateurs pour les producteurs et d'écouler les denrées alimentaires à des prix abordables pour les plus pauvres. De Schutter a mentionné comme exemples des entreprises d'Etat : au Brésil, la Compagnie nationale d'approvisionnement ; au Nicaragua, l'entreprise d'Etat pour les denrées de base ; ou encore au Bénin, l'Office national d'appui à la sécurité alimentaire. Mais, selon lui, il conviendrait d'associer les organisations paysannes à la création et à la

[235] *Ibid.*

gestion de toute coopérative et office de commercialisation, afin d'en garantir la transparence et l'efficacité.

Un autre outil que les Etats pourraient utiliser davantage est celui de l'achat par une entreprise publique de denrées alimentaires en donnant la priorité à la petite agriculture familiale. De Schutter donne comme exemple le programme brésilien « Bolsa Familia », que je présenterai au chapitre 23. Pour limiter le risque d'abus pouvant naître d'un rapport de force inégal entre acheteurs et distributeurs d'un côté et producteurs de l'autre, il propose comme alternatives aux producteurs de développer les marchés locaux, en favorisant les circuits courts et en renouant le lien entre les producteurs et les consommateurs locaux.

Enfin, selon lui, les gouvernements peuvent et doivent mieux réguler le comportement des acteurs de la filière de production et de distribution alimentaire. Il conviendrait d'abord, à cet égard, d'aider les pays en développement à se doter d'une législation effective en matière de concurrence. Ensuite, les pays, notamment industrialisés, doivent mieux faire respecter les lois de la concurrence par les entreprises ayant une position dominante sur le marché agroalimentaire.

De son côté, Joseph Stiglitz estime que le renforcement de ces lois permettrait de lutter contre la corruption par des entreprises et de mieux sanctionner les dommages qu'elles causent à l'environnement et à la santé. Pour hâter la mise en place de nouvelles législations antitrust au niveau international, il propose, au-delà du mouvement en faveur de la responsabilité sociale des entreprises, la création d'une législation mondiale sur la concurrence et d'une autorité mondiale pour assurer son application de manière à permettre une poursuite pénale et une action civile chaque fois qu'une affaire concerne plus d'une seule juridiction[236].

L'initiative du « commerce équitable » est une autre alternative et Olivier de Schutter souligne l'urgence de soutenir ce « commerce équitable », qui garantit au producteur des prix minima, parfois très au-dessus des prix mondiaux de référence. De plus, cette façon de commercer est unique, en ce sens que le consommateur paie une part du coût que représente pour le producteur le fait de se conformer à certaines normes internationales de production.

---

[236] Joseph Stiglitz, *Making globalization work*, p. 203.

9. La spéculation sur les matières premières agricoles

Comme nous l'avons vu au chapitre 2, la spéculation sur les matières premières agricoles et le développement des agrocarburants ont été deux facteurs essentiels qui ont causé l'explosion des prix et la crise alimentaire mondiale en 2008. La persistance de prix élevés dans le domaine alimentaire a entre-temps poussé les marchés financiers à investir toujours davantage dans la terre, les matières premières agricoles et les agrocarburants. De telles opérations sont considérées comme des investissements sûrs, très profitables et aptes à diversifier les risques.

C'est ainsi que la financiarisation du système alimentaire mondial a été lancée et développée. Des acteurs financiers y créent et occupent de nouveaux espaces pour réaliser des profits dans un milieu économique qui, jusque-là, était celui des paysans. Ils provoquent ainsi une nouvelle déstabilisation de la sécurité alimentaire, des revenus des paysans et du système agricole dans les pays en développement.[237].

Les fonds de pension, les fonds d'assurance, les fonds spéculatifs (« hedge funds ») et les grandes banques

C'est avant tout la spéculation sur les matières premières agricoles qui a contribué, ces dernières années, à la volatilité des prix des produits alimentaires. Cela a été clairement démontré par des études scientifiques comme celles de la CNUCED. Il s'en est suivi une distorsion des prix des denrées qui ne cessent d'être à la merci de la spéculation des marchés financiers et de la maximisation des profits. Les fonds de pension et les fonds d'assurance jouent un rôle important dans ces opérations. Mais de grandes banques y participent également, entre autres Goldman Sachs, UBS, Barclays, Deutsche Bank, Morgan Stanley et JP Morgan. Elles offrent à leurs clients des investissements dans des fonds indiciels tout en opérant en même temps avec des contrats à terme. Des entreprises gigantesques comme Glencore ou Cargill, qui dominent déjà aujourd'hui le commerce agricole, s'activent en même temps et, de plus en plus, comme spéculateurs financiers. Selon des estimations, presque 400

[237] Jennifer Clapp, Food, Polity Press, 2012, p. 156.

milliards de dollars ont été investis dans de tels fonds entre 2003 et 2011, dont environ un quart pour des matières premières agricoles[238].

D'autre part, des fonds spéculatifs spécialisés, agissant de manière agressive, envahissent, de plus en plus, les marchés des matières premières. Un tel fonds spéculatif a ainsi dévalisé à Londres en 2010 tout le marché du cacao, ce qui a fait monter les prix. D'autres fonds spéculatifs pratiquent le commerce informatisé qui permet d'exploiter, à l'aide de formules mathématiques, des tendances de prix à court et à très court terme, pour réaliser des profits[239].

Depuis toujours, dans les bourses de marchés à terme, comme celle de Chicago, des accords sur des fournitures futures de matières premières (futures) à des prix déterminés sont conclus. Ils offrent une assurance aux fournisseurs tout comme aux acheteurs contre des fluctuations de prix excessives comme celles dues aux intempéries. Ces prix orientent ceux du commerce international.

Mais ce type d'activité commerciale est devenu ces dernières années un casino pour investisseurs et spéculateurs, qui n'ont rien à faire avec du blé, du soja, du maïs ou du riz. Ils ne sont tout simplement pas intéressés par l'objet de leur spéculation. Ce développement a été facilité et encouragé par la libéralisation aux Etats-Unis des contrats à terme de marchandises au cours des années 90. Les spéculateurs financiers ont ainsi afflué sur le marché, en particulier depuis 2005. La part des négociants qui commercent effectivement avec du blé, est tombé de 88% en 1996 à 35% en 2008. Si en 2002 une quantité de blé équivalant à onze fois celle qui a été réellement disponible y a été négociée, c'était déjà devenu trente fois le cas en 2007[240]. Des bourses de contrats à terme similaires se développent également dans les pays émergents, en particulier en Chine[241].

Contre le « commerce avec la faim »

Quelques spéculateurs s'enrichissent alors que la hausse des prix des céréales provoque, dans les pays en développement, la faim et la pauvreté

---

238 weed/oxfam.de, Fragen und Antworten zur Nahrungsmittelspekulation, 2012.
239 *Ibid.*
240 Zukunftsstiftung Landwirtschaft, *op. cit.*, , p. 14
241 Clapp, *op. cit.*, p. 139.

pour des millions qui dépensent souvent 50% à 70% de leur revenu pour la nourriture. Dans de nombreux pays européens, des ONG ont mené à bien des campagnes publiques contre le « commerce avec la faim », en demandant une interdiction de ces activités spéculatives. En 2011, Oxfam, Misereor et WEED ont mis en garde, par leur action appelée « Jusqu'à l'éclatement de la bulle », contre l'aggravation de la faim dans les pays pauvres, à la suite d'une spéculation sans frein : « On ne joue pas avec la nourriture ! », ont-elles déclaré, en demandant aux députés de s'engager auprès du gouvernement fédéral allemand contre les spéculations excessives sur les produits alimentaires[242].

Pour les petites paysannes et les petits paysans, la forte volatilité des prix alimentaires est catastrophique. Car ce qui leur importe sont des prix stables et prévisibles sur le long terme pour qu'ils puissent planifier leur production et améliorer leurs conditions de vie[243]. En Allemagne, la plupart des instituts financiers, à l'exception de la Deutsche Bank et d'Allianz, compagnie d'assurance, ont arrêté leurs spéculations directes sur les matières premières agricoles[244]. L'organisation « Economie, Ecologie & Développement » (WEED) demande, en tout cas, une transparence et, de manière urgente, une régulation et une limitation des marchés à terme des matières premières[245].

Aux Etats-Unis a été adoptée en 2010 une loi sur les finances, la « Dodd-Frank Wall Street Reform and Consumer Protection Act ». Celle-ci introduit un contrôle plus strict du commerce sur les matières premières agricoles. Des régulateurs sont munis d'un mandat leur permettant d'imposer des limites de positions plus basses (position limits) aux acteurs financiers, donc un maximum de contrats qu'une personne individuelle est autorisée à détenir à un moment déterminé[246]. L'UE prévoit également de telles limites par la réforme de la directive concernant les marchés d'instruments financiers (MiFID), adoptée en 2014. Selon WEED, l'efficacité de cette réforme et ses résultats définitifs ne sont pas encore prévisibles. Elle doit d'abord être transposée dans les lois nationales et s'y imposer. Elle ne devrait toutefois pas conduire à

[242] oxfam.de, 2011.
[243] weed/oxfam, *ibid.*
[244] Zukunftsstiftung Landwirtschaft, *op. cit.*, , p. 14.
[245] Agrarbündnis e. V., *Der kritische Agrarbericht 2012*, Hamm 2012, p. 79.
[246] Clapp, *op. cit.*, p. 146.

long terme à une nouvelle régulation effective ou à une réduction du marché financier. La nouvelle directive comprend néanmoins quelques améliorations importantes concernant la transparence et la surveillance ainsi que la réduction des spéculations sur les matières premières et du trading dangereux « à haute fréquence » par algorithmes informatiques[247].

[247] Weed, newsletter, février 2014

10. Les agrocarburants[248]

Le développement des agrocarburants répond à une double préoccupation : l'épuisement à terme des énergies fossiles et la nécessité de réduire les gaz à effet de serre. Pour encourager cette production d'agrocarburants, les gouvernements des pays industrialisés accordent d'importantes subventions.

La production d'agrocarburants a fortement augmenté ces dernières années. Si elle s'est élevée en 2001 à seulement 20 milliards de litres, elle a déjà atteint, en 2011, 100 milliards[249]. La plupart des consommateurs ne savent pas qu'en faisant le plein à la station d'essence, ils mettent déjà aujourd'hui de l'agrocarburant dans leur réservoir. Dans l'essence super sont ajoutés environ cinq pour cent d'éthanol produit essentiellement à partir de céréales. Le diesel comprend même sept pour cent d'agro-diesel issu d'oléagineux comme le soja, le colza ou l'huile de palme[250].

Des critiques de plus en plus sévères

En même temps, cette production est devenue l'objet de critiques de plus en plus sévères et cela pour plusieurs raisons.

En premier lieu, le plus souvent, les produits alimentaires qui sont utilisés pour cette production ne sont plus disponibles pour l'alimentation de personnes. Le réservoir ou l'assiette, c'est ainsi que se présente l'alternative ! Pour Lester Brown, fondateur et directeur du Earth Policy Institute à Washington, c'est un scandale quand « les 800 millions d'automobilistes sont en compétition directe pour l'utilisation des mêmes ressources alimentaires avec les 1,2 milliard d'individus vivant avec moins d'un dollar par jour »[251].

L'éthanol produit à base de maïs ou de blé conduit à la faim et à des produits alimentaires de moindre qualité, affirme le magazine allemand

---

[248] Les termes plus neutres et plus descriptifs « d'agrocarburants » et « d'agro-diesel » sont préférés à ceux de « biocarburants » et de « biodiesel » qui ont une connotation excessivement optimiste de bio (vie).

[249] Le Monde, 13.09.2013.

[250] www.greenpeace.de.

[251] Lester Brown, *Le plan B, Pour un Pacte Ecologique Mondial*, p. 21.

Spiegel online qui se réfère à une étude internationale de l'Américain Timothy Searchinger, de l'université de Princeton. La moitié de la surface utilisée pour la culture de maïs pour produire de l'éthanol a servi auparavant pour cultiver des produits alimentaires. Pour le blé, cette part est même de 60%. La production d'agrocarburants, surtout à base de maïs et de blé, contribue donc directement à la diminution de la quantité de denrées disponibles, conclut cette étude[252]. De plus, quelque 40% des surfaces de l'accaparement de terres sont utilisées pour la production d'agrocarburants, non pas pour celle de produits alimentaires pour nourrir des êtres humains[253].

Une deuxième critique concerne les coûts élevés qu'occasionne ce développement. L'UE, à elle seule, appuie la production d'agrocarburants avec des subventions annuelles de 6 milliards d'euros[254]. En France, le gouvernement a distribué, en 2011, 196 millions d'euros d'aide pour cette production, alors que seulement 17 millions ont été mis à disposition pour l'agriculture biologique[255].

En troisième lieu, sont dénoncées les répercussions du développement des agrocarburants sur l'évolution des prix des produits alimentaires. Il est admis, au niveau international, que la production d'agrocarburants ainsi que les changements d'affectation des sols qui y sont liés, sont un des facteurs principaux de la hausse des prix des aliments de base de ces dernières années. L'OCDE et la FAO ont indiqué, dans un rapport commun, que le niveau record actuel des prix des matières premières agricoles ne va pas baisser dans un avenir prévisible[256].

Quatrièmement, et c'est une des critiques les plus importantes, le développement de cultures alimentaires pour la production d'agrocarburants est plus nuisible à l'environnement que l'énergie fossile. L'impact des agrocarburants sur le climat est désastreux. Ce type de carburant est fondé sur une agriculture industrielle, intensive en énergie. La fumure azotée, le travail du sol, la lutte contre les parasites, le transport et le raffinage consomment tant d'énergie que, dès la

---

[252] Spiegel online 10.07.2013.
[253] Marie-Monique Robin, *op. cit.*, p. 272-273.
[254] Le Monde, 13.09.2013.
[255] Marie-Monique Robin, *op. cit.*, p. 272-273.
[256] AgrarBündnis e.V., 2012, p. 12.

production d'agrocarburants, plus de gaz à effet de serre sont émis que par des carburants fossiles[257]. Selon une étude réalisée par l'Institut National pour la Recherche en Agronomie (INRA), la majorité des experts sont d'accord pour estimer que l'agrodiesel produit, en particulier à partir d'huile de palme, de soja ou de colza, présente un bilan en émissions de substances nocives pire que les carburants fossiles[258].

Les associations de protection de l'environnement demandent depuis longtemps qu'un calcul complet d'émission des gaz à effet de serre à partir d'agrocarburants tienne compte également des changements indirects d'affectation des sols. Car les plantes énergétiques éliminent souvent la culture de produits alimentaires et de produits pour animaux. Ceux-ci doivent alors être produits sur de nouveaux terrains, par exemple des espaces forestiers, qui doivent d'abord être transformés en champs agricoles. Ce processus est lié à des émissions massives de CO_2 et à la destruction de systèmes écologiques précieux.

Les enjeux et les intérêts

Entre-temps, l'industrie des agrocarburants avance rapidement grâce à la mobilisation des capitaux et la concentration des pouvoirs. Durant les dernières années, les investissements de capital risque ont été massivement augmentés dans ce secteur. Les financements privés inondent même les institutions publiques de recherche, comme l'atteste le demi-milliard de dollars de subventions accordé par BP (ex British Petroleum) à l'université de Californie. Les grands groupes pétroliers, céréaliers, automobiles et d'ingénierie génétique passent des accords de partenariat ; c'est ainsi entre Archer Daniels Midland Company (ADM) et Monsanto ; Chevron et Volkswagen ; BP, Dupont et Toyota. Ces multinationales cherchent à concentrer leurs activités de recherche, de production, de transformation et de distribution relatives aux systèmes alimentaires et d'approvisionnement en carburants[259].

Les ministres de l'Agriculture du groupe du G20 – réunissant les principaux pays industrialisés et émergents – ont même été saisis de la question, mais uniquement pour se mettre d'accord sur la nécessité

---

257 www.umweltinstitut.org/info-kampagnen/agrosprit-infokampagne.html.
258 Le Monde, 14.12.2013.
259 Le Monde Diplomatique, juin 2007.

d'études supplémentaires et non pas sur l'opportunité d'abolir des subventions qui causent une grave distorsion du marché. Ce qui montre, pour Olivier de Schutter, « comment des intérêts commerciaux l'emportent face aux préoccupations concernant la sécurité alimentaire ». Pour lui, il est établi que « ce sont avant tout les grandes industries agroalimentaires exportatrices qui profitent de la production des agrocarburants en utilisant les ressources naturelles du Sud pour étancher la soif du Nord en matière d'énergies renouvelables ». Il considère qu'à la racine du problème se trouvent plusieurs facteurs : la forte dépendance des marchés alimentaires vis-à-vis des marchés de l'énergie, une politique irresponsable visant à augmenter la production et l'utilisation des agrocarburants et la spéculation par de nombreux investisseurs qui manipulent les prix[260]. L'Europe devrait avoir le courage de renoncer aux agrocarburants et les Etats-Unis devraient faire de même. La production d'agrocarburants est basée sur des cultures d'exportation qui sont peu utiles aux petits producteurs[261].

Les mêmes intérêts ont influencé en 2013 les travaux du Comité de la FAO sur la sécurité alimentaire (CFS) qui examinait une étude - accompagnée de recommandations - qu'il avait demandée à un groupe d'experts à haut niveau. Au lieu de montrer la voie à suivre, le Comité a décidé de ne rien faire, ont constaté Timothy Wise et Marie Brill. Emmenés par le Canada, les Etats-Unis, l'UE, le Brésil et l'Argentine, ses membres ont clairement rejeté la proposition de modifier une politique en matière d'agrocarburants, pourtant nuisible à la sécurité alimentaire[262].

Le même sort a été réservé à une étude commune de l'OMC, de la FAO, de la Banque mondiale et de plusieurs organisations des Nations Unies qui avait demandé l'arrêt de toutes les subventions étatiques à la production d'agrocarburants[263]. De nombreuses organisations écologiques et de développement lancent, elles aussi, régulièrement des appels à la suppression de tels appuis et à celle des directives concernant

---

[260] AgrarBündnis e.V., 2012 p. 12.
[261] Le Monde, 19.10.2014.
[262] Timothy Wise & Marie Brill, Fiddling in Rome while our food burns, Al Jazeera, 17.10.2013.
[263] Le Monde, 19.10.2014.

le mélange d'agrocarburants avec des carburants fossiles. Sans résultat, jusqu'à présent.

Les politiques concernant les agrocarburants

a) L'Union européenne

En 2014, l'UE est tombée d'accord sur trois objectifs en matière de réchauffement climatique : les émissions de CO_2 devront diminuer d'au moins 40%, d'ici 2030, par rapport à 1990 ; la part des énergies renouvelables devra être portée à 27% du mix énergétique ; enfin, 27% d'économies d'énergie devront être réalisées. Seul le premier objectif sera contraignant. Ce cadre d'action, qui reste à approuver par le Parlement européen, remplacera le plan de 2008 dit des « Trois fois 20 » : 20% de réduction des émissions de CO_2, et même 30% en cas d'accord mondial, 20% de diminution de consommation et 20% d'énergies renouvelables d'ici 2020[264].

Afin de promouvoir des énergies renouvelables, l'UE avait lancé un ambitieux programme d'agrocarburants avec un objectif d'intégration de 5,75% de ceux-ci dans les carburants pour les transports en 2010 et de 10% pour 2020. Cette part est, en 2014, de 4,7%. Puis, en 2012, la Commission a fait la proposition de réduire de moitié - de 10% à 5% -, la part des agrocarburants dans les énergies renouvelables, car elle s'était rendu compte que le développement d'agrocarburants prévu était susceptible d'avoir un impact désastreux sur la sécurité alimentaire globale. L'objectif de réduction des gaz à effet de serre, visé en même temps, avait également été mis en question à cause des changements indirects d'utilisation des sols[265].

Ceci était advenu sous l'effet de l'étude de l'économiste David Laborde, réalisée pour l'Institut International de recherche sur la politique alimentaire (Ifpri). Celui-ci est arrivé au résultat que les objectifs poursuivis par l'UE dans le domaine des agrocarburants étaient de nature à provoquer la transformation de quelque 2 millions d'hectares de terres actuellement utilisés pour la production agricole en Amérique latine, en Afrique et dans les pays de l'ancienne Union soviétique. En plus, deux

---

264 Le Monde, 25.10.2014.
265 Le Monde, 14.12.2014.

tiers des réductions attendues de gaz à effet de serre seraient annulées par les changements d'affectation des sols. Selon David Laborde, ces derniers changements existent, il n'est pas possible de ne pas les prendre en compte, même s'ils ne sont pas faciles à calculer[266].

L'objectif pourrait finalement à nouveau être révisé vers le haut car le Parlement européen a retenu en première lecture un objectif de 6% et le Conseil des ministres de l'Energie de 7%. Le Conseil des ministres et le Parlement Européen doivent encore trouver un accord.

La moitié des nouvelles voitures sont équipées d'un moteur diesel, ce qui explique pourquoi ce sont avant tout des oléagineux comme le colza qui sont produits et intégrés dans le diesel. La biomasse produite en Europe ne suffira cependant pas pour atteindre les objectifs de l'UE. Car pour cela, on aurait besoin de 70% de la surface agricole de l'UE. Cette situation explique pourquoi la politique européenne encourage la globalisation du marché des agrocarburants et du marché des matières premières nécessaires pour les produire[267].

En même temps, l'UE n'exclut pas le recours à terme à des agrocarburants de deuxième génération qui pourraient être produits non pas à base de produits agricoles, mais d'algues et de cellulose, comme des déchets de bois ou de la paille. Cette perspective est toutefois lente à se concrétiser.

b) Les Etats-Unis

En 2007, dans un nouvel effort pour réduire la dépendance des importations d'essence, le Congrès américain a doublé le niveau obligatoire d'utilisation des énergies renouvelables à 9 milliards de gallons (34,068 milliards de litres) en 2008 et à 15 milliards en 2015. L'objectif est d'arriver à 36 milliards de gallons en 2022[268].

La production de maïs aux Etats-Unis a atteint un niveau record en 2009 avec 332 millions de tonnes mais est retombée en 2012 à 273 millions pour cause de sécheresse. Aujourd'hui, 40% de la production de maïs des

---

[266] Le Monde, 14.12.2013.
[267] FAO-High Level Panel of Experts on Agrofuels.
[268] Jennifer Clapp et Co, *op.cit.*, p. 69.

Etats-Unis est utilisée pour produire de l'éthanol, contre seulement 5% en 2000[269]. Cette production d'agrocarburants est appuyée massivement par les budgets publics. Ainsi, les subventions pour la seule production d'éthanol se sont élevées en 2008 à 8,8 milliards de dollars, plus du double de celles de 2006[270]. Le Congrès américain est toutefois sous pression en vue de modifier cette politique.

c) Le Brésil

Le Brésil utilise le sucre de canne comme matière première pour la production d'éthanol dont il produit chaque année quelque 24 milliards de litres. Pour y arriver, il cultive la canne à sucre sur une surface d'environ six millions d'hectares, ce qui correspond à peu près à 10 % de la surface cultivable agricole du Brésil. En 2014, le Brésil compte exporter 1,5 milliard de litres d'éthanol, soit 46% de moins que l'année précédente[271].

A priori, l'éthanol fait à base de canne à sucre est beaucoup plus efficient, tant en termes économiques qu'en termes environnementaux que celui fait à base de maïs. Il fournit de huit à dix fois plus d'énergie que celle nécessaire pour le produire. Il réduit les gaz à effet de serre d'environ 80% par rapport à l'essence, mise à part, toutefois, la question du changement d'affectation des sols. Cela dit, sur le plan de l'environnement, les effets ne sont pas différents de ceux que l'on a signalés partout ailleurs à propos des monocultures, c'est-à-dire l'utilisation de fertilisants et de pesticides dangereux pour la biodiversité, pour la qualité des sols et de l'eau et pour la santé des êtres humains. De plus, comme 60% de la bagasse[272] est brûlée, afin de faciliter le nettoyage des terres, cela est particulièrement dommageable pour l'environnement, y compris la contamination de l'air[273]. L'extension de la canne à sucre provoque aussi un déplacement, surtout des pâturages et des terres utilisées pour le soja, vers des régions actuellement boisées, notamment en Amazonie.

---

269 Timothy Wise & Marie Brill, Ibid.
270 Jacques Berthelot, Réguler les prix agricoles, Ed. L'Harmattan, 2013, p. 80
271 Bloomberg, 28.04.2014
272 Résidu végétal issu de l'usinage de la canne à sucre.
273 François Houtart, *op.cit.*, p. 96, 97.

La destruction de la petite agriculture par la concentration des terres a aussi pour effet de chasser les paysans, dont une partie se transforme en colonisateurs, légaux ou illégaux, des zones forestières et une autre rejoint les bidonvilles urbains. Les conditions de travail dans les champs de canne à sucre sont très pénibles, les salaires très bas, à la limite de la subsistance, ce qui fait dire à certains qu'il s'agit d'un nouvel esclavage[274]. Le Rapporteur spécial sur le droit à l'alimentation recommande au gouvernement d'adopter un amendement constitutionnel permettant d'exproprier sans compensation les exploitations où prévalent toujours des conditions sociales proches de l'esclavage[275].

d) La Malaisie et l'Indonésie

L'utilisation de l'huile de palme est multiple. Elle est d'abord un produit de base pour l'alimentation : margarine, huile de table, crème glacée, chocolat, repas pré-cuisiné, nourriture pour animaux, etc. Elle sert aussi dans l'industrie chimique (vernis, peintures, lessives) et, par le tourteau de palmier, pour l'alimentation du bétail. Ce n'est que dernièrement que l'huile de palme a été transformée massivement en agrodiesel, et ceci surtout depuis que les prix des produits pétroliers ont explosé. D'où l'énorme extension des exploitations de palmiers dans tout le monde tropical et semi-tropical.

Au début du XXIème siècle, 20 millions d'hectares y étaient consacrés. L'Indonésie et la Malaisie comptent pour 86% de la production mondiale d'huile de palme[276]. A Sumatra et Bornéo, quelque 4 millions d'hectares de forêts ont été reconvertis en plantations de palmiers à huile. Et l'on programme de nouvelles coupes : 6 millions d'hectares en Malaisie et 16,5 millions en Indonésie. Presque toutes les forêts restantes sont menacées et, avec elles, les paysans qui y vivent. La faune, en premier lieu les orangs-outans, et la flore risquent également de disparaître[277]. Les puissants producteurs d'huile de palme n'hésitent pas à chasser les communautés des terres qu'elles cultivent depuis de nombreuses

---

[274] *Ibid.*, page 102.
[275] Olivier de Schutter, *op.cit.*, p. 11.
[276] François Houtart, op. cit., p. 107.
[277] *Ibid.*, p. 119.

générations. Les travailleurs salariés et les petits agriculteurs sont exploités sans aucun scrupule[278].

Au cours de la deuxième moitié du mois de juin 2013, la capitale de la Malaisie, Kuala Lumpur, a sombré sous une épaisse cloche de brume. Au sud du pays, l'état d'exception a été proclamé à cause de ce smog. Les autorités de Singapour ont déclaré que respirer à l'extérieur sans masque de protection pourrait être extrêmement dangereux. La cause en était les énormes défrichements par brûlis en Indonésie. Des défenseurs de la nature ont dénoncé le fait que ces brûlis ont été provoqués notamment pour gagner de nouvelles surfaces agricoles pour l'industrie de l'huile de palme, en pleine expansion. Il n'y a guère d'autre agrocarburant qui puisse nuire plus au climat que l'huile de palme. Et aucun autre pays ne fournit plus d'huile de palme au monde que l'Indonésie, pour la production d'aliments, de cosmétiques et d'agrocarburants. L'Europe est un client important, entre autres parce que l'UE encourage l'utilisation d'agrocarburants[279].

Des productions d'huile de palme sont également lancées dans un nombre croissant de pays comme en Thaïlande, en Papouasie-Nouvelle-Guinée, au Nigéria, en Côte d'Ivoire, en République démocratique du Congo (RDC) et en Colombie. C'est en particulier en Colombie que le développement de ces cultures s'accompagne de l'expulsion, parfois même du massacre, des paysans et de leurs familles menée à bien par des paramilitaires ou des hommes de main de l'agrobusiness.

Le Jatropha

Il pousse sur des terres arides et, en principe, il n'entre donc pas en concurrence avec les cultures vivrières pour occuper leurs bonnes terres, il n'exige pas la destruction de forêts, mais bien au contraire il est un bon agent de reboisement, de lutte contre l'érosion et la désertification. Cette plante occupe une place privilégiée parmi les sources d'énergie issues de la biomasse, car sa culture et son exploitation ne présentent pas les désavantages connus pour les cultures de colza, de tournesol, de soja ou du palmier à huile. Il se développe en Inde, en Chine et au Vietnam

[278] *Ibid.*, p. 121.
[279] Die Zeit, 11.7.2013

ainsi que dans plusieurs pays africains : Mali, Burkina Faso, Sénégal, Niger, Madagascar et Egypte[280]. *L'ONG Actu-Environnement et l'organisation Misereor relativisent le succès « incontesté » de cette plante en citant des exemples en Inde et au Nicaragua où cette culture s'est substituée à des productions vivrières*[281].

280 François Houtart, *ibid.*, p. 122-125.

281 Site Actu-Environnement ; Misereor dans Weltsichten, 11 2009.

11. L'accaparement de terres (land grabbing), nouveau colonialisme

Au cours des dix dernières années, au moins 50 millions d'hectares de terres cultivables ont été loués ou achetés, le plus souvent dans des pays en développement pauvres. Il s'agit d'une surface totale plus grande que celle de l'Allemagne et des pays du Benelux. Ce phénomène s'est fait connaître avant tout sous le terme de « Land Grabbing » ou « Accaparement de terres » . Il s'agit d'investisseurs privés ou bien d'Etats plus riches, menacés dans leur sécurité alimentaire, qui s'approprient d'immenses surfaces agricoles pour y produire pour l'exportation.

Le projet « Projekt Land Matrix », une initiative d'instituts scientifiques et de plateformes d'ONG, a établi que, depuis 2000, un total de 816 contrats portant sur une surface totale de 33,3 millions d'hectares étaient en exécution, dont plus de 40% en Afrique subsaharienne. C'est ainsi qu'au moins 5% de la surface agricole totale de l'Afrique a changé de propriétaire au cours des dernières années. 174 projets avec une surface de 13,2 millions d'hectares étaient en préparation[282]. Seulement un tiers environ des contrats conclus visent la production de produits alimentaires, près d'un quart la production d'agrocarburants et d'autres encore l'élevage, l'exploitation forestière, la production de caoutchouc ou de coton[283].

Ces opérations sont le plus souvent liées à un accès à l'eau : lacs, rivières, sources d'eau. Les contrats en question sont, presque tous, conclus en secret et restent inconnus. C'est aussi pour cette raison qu'une estimation du « chiffre noir » de ces contrats non publiés est difficile sans compter l'échec de beaucoup de ces transactions.

Un certain nombre de pays émergents participent à ces activités. En 2008, signale la CNUCED, 40% des investissements agricoles au niveau mondial ont été des opérations Sud-Sud [284].

---

[282] www.landmatrix.org.
[283] *Ibid.*
[284] CNUCED, *Rapport 2009 sur les investissements dans le monde.*

Une partie de l'opinion publique, des ONG, des organisations paysannes, des chercheurs et des écologistes ont manifesté leur inquiétude. Jacques Diouf, ancien directeur général de la FAO, parle d'une « forme de néocolonialisme » en Afrique. Olivier de Schutter a également exprimé ses réserves.

De quelles opérations s'agit-il ?

Les Etats qui sont demandeurs pour de tels contrats sont avant tout les Etats du Golfe (le Koweït, l'Arabie Saoudite, le Qatar, les Emirats Arabes Unis), la Corée du Sud, la Chine et le Japon. Très souvent, les opérateurs sont des firmes privées agissant dans le domaine agroalimentaire ou des investisseurs financiers : fonds spéculatifs, fonds de pension, fonds d'investissement, banques d'investissement, holdings etc.

Les douze principaux pays cibles sont : la Papouasie-Nouvelle-Guinée, l'Indonésie, le Sud-Soudan, la République démocratique du Congo, le Mozambique, le Brésil, l'Ukraine, le Liberia, la Sierra Leone, le Soudan, l'Ethiopie et Madagascar[285]. Une grande partie de la population de plusieurs de ces pays souffre de faim et de malnutrition.

Le Qatar, dont seulement 1% de la superficie est cultivable, a acheté 40 000 hectares au Kenya pour la production vivrière. Ce pays a aussi acquis des droits, au Vietnam et au Cambodge, pour la production de riz et, au Soudan, pour le pétrole, la production de blé et de maïs. Les Emirats Arabes Unis qui importent 85% de leur nourriture ont acheté 324 000 hectares de terres cultivables dans deux provinces du Pakistan (Punjab et Sindh). La Chine, qui se propose d'augmenter sa production de riz au cours des prochaines années, a acheté 101 000 hectares au Zimbabwe et investi 800 millions de dollars au Mozambique pour moderniser la production de riz destinée à l'exportation. La Corée du Sud, par l'intermédiaire de Daewoo Logistics Corporation, a conclu un contrat de location à long terme avec Madagascar portant sur 1,3 million d'hectares pour 6 milliards de dollars. Ce contrat, dont on ne sait s'il a été signé effectivement, semble avoir contribué à provoquer les manifestations qui ont eu lieu en janvier 2009 et qui ont conduit à un changement de régime violent. La même société coréenne a, par d'autres

[285] *Ibid.*

contrats, acquis plus d'un million d'hectares au Soudan, en Mongolie, en Indonésie et en Argentine.

Le mépris des paysans

Le Mali a accordé une concession de 100 000 hectares à la Libye d'une durée de trente ans, pour la production de riz. Ces 100 000 hectares aménagés par les Libyens devraient améliorer les capacités de l'Office du Niger qui assure la gestion d'une grande partie des terres irrigables du Mali. L'entreprise libyenne en charge du projet, Malybia Agriculture, a confié les travaux d'aménagement à une entreprise chinoise, la CGG. Celle-ci a dû, en quelques mois, creuser un canal d'irrigation de 40 km de long sur 130 m de large. Kalongo, petite bourgade de quelques centaines d'âmes, se trouve à quelques heures de Ségou, à l'est de la capitale, Bamako. Ses habitants se sont mis en colère, disant qu'ils ont été mis devant le fait accompli. Sans aucune information, ni consultations, ni promesse d'indemnisation, ils voient leurs maisons marquées pour être détruites ; ceux du village voisin ont vu leur cimetière menacé, ceux d'un troisième village constatent que, durant la nuit, les bulldozers ont arraché leurs manguiers, leurs papayers et leurs citronniers. Les terres qui leur avaient été distribuées, il y a un demi-siècle, étaient en train de leur être reprises subrepticement. Et pourtant les habitants de Kalongo avaient pris soin de dresser un registre des terres qu'ils cultivaient, de leurs potagers et de leurs vergers[286].

L'Etat de Maurice a acheté 20 000 hectares au Mozambique, qui ont été sous-loués à Vitagrain, une entreprise établie à Singapour pour produire du riz. Philippe Heidelberg, président-directeur général du fonds d'investissement new-yorkais Jarch Capital, et ancien représentant du géant de l'assurance American International Group (AIG), aurait loué de 400 000 à 1 million d'hectares dans le Sud-Soudan au seigneur de la guerre Paulino Matip[287].

Par contre, cette nouvelle approche est soutenue par la Société financière internationale (SFI) de la Banque mondiale et le Fonds international pour le développement agricole (FIDA), institution spécialisée du système des

[286] Jean Pierre Boris, *Main Basse sur le riz*, Arte/Ed. Fayard, 2010, page 193-204.
[287] Le Monde Diplomatique, janvier 2010.

Nations Unies. Depuis l'éclatement de la crise alimentaire, la SFI engage le secteur privé à investir dans l'agriculture et à accroître la production agricole. La Société veut augmenter ses prêts de 30% au secteur de l'agroalimentaire privé et coopère avec le Service consultatif pour les investissements étrangers (FIAS). A cette fin, elle a mis en place des agences de promotion de ces investissements afin de créer un « climat favorable aux affaires »[288].

Ces mêmes organisations internationales, tout comme certains grands centres de recherche, tendent à présenter ces acquisitions ou locations de terres comme une opération « gagnant-gagnant », donc avantageuse à la fois pour le pays hôte et pour l'investisseur. L'IFPRI estime que si ces négociations peuvent être rendues transparentes, si les avantages sont partagés entre les communautés locales et les investisseurs étrangers, l'investissement étranger peut mettre à disposition des ressources clés pour l'agriculture, y compris les infrastructures, et offrir aux populations locales de nouvelles options pour améliorer leurs conditions de vie[289].

Les raisons de ce nouveau phénomène

Plusieurs raisons tant étatiques que privées expliquent cette nouvelle orientation de l'agriculture mondiale. En premier lieu, ce qui conduit nombre d'Etats, comme ceux du Golfe, à entrer dans cette logique de l'acquisition ou de la location de terres agricoles est le résultat de la crise alimentaire de 2008. Nombre de ces Etats sont dans l'impossibilité d'assurer eux-mêmes la production alimentaire nécessaire à leurs populations. Ils ont toujours pu s'approvisionner sans problème majeur sur le marché mondial. La crise alimentaire a conduit plusieurs des Etats exportateurs à fermer, du jour au lendemain, leurs frontières pour garantir leur propre sécurité alimentaire. Du coup, les pays importateurs ont été confrontés à des problèmes d'approvisionnement et à une flambée des prix. La confiance qu'ils avaient dans les marchés internationaux a été sérieusement minée, d'autant que leur facture pour les importations était déjà passée de 8 à 20 milliards de dollars entre 2002 et 2007.

La rareté de l'eau est un autre facteur qui a conduit certains pays, comme l'Arabie Saoudite, à constater qu'une production nationale de blé, sur

---

[288] The Oakland Institute, *The Great Land Grap*, 2009.
[289] *Ibid.*

base d'irrigation, s'avérait trop coûteuse[290]. D'autres pays, comme la Corée du Sud ou la Chine, souhaitent diversifier leurs sources d'approvisionnement.

Enfin, dernière raison majeure : la crise financière, l'augmentation des prix des produits agricoles et la demande d'agrocarburants ont amené les investisseurs à considérer des investissements dans la terre comme désormais suffisamment rentables pour s'intéresser à ce secteur. A leurs yeux, a dit l'un d'eux, « la terre est un placement aussi sûr et même plus sûr que l'or »[291].

Le cas de l'Ethiopie

J'ai eu l'occasion, début 2013, de visiter l'Ethiopie et de m'informer sur place des réalités sociales et des conditions de vie de la population dans les zones rurales. J'ai rencontré Dessalegh Rahmato, chercheur auprès d'un Forum pour les Questions Sociales. Il a approfondi la question de l'accaparement de terres dans son pays et il a réalisé une étude précieuse que son Forum a publiée[292]. En Ethiopie, quelque 3,5 millions d'hectares ont été loués en dix ans, une surface plus grande que celle de la Belgique. Un autre espace, d'une dimension similaire, devrait être loué au cours des prochaines années.

Le plus grand holding étranger est l'entreprise indienne Karuturi. Elle a son siège à Bangalore et a acquis 300 000 hectares de terres au sud-ouest du pays, dans la province de Gambella, pour une durée de 50 ans pour la production de riz, de canne à sucre et de palmiers à huile. Elle a obtenu de même 11 000 hectares à Bako Tibee dans la province d'Oromia. Karuturi avait déjà lancé une importante production de roses près de la capitale Addis Abeba et une autre au Kenya.

En 2014, Karuturi semble engagée dans un déclin douloureux et généralisé. Karuturi Ltd, l'unité de production de fleurs au Kenya de Karuturi Global, est tombée en faillite et a été placée sous administration judiciaire. Dans cette entreprise, les travailleurs ont vécu, depuis des

[290] *Ibid.*
[291] Le Monde Diplomatique, janvier 2010.
[292] Dessalegh Rahmato : Land to Investors - Large-Scale Transfers in Ethiopia, Forum for Social Studies, Policy Debates Series, no 1 2011.

mois, dans des conditions inhumaines, sans être payés, sans avoir accès à l'eau ni à des soins de santé. Karuturi doit également encore payer des impôts au gouvernement du Kenya sur des bénéfices cachés, en particulier par la pratique des « prix de transfert »[293]. Une filiale de négoce des fleurs de Karuturi aux Pays-Bas a également été déclarée en faillite. En Ethiopie, Karuturi n'a été en mesure de cultiver qu'une faible partie des terres acquises et, selon des sources locales, des fermes ont arrêté leurs activités. Une des exploitations de Karuturi dans ce pays paraît avoir été vendue à une société basée à Dubaï[294] [295].

Un autre acteur de cette catégorie est Saudi Star, une entreprise qui a conclu un contrat pour 129 000 hectares qui s'ajoutent aux 10 000 hectares déjà acquis dans la province de Gambella, pour la production et l'exportation de riz vers l'Arabie Saoudite et d'autres pays du Golfe. Saudi Star appartient à Al-Amoudi, d'origine à la fois saoudienne et éthiopienne, un des hommes les plus riches du monde qui s'est créé un véritable empire en Ethiopie. Le transfert de terres dans la province de Gambella a été accompagné par le déplacement de centaines de milliers d'indigènes de cette province, en grande partie vers des camps, sans aucune consultation préalable, dans le cadre d'un programme gouvernemental de réinstallation[296]. Des protestations ouvertes n'ont pas lieu, le plus souvent devant la peur de la répression par la police locale[297].

Une menace sérieuse contre les petits paysans et les communautés indigènes

L'accaparement de terres n'est pas sans soulever de sérieuses questions. Il n'apporte aucune solution au problème de la faim et de la malnutrition dont souffrent les populations des pays hôtes. L'acquisition ou la location de vastes zones de terres agricoles pose également de graves problèmes politiques, sociaux et économiques, liés au respect de la souveraineté nationale.

---

[293] Grain, 14 février 2014.
[294] *Ibid.*
[295] Farmlandgrab.org, 13.10 2014.
[296] www.gambelatoday.co.
[297] FIAN, Autriche.

Les familles de paysans et de nomades ou les populations indigènes, vivant dans les différentes régions concernées, sont expulsées, presque toujours sans toucher d'indemnités du tout ou alors rarement adéquates. La plupart de ces personnes ont cultivé la terre de leur région depuis des décennies, souvent sans être munies d'un titre de propriété formel, comme c'est la pratique dans de nombreux pays du monde[298]. Lors de ces transferts de terres, des confrontations sanglantes se produisent, dans bien des cas, avec la police ou même l'armée qui forcent les familles à quitter à tout prix ce qui était leur terre jusque-là. Elles perdent le droit d'utiliser des terres qu'elles-mêmes et leurs ancêtres ont cultivé durant des générations, où leurs troupeaux ont brouté et ont trouvé accès à des ressources en eau. Ainsi, en Ethiopie, dans la vallée de l'Omo, la résistance des paysans et des communautés indigènes, qui se sont opposés à une appropriation de leurs terres par des étrangers, a conduit à la mort de 140 personnes. Selon Human Rights Watch, 1,5 million de personnes ont dû, dans ce pays, quitter leur terre dont 70 000 dans la seule province de Gambella.

L'introduction d'un modèle agricole totalement nouveau crée parallèlement un problème aussi grave. Sur d'immenses surfaces se développe une agriculture industrielle marquée par l'utilisation de machines très puissantes, de grandes quantités de pesticides, d'engrais chimiques et de semences OGM. Tous les efforts pour réduire la faim et la malnutrition dans les pays concernés, en appuyant la petite exploitation familiale, sont ainsi anéantis. La structure agraire est modifiée de manière fondamentale par le passage d'une agriculture familiale à une agriculture à grande échelle dominée par le capital étranger. Cela constitue à long terme une menace sérieuse pour l'économie rurale et pour les conditions d'existence des petits paysans et des éleveurs. L'objectif de la sécurité alimentaire est encore plus compromis. Cette nouvelle agriculture risque de marginaliser peu à peu les petits paysans et de créer des classes sociales inégales et opposées. Les nouveaux investisseurs sont uniquement motivés par la recherche du profit et le souci de servir la demande du marché étranger. Des monocultures, très nuisibles pour l'environnement, vont bientôt dégrader les sols les rendant inutilisables pour les générations futures.

---

[298] Grain, 14 février 2014.

Les nouveaux propriétaires, ou locataires à long terme, produisent rarement des produits alimentaires et, quand cela arrive, les produits sont uniquement destinés à l'exportation. Alors qu'en même temps, des millions souffrent de faim et de malnutrition dans le pays. Il est très paradoxal que des gouvernements dans des pays très vulnérables, comme celui de l'Ethiopie, cèdent l'accès à de vastes terres et ressources en eau à des étrangers, contribuant ainsi à la sécurité alimentaire d'autres pays au lieu de promouvoir celle de leur pays.

Nombre des gouvernements concernés s'efforcent de justifier ces opérations par le gain de nouvelles devises, le transfert de technologies et la création d'emplois. Ces arguments ne sont guère fondés. Comme en Ethiopie, les investisseurs sont attirés par des conditions fiscales intéressantes. Les impôts prélevés ici sont « ridiculement bas », m'a déclaré Rahmato, ils varient entre un minimum de un dollar par hectare et par an, et un maximum de dix dollars. Il n'y a pas non plus de réel transfert de technologie, car la technologie utilisée par l'agriculture industrielle ne peut guère être utilisée par les petits paysans. Elle leur est, du reste, inaccessible.

Souvent les gouvernements offrent des terres dont ils affirment qu'elles sont invendues ou inutilisées. Mais il est très rare que ces terres ne soient pas exploitées, le plus souvent elles sont cultivées par des familles pauvres pour leur alimentation[299].

En mai 2012, le Comité pour la sécurité alimentaire de la FAO a adopté des « Directives volontaires pour une gouvernance responsable des régimes fonciers applicables aux terres, aux pêches et aux forêts ». Elles indiquent aux Etats et aux investisseurs comment protéger, documenter et gérer les droits légitimes, comment organiser un changement de propriété, comment définir des priorités et des objectifs publics dans l'utilisation des terres et comment résoudre des conflits. Les directives définissent l'accès à la terre comme faisant partie des droits de l'homme ; elles demandent l'égalité, la sécurité juridique, la transparence et le respect des différents systèmes juridiques et de valeurs ; elles prônent une participation précoce de toutes les parties concernées, la recherche d'une

[299] www.oxfam.de.

solution pacifique ainsi qu'une responsabilité publique et privée pour la gestion durable, l'alimentation et l'emploi. La plupart des paragraphes commencent par les mots « Les Etats devraient… »[300].

Reste la question de savoir ce qui va se passer avec de telles directives « volontaires » ? Elles ont certes le mérite d'exister et de présenter une base solide pour être transposées en droit national. Mais, en attendant, il est à craindre que les investisseurs privés ne se sentent guère liés par ces directives et les gouvernements concernés, souvent des régimes autoritaires, bien peu. En tout cas, des exemples d'une application concrète ne sont jusqu'à présent pas disponibles.

[300] Zukunftsstiftung Landwirtschaft, *op. cit.*, p. 16-17.

12. Les biotechnologies

Comment est organisé le vol des paysans

Les agriculteurs ont, depuis toujours, été propriétaires de leurs semences. Pendant des milliers d'années, ils les ont récupérées et sélectionnées sur leurs récoltes pour les utiliser à la saison suivante. Les semences étaient également l'objet d'un partage au sein de la famille étendue et entre voisins, elles étaient aussi parfois échangées contre d'autres biens[301].

En Inde, Vandana Shiva est une figure de proue qui défend le droit des paysans à garder la maîtrise ancestrale de leurs semences et qui s'engage en faveur de la biodiversité. Elle est une militante de première heure contre la mainmise des multinationales sur le vivant. Elle décrit le combat qu'elle mène, tant au niveau national qu'international, dans un livre intitulé « Le terrorisme alimentaire ». Les paysans indiens, y écrit-elle, ont sélectionné, au fil des siècles, deux cent mille variétés de riz, notamment le riz basmati, le riz rouge, le riz brun et le riz noir. Les semences, pour les paysans, ne sont pas simplement le point de départ de la prochaine génération de plantes et de la prochaine récolte. Elles représentent aussi un héritage culturel et historique. Elles constituent le premier maillon de la chaîne alimentaire et, par conséquent, la clé garantissant l'approvisionnement alimentaire[302].

En 1987, une directive, publiée aux Etats-Unis, déclare que les composantes des créatures vivantes - gènes, chromosomes, cellules et tissus - sont brevetables et peuvent être considérées comme la propriété intellectuelle des premiers chercheurs qui isolent leurs propriétés, décrivent leurs fonctions et leur découvrent une application commerciale adéquate[303].

Un an plus tôt avait été adopté, sous le Président Reagan, le principe crucial « d'équivalence en substance » qui établit que, si un organisme

---

301 Jeremy Rifkin, *L'âge de l'accès*, Ed. La Découverte, 2005, p. 91.
302 Vandana Shiva, *op.cit.*, p. 16, 17.
303 Jeremy Rifkin, *op.cit.*, p. 90.

génétiquement modifié (OGM) n'a pas une composition chimique « substantiellement différente » de l'organisme dont il est dérivé, il n'y a pas besoin de le tester, comme on le fait normalement pour de nouveaux médicaments ou de nouveaux additifs alimentaires, pas plus que de l'étiqueter[304]. Et le tour était joué : le vivant est devenu brevetable, objet d'une appropriation privée.

L'Ethiopien Tewolde Berhan Gebre Egziabher, spécialiste de l'écologie des plantes, participe à la Conférence de Rio sur l'Environnement et le Développement, en 1992, et se rend compte de l'importance du sujet : « Si vous brevetez les semences, affirme-t-il, vous contrôlez le paysan dans le moindre détail, il perd complètement la maîtrise de son activité. Or, dans les pays en développement, l'agriculture est quasiment notre seul secteur d'activité[305]. »

Dans une seconde étape, et moins de dix ans plus tard, les Etats-Unis sont parvenus, avec l'aide active de firmes transnationales, à inscrire ce principe du brevetage du vivant dans l'Accord sur la propriété intellectuelle (APDIC) de l'OMC. Dorénavant, les Etats-Unis peuvent sanctionner tout Etat membre de l'OMC qui ne respecterait pas, sur son territoire, les brevets de ses entreprises. La porte a ainsi été ouverte au brevetage par des entreprises transnationales notamment de semences ou de ressources alimentaires ou médicamenteuses traditionnelles des pays en développement. Vandana Shiva parle de « biopiratage ». Selon Joseph Stiglitz, « près de la moitié des 4 000 brevets accordés ces dernières années par les Etats-Unis portent sur un savoir traditionnel obtenu de pays en développement »[306]. Cet auteur se prononce pour le changement de la législation en vigueur sur les brevets et pour une protection de ce savoir traditionnel.

Quant à Jeremy Rifkin, il considère qu'en brevetant le stock des semences de la planète, les bio-industries sont en train d'acquérir le contrôle de fait d'une bonne partie de la production agricole mondiale. « Ils sont les prestataires exclusifs et, dans le monde entier, chaque

---

[304] Hervé Kempf, *La guerre secrète des OGM*, Ed. du Seuil, 2003, p. 72.
[305] Hervé Kempf, *op.cit.*, p. 91.
[306] Joseph Stiglitz, *Making globalization work*, 2007.

paysan n'est qu'un usager isolé qui doit réacquérir le droit d'accéder aux semences de la vie à chaque saison »[307]. Pour lui, la relation fondamentale entre agriculteur et semences est désormais rompue. « Les semences brevetées ne sont jamais vendues, au sens conventionnel du terme. Elles sont de fait plutôt louées pour un usage et une récolte uniques. Les nouvelles semences produites par la récolte appartiennent au détenteur du brevet et ne peuvent être réutilisées à la saison suivante. L'agriculteur jouit seulement d'un accès provisoire à la propriété intellectuelle d'un tiers. Techniquement, les semences ne sont donc jamais vendues, ni achetées »[308].

La sociologue américaine Susan Wright écrit en 1994 : « Quand le génie génétique a été perçu comme une opportunité d'investissement, il s'est produit une adaptation des normes et des pratiques scientifiques au standard des entreprises. L'éveil du génie génétique coïncide avec l'émergence d'une nouvelle éthique, radicalement définie par le commerce[309]. »

Les faux et inutiles avantages des OGM

Les OGM à usage médical ou développés pour la recherche ne sont guère contestés. En revanche, la situation est différente pour les plantes génétiquement modifiées (PGM), d'intérêt agroalimentaire ou industriel[310].

Les seules et uniques découvertes d'OGM qui sont au point et utilisées couramment en agriculture concernent l'augmentation de la résistance naturelle à des insectes (l'insecte meurt en mangeant la plante, ce qui permet de diminuer fortement les doses d'insecticides) ou celle de la résistance des cultures à certains herbicides[311].

Les tenants des OGM agitent régulièrement le spectre de la faim dans le monde en affirmant qu'il est possible de vaincre ce fléau grâce à des produits permettant d'augmenter de manière notable les rendements. En

[307] Jeremy Rifkin, op. cit. p. 92.
[308] *Ibid.*
[309] Hervé Kempf, *op.cit.*, p. 49.
[310] Le Monde Diplomatique, avril 2006.
[311] Bruno Parmentier, *op.cit.*, p. 164.

avril 2009, une étude réalisée aux Etats-Unis par Doug Gurian-Sherman pour l'Union des Scientifiques Préoccupés (UCS)[312] établit qu'après 20 ans de recherche et 13 ans de commercialisation, les modifications transgéniques n'ont pas donné de récoltes significativement plus élevées. L'étude est intitulée « Failure to yield » (L'échec du rendement)[313]. Selon le rapport sur l'agriculture mondiale, il n'a pas été possible de vérifier jusqu'à présent que des OGM aient conduit à une augmentation des rendements. Les OGM ne jouent pas de rôle particulier dans la lutte contre la faim et ne présentent guère d'intérêt pour les petits paysans[314].

Des études méthodiques menées dans l'Andhra Pradesh, Etat de l'Inde, sur trois ans, ont établi que dans cet Etat, les cultivateurs de coton traditionnel avaient obtenu de meilleures récoltes que les expérimentateurs de coton transgénique et que, par ailleurs, les variétés de coton OGM Bt n'étaient guère moins gourmandes en pesticides que les variétés conventionnelles. Le coût élevé des semences Bt, se combinant à des rendements décevants, a fini par entraîner la ruine (et des suicides) de petits paysans. Les demandes d'indemnisation adressées à Monsanto ayant été catégoriquement rejetées, l'Etat d'Andhra Pradesh a interdit à la firme d'opérer sur son territoire[315]. Début 2010, Monsanto a ouvertement reconnu l'échec de son coton Bt en Inde[316].

Selon un deuxième mythe, les OGM ne présentent aucun danger pour la santé. Ainsi, Monsanto affirme dans sa présentation « The pledge » (La promesse) que « Partout dans le monde, les consommateurs sont la preuve de l'innocuité des cultures issues des biotechnologies ». Rien n'est plus faux. En 1989, une firme japonaise Showa Denko fabrique un supplément alimentaire, le tryptophane, à partir d'une bactérie, *Bacillus liquefaciens*. Elle a modifié génétiquement cette bactérie pour lui faire produire davantage de tryptophane. Le produit, L-tryptophane, est mis sur le marché aux Etats-Unis en 1989. Or, une nouvelle maladie survient rapidement, qui provoque la mort de trente-sept personnes et en handicape durablement plus d'un millier. Il s'avère que le L-tryptophane

---

[312] Union of Concerned Scientists.

[313] Gurian-Sherman, Doug, *Failure to Yield. Evaluating the Performance of Genetically Engineered Crops,* Union of Concerned Scientists, mars 2009.

[314] Zukunftsstiftung Landwirtschaft, *op. cit.*, p. 46-47.

[315] Le Monde Diplomatique, *op.cit.*, avril 2006.

[316] abc Burkina no 372.

en est exclusivement responsable, et il est retiré du marché[317]. Pour ce qui est des effets du maïs Bt sur les papillons du Monarque, une recherche de plein champ menée par l'Université de l'Iowa a confirmé que la mortalité était sept fois supérieure chez les papillons mis en présence de ce maïs OGM[318].

Les paysanneries du tiers-monde, relève Marc Dufumier, disposent d'un savoir-faire « naturel » sous-utilisé. Rien n'indique que la génétique soit le facteur limitant de la production et des revenus agricoles, ni que les OGM puissent être utiles aux paysans pauvres. On peut arriver à de bons résultats et limiter les risques de très mauvaises récoltes avec des variétés rustiques comme le montre le succès du riz pluvial *Nerica* en Afrique de l'Ouest. Ce riz n'a subi aucune modification génétique. Il est issu d'une hybridation classique entre des espèces de riz africain et de riz asiatique. Riche en protéines, cette variété résiste bien aux sécheresses[319].

Mamadou Cissokho, dirigeant paysan d'Afrique de l'Ouest, exprime son scepticisme vis-à-vis des OGM en remarquant que l'agriculture européenne est arrivée à un haut degré d'autosuffisance alimentaire sans avoir recours aux OGM. Pourquoi devrait-il en être différemment pour l'Afrique ?

Une concentration rapide et dangereuse

En 2008, les dix plus grandes entreprises contrôlaient plus de 50 % du commerce global des variétés protégées. Cinq ans plus tard, ce ne sont plus que trois entreprises - Monsanto, Dupont/Pioneer, Syngenta - qui contrôlent 53% de ce marché[320]. A elle seule, Monsanto a dépensé plus de 8 milliards de dollars en rachat de divers producteurs de semences et entreprises de biotechnologie au cours des dernières années, ce qui lui a permis de devenir le leader mondial. Les géants du secteur contrôlent 33% du marché du soja, 15% du marché des semences de maïs et 85% du marché des semences de coton aux Etats-Unis[321]. Le développement d'un marché économiquement profitable des semences fait partie des

---

[317] Hervé Kempf, *op.cit.*, p. 100.
[318] Jacques Berthelot, *op.cit.*, p. 379.
[319] Le Monde Diplomatique, avril 2006.
[320] Zukunftsstiftung Landwirtschaft, *op. cit.*, p. 44
[321] Jeremy Rifkin, *op.cit.*, p. 90, 91.

stratégies centrales de l'« Alliance pour une Révolution Verte en Afrique » qu'a présidée Kofi Annan, ancien Secrétaire général de l'ONU, et qui fut lancée par Bill & Melinda Gates et la Fondation Rockefeller *(voir chapitre 15)*[322].

Dangers et risques

Nous assistons au développement d'un nombre limité de transnationales de plus en plus puissantes qui contrôlent des pans entiers de l'agriculture et de l'alimentation mondiale. Comme elles décident de ce que peuvent semer les agriculteurs et, par conséquent, de ce que mangeront les consommateurs, un risque important se présente pour l'humanité. D'autres risques non moins graves consistent en la réduction de plus en plus grande de la variété des semences, ce qui porte un préjudice grave à la biodiversité. C'est le résultat logique du fait que des transnationales à tendance monopolistique offrent, sur tous les continents, les mêmes produits et les mêmes semences. Cette concentration est préoccupante, estime le Rapport sur l'agriculture mondiale. Trois quarts de la diversité des variétés encore disponibles en 1900 sont perdues aujourd'hui, alors que 75% de tous les produits alimentaires du monde ne proviennent plus que de douze sortes d'espèces végétales et animales.

Peut-être, le plus grand problème est-il créé par l'ensemble des liens de dépendance entre ces entreprises fournisseurs de semences - mais aussi d'engrais et d'herbicides - et les paysans depuis toujours habitués à puiser leurs semences dans le stock des récoltes de l'année précédente. Par ailleurs, les semences génétiquement modifiées demandent une utilisation importante d'engrais chimiques que fournissent les mêmes transnationales, exigence qui conduit à une stérilisation progressive du sol sans parler de la pollution de l'eau. Enfin, cela pose des problèmes éthiques quant à la manipulation et, plus encore, à la marchandisation du vivant.

Entre-temps, on constate toutefois que la nature s'adapte : par exemple, de plus en plus de mauvaises herbes résistent aux herbicides qui les supprimaient quelques saisons plus tôt. C'est pour cette raison que l'utilisation d'herbicides, sur des surfaces mises en culture avec des produits issus du génie technique, a été multipliée par quatre ! Est ainsi

---

322 Zukunftsstiftung Landwirtschaft, *op. cit.*, p. 45.

rendu nécessaire tout un cocktail de poisons. Les insectes deviennent également résistants à la toxine Bt[323].

Les surfaces cultivées

Les cultures OGM les plus répandues sont le soja (52%), le maïs (31%), le colza (5%) et le coton (12%). La plupart sont utilisées pour l'alimentation du bétail ou sont transformées en agrocarburants ou en textiles (coton). Les superficies plantées en OGM représentent 175 millions d'hectares, soit 10% du milliard et demi d'hectares cultivés dans le monde. Cette surface était de seulement 1,7 million en 1996. Six pays sont particulièrement engagés sur ce terrain : les Etats-Unis, le Brésil, l'Argentine, l'Inde, le Canada et la Chine. 70 millions sont cultivés dans un seul pays, les Etats-Unis. 70% des OGM cultivés aujourd'hui sont résistants au *Roundup*, l'herbicide phare de Monsanto[324].

Le soja résistant à l'herbicide représente 60% des surfaces mondiales de cultures OGM. Plus de la moitié du soja produit dans le monde est maintenant génétiquement modifié, dont la quasi-totalité de la production argentine. Mais de plus en plus d'herbicides doivent être utilisés. En 2011, 335 millions de litres de pesticides ont été répandus, près de neuf fois plus qu'en 1990. Et si, en 1996, seulement trois litres de glyphosate, l'herbicide commercialisé sous le nom de *Roundup,* suffisaient pour un hectare, la moyenne aujourd'hui est de douze litres, et même beaucoup plus dans certaines régions[325].

Une part appréciable du coton cultivé en Chine est d'ores et déjà génétiquement modifiée. Les coûts de production du coton auraient baissé de 28% et les autorités déclarent avoir économisé 334 millions de dollars en 1999. Cela est en particulier le cas dans la moyenne vallée du fleuve Jaune (Huang He), où le déclin de cette culture, plombée jusqu'alors par l'obligation d'effectuer jusqu'à vingt épandages annuels d'insecticides, semble ainsi avoir été enrayé[326].

---

[323] *Ibid.,* p. 46.
[324] Bruno Parmentier, *op.cit.*, p. 165.
[325] Zukunftsstiftung Landwirtschaft, *op. cit.,* p.47.
[326] *Ibid.*

Sur le continent africain, des cultures OGM sont développées en Afrique du Sud, au Burkina Faso et au Soudan alors que des essais sont réalisés dans sept autres pays[327]. Des pressions très fortes sont exercées sur ce continent par les multinationales agroalimentaires, en particulier l'américaine Monsanto et la suissesse Syngenta, qui prônent l'industrialisation du secteur agricole et l'ouverture des marchés aux cultures transgéniques. Ceci est notamment le cas pour le coton *Bt,* qui produit une toxine efficace contre certains ravageurs et permettrait, en théorie, de réduire le recours aux pesticides et de garantir de meilleures récoltes aux paysans. Ces firmes bénéficient de programmes de l'Agence américaine pour le développement international (USAID), dotés d'un budget de 100 millions de dollars afin d'introduire les biotechnologies dans les pays du Sud[328]. La Zambie, pourtant menacée de famine, a refusé l'aide du Programme alimentaire mondial, notoirement truffé de surplus de maïs états-unien génétiquement modifié.

Résistances

Une mobilisation sans pareille se développe contre les OGM. Elle réunit des ONG de tous les continents, certaines étant créées pour organiser cette opposition aux niveaux national, régional et international. Elle établit des réseaux entre mouvements paysans comme La Via Campesina, des associations de consommateurs, des mouvements de femmes, des scientifiques, des hommes politiques, des parlementaires et des gouvernements. Dans l'UE, une majorité des gouvernements des Etats membres s'oppose aux OGM.

Ainsi, Vandava Shiva a créé le mouvement Navdanya qui a établi, dans toute l'Inde, 54 banques de semences. Ce mouvement a formé plus de 500 000 paysans en matière de biodiversité et d'agriculture organique. Il a mis en place le plus vaste réseau de commercialisation directe de produits biologiques. Il refuse de reconnaître les brevets sur les êtres vivants, y compris sur les semences. Il vise à établir un système de production agricole sans brevets, sans produits chimiques et sans génie génétique. Il réclame un changement radical dans la législation des brevets et dans la pratique des administrations qui les gèrent afin

327 www.isaaa.

328 Le Monde Diplomatique, avril 2006.

d'éliminer les brevets sur les plantes et les animaux de la ferme. La campagne « Monsanto quitte l'Inde » a attiré, en 1998, l'attention de tout le pays sur cette firme et sur le génie génétique[329].

Ituzaingò est un quartier au bord de Cordoba (Argentine), entièrement entouré de champs de soja. C'est en 2012, et sous la pression des mères d'Ituzaingò, que - pour la première fois - un agriculteur producteur de soja et le pilote d'un avion de pulvérisation ont été condamnés. Le tribunal a considéré qu'il était établi qu'ils avaient mis en danger la santé des habitants par l'épandage par air de produits agrochimiques[330].

Le réseau « Genethisches Netzwerk » lança, en mars 2010, une déclaration au nom d'une centaine d'ONG de toutes les parties du monde demandant l'arrêt du brevetage des semences, des plantes et des animaux de la ferme. Ce réseau met en garde devant les dangers d'une monopolisation de l'agriculture et de la production agricole basée sur le brevetage.

« Le protocole de Carthagène sur la prévention des risques biotechnologiques » appelé « Protocole biosécurité », basé sur la Convention sur la Biodiversité, a été adopté en 2000 à Montréal. Entré en vigueur en 2003, il a été ratifié jusqu'à présent par 166 Etats. Il règle, pour la première fois de manière contraignante en droit international, le transport transfrontalier et la gestion des OGM. Cet important protocole retient le principe de précaution, non seulement comme principe général, mais comme outil de décision politique. Il établit une procédure d'accord préalable à l'importation d'OGM. Ce protocole est toutefois placé dans une relation ambiguë par rapport à l'OMC même si, formellement, il n'est pas subordonné à d'autres accords internationaux[331]. Les Etats-Unis n'ont pas signé ce protocole et des pays comme le Canada ou l'Argentine ne l'ont pas ratifié jusqu'à présent.

---

[329] Vandana Shiva, *op.cit.*
[330] *Ibid.*, p. 47.
[331] Hervé Kempf, *op.cit.*, p. 226.

La question de l'indépendance des chercheurs et des experts

En 2012, l'étude réalisée par Eric-Gilles Séralini, professeur de biologie moléculaire à l'université de Caen, qui a été publiée par la revue scientifique américaine *Food and Chemical Toxicology*, a fait sensation. Elle a constaté l'apparition de tumeurs mammaires et de troubles hépatiques et rénaux chez les rats exposés au maïs transgénique *NK 603* et/ou son herbicide associé, le *RoundUp*. Des photos ont montré les énormes tumeurs qu'avaient développées ces rats[332].

Cette publication a fait l'objet d'attaques en règle de la part de différents comités ou organismes qualifiés de « scientifiques », y compris par l'Agence européenne de sécurité alimentaire (EFSA).

Food and Chemical Toxicology a décidé un an plus tard de retirer l'étude de Séralini. Cela s'est passé après que Richard Goldman, ancien employé chez Monsanto, ait été admis au comité de rédaction de cette publication[333]. L'éditeur a avancé comme explication de ce retrait qu'on n'avait certes pas constaté de faute grave, mais que les analyses faites n'étaient pas de nature à conduire à des conclusions. Cette décision peu transparente a été controversée et la motivation avancée a paru peu convaincante[334].

L'étude de Séralini a été réalisée, pour la première fois, sur une durée de deux ans, alors que toutes les analyses toxicologiques n'ont, jusqu'à présent, porté que sur une durée de trois mois. Depuis lors, plusieurs organes d'experts ont reconnu la nécessité d'une durée de deux ans pour de futures études.

Fin 2012, une lettre signée par 140 scientifiques a été publiée dans le journal *Le Monde* dans laquelle ceux-ci condamnent sévèrement les attaques contre Séralini en demandant une extension des efforts de recherche concernant des denrées génétiquement modifiées[335].

---

[332] Der Spiegel, 28.11.2012.
[333] Wikipedia.
[334] www.gmoseralini.org.
[335] Wikipedia.

« J'ai côtoyé dans ma vie trop de compromissions pour continuer à me taire », écrit Séralini dans un livre « Tous cobayes ! » paru en même temps et dans lequel il décrit, de manière détaillée, son étude. Il dénonce ensuite « Une poignée de géants de l'industrie - parmi lesquels Monsanto, Bayer, Aventis, Dupont, Syngenta, BASF, Dow Chemical, Zeneca et leurs fournisseurs de matières premières - qui remplissent nos assiettes de colorants, de conservateurs, de plastiques, d'OGM, de pesticides, d'antibiotiques... » . La société connaît peu « les criminels et les complices » que lui-même a côtoyés car « ils échappent très souvent à sa justice ». Ces compromissions ont pour origine des intérêts financiers. Mais elles recouvrent aussi des enjeux de pouvoir, y compris dans le champ scientifique. Il déplore la censure des débats internes[336].

Séralini et José Bové, député européen d'Europe Ecologie-Les Verts, soulèvent la question de l'indépendance des soi-disant experts scientifiques. Elle se pose en particulier pour l'EFSA. La Commission européenne s'appuie toujours sur les avis de l'EFSA pour ses propositions concernant des normes dans le domaine alimentaire ou celui des OGM. José Bové a établi des liens directs entre plusieurs membres de l'EFSA et des organisations industrielles. Il a notamment montré que Diana Banati, Présidente de cette instance, a eu un conflit d'intérêt ouvert car elle faisait partie, en même temps, du conseil d'administration de l'ILSI (International Life Science Institute). Fondé en 1978, l'ILSI est un groupe de pression agroalimentaire appuyé par de grandes firmes comme Coca-Cola, Heinz, Kraft, General Foods, Procter & Gamble, Danone, Mars, McDonald's, Kellogg's, Monsanto, Dupont et Novartis. Ce lobby œuvre en faveur d'un allègement de la réglementation des produits de l'industrie agroalimentaire. ILSI a annoncé en 2012 que Diana Banati avait abandonné la présidence d'EFSA pour occuper le poste de directrice d'ILSA-Europe.

Un peu plus tard, le travail de José Bové a également conduit le Parlement européen à refuser la décharge à EFSA[337]. Par ailleurs, ce député a mis en question le principe de l' « équivalence en substance[338] » qui avait fait son entrée en Europe par l'OCDE et sur lequel l'EFSA

---

[336] Gilles-Eric Séralini, Tous Cobayes !, Ed. Flammarion 2012, p. 7-8.
[337] José Bové, Hold-Up à Bruxelles, La Découverte 2014, p. 15-49.
[338] voir glossaire.

s'était basée plusieurs fois dans ses avis pour justifier l'admission de nouvelles sortes de maïs OGM[339].

[339] *Ibid.*, p. 39-44.

PARTIE 2

Que faire ?

Le droit à l'alimentation

« Toute personne a droit à un niveau de vie suffisant pour assurer sa santé, son bien-être et ceux de sa famille, notamment pour l'alimentation… ». Article 25 de la Déclaration universelle des droits de l'Homme.

Les Etats parties au présent Pacte s'engagent à « prendre les mesures nécessaires » pour réaliser « le droit de toute personne à un niveau de vie suffisant pour elle-même et sa famille, y compris une nourriture suffisante… » et « le droit fondamental qu'a toute personne d'être à l'abri de la faim… ». Article 11 du Pacte International sur les Droits Economiques, Sociaux et Culturels (PIDESC).

Pour Jean Ziegler, ancien Rapporteur spécial des Nations Unies sur le droit à l'alimentation, « le droit à l'alimentation est le droit d'avoir un accès régulier, permanent et libre, soit directement, soit au moyen d'achats monétaires, à une nourriture quantitativement et qualitativement adéquate et suffisante, correspondant aux traditions culturelles du peuple dont est issu le consommateur, et qui assure une vie psychique et physique, individuelle et collective, libre d'angoisse, satisfaisante et digne »[340].

Mais le droit à l'alimentation n'est pas essentiellement le fait d'être nourri. C'est aussi la garantie du droit à se nourrir, qui ne requiert pas seulement que la nourriture soit *disponible* (que le ratio de production soit suffisant pour la population), mais aussi qu'elle soit *accessible.* Ceci signifie, par exemple, que chaque ménage ait les moyens de produire sa propre alimentation ou que son pouvoir d'achat soit suffisant pour se procurer la nourriture dont il a besoin[341].

En 2004, la FAO a adopté des lignes directrices volontaires visant à soutenir la réalisation progressive du droit à une alimentation adéquate.

---

[340] Académie de droit international humanitaire et de droits humains à Genève, Christophe Golay, *Droit à l'alimentation et Accès à la justice, Ed. Bruylant 2011, p. 69.*

[341] www.srfood./org/index.php/fr/right-to-food, Olivier de Schutter, seminar report *"Solutions for hunger : a policy seminar on the right to food"*, 7 novembre 2008, Ottawa.

13. L'aide alimentaire

20% de ceux qui souffrent de faim et de malnutrition sont des urbains habitant les bidonvilles. Il s'agit souvent de ruraux que la misère et la détresse, les mauvaises récoltes, les sécheresses ou les invasions de criquets et aussi, de plus en plus, les changements climatiques poussent à l'exode rural. Un faible pourcentage, victime notamment de catastrophes naturelles, de guerres civiles, de tensions ethniques ou religieuses est accueilli dans des camps comme au Darfour ou à Dadaab, au Nord du Kenya[342]. Toutes ces populations ne sauraient survivre sans des aides extérieures qui prennent en premier lieu la forme d'une aide alimentaire. Cette aide n'est toutefois pas de nature à s'attaquer aux causes profondes de la faim pour lesquelles des solutions sont proposées dans les chapitres suivants.

Dix millions de tonnes, soit moins de 1% de la production mondiale de céréales, équivalant à 2 milliards de dollars, sont redistribuées chaque année à quelque 100 millions de bénéficiaires dans le monde[343]. L'aide alimentaire peut revêtir plusieurs formes. Les denrées sont le plus souvent acheminées d'un pays à l'autre, mais certaines sont achetées sur place, payées par un donateur. La distribution de l'aide alimentaire est assurée par des organisations internationales, comme le Programme Alimentaire Mondial (PAM), l'UNICEF et le Comité International de la Croix-Rouge (CICR). Elle peut aussi être gérée par des organisations non gouvernementales comme OXFAM (Oxford Commitee for Famine Relief) et Caritas ou offerte directement d'un pays à un autre (aide bilatérale). Le volume d'aide alimentaire a diminué au cours de la dernière décennie passant, entre 1999 et 2007, de 15,1 à seulement 5,9 millions de tonnes[344].

Le Programme Alimentaire Mondial (PAM), institué par l'ONU, est la plus grande agence humanitaire pour la lutte contre la faim dans le monde. En 2012, il a distribué 3,5 millions de tonnes à 97 millions de personnes dans 80 pays. Tous les pays considérés comme nécessiteux par la FAO ne bénéficient toutefois pas de cette aide. Celle-ci se répartit entre

---

[342] Bruno Parmentier, *op.cit.*, p. 184.
[343] Christian Troubé, *op.cit.*, p. 103.
[344] ICTSD, volume 9 mars 2010.

les secours d'urgence (56% en 2000), l'assistance à plus long terme et les projets de développement. Depuis les années 1980, ses activités sont dominées par les interventions de secours, comme au Darfour, en Somalie, en Afghanistan, au Pakistan et en République démocratique du Congo. Le PAM y agit en coopération avec d'autres acteurs humanitaires. Au cours des dernières années, les conflits qui ont éclaté en Syrie, au Soudan du Sud, au Mali et en République Centrafricaine ont produit de nouveaux foyers de crise humanitaire.

Chaque année, le PAM fournit des repas dans les écoles de quelque 70 pays à près de 20 millions d'enfants dont la moitié sont des filles. Ces repas encouragent les familles à maintenir leurs enfants à l'école. Les enfants qui n'ont pas faim se concentrent sur leurs études. Dans certaines cultures, les familles acceptent plus volontiers d'envoyer aussi les filles à l'école.

En 2012, le PAM a distribué des aides pour une valeur de 4,1 milliards de dollars, fournies sous forme d'argent et de nourriture par des gouvernements, des entreprises ou des individus. 93% de ses fonds propres proviennent de 12 donateurs seulement. Le budget du PAM est passé de 3,1 milliards de dollars en janvier 2008 à près de 6 milliards en août de cette même année à cause de la flambée des prix des denrées alimentaires. Les Etats-Unis sont, de loin, le premier contributeur du PAM. En 2012, leur contribution au budget du PAM s'est élevée à plus du tiers du total[345]. Cela étant, ce pays tient à assumer le poste de Directeur Exécutif de cette organisation.

Une grosse proportion de l'aide alimentaire est attribuée à un petit nombre de bénéficiaires. En 2000, les deux tiers de l'aide fournie par le PAM ont été distribués à 10 pays seulement[346].

La distribution de nourriture et de repas permet, dans l'un et l'autre cas, de créer des « filets de sécurité alimentaire » pour des populations repérées comme les plus vulnérables. Elle peut prendre de multiples formes, comme les repas scolaires, des distributions d'aliments pour femmes enceintes ou allaitantes, la mise en place de cantines de rue ou de

[345] Eric Millstone, Tim Lang, *Atlas de l'alimentation dans le monde*, Ed. Autrement, 2003, p. 26-27.
[346] Eric Millstone, Tim Lang, *op.cit.*, p. 28.

quartier. Ou encore des programmes « vivres contre travail » où des travailleurs ruraux, participant à des travaux d'infrastructures collectives locales, se voient rétribués en nourriture ou en semences[347].

L'aide d'urgence peut aussi être coûteuse et inadaptée lorsqu'il s'agit de l'acheminer, quinze fois plus chère que les productions locales, comme cela s'est passé dans la région des Grands Lacs en Afrique, ou, en masse, auprès de sinistrés du tsunami au Sri Lanka alors que les récoltes, à quelques kilomètres des côtes, sont intactes[348].

La Convention internationale sur l'aide alimentaire, dite convention de Londres, a été créée en 1967. Les Etats, parties à cette Convention et tous des pays donateurs, sont obligés de mettre à disposition une quantité minimale de produits alimentaires au titre de l'aide alimentaire. Une Convention réformée est entrée en vigueur en 2013. Une des nouvelles clauses prévoit que l'aide alimentaire doit être distribuée de manière à ne pas détruire les marchés locaux. Une autre encourage l'achat de l'aide alimentaire sur les marchés locaux et régionaux, chaque fois que possible, de manière à favoriser leur développement.

Les risques de l'aide alimentaire à long terme

L'aide alimentaire bien gérée rend d'évidents services aux populations qui souffrent de faim et de malnutrition. A l'inverse, une aide mal gérée (par exemple inappropriée sur le plan culturel ou nutritionnel) contribue à l'insécurité alimentaire à long terme en décourageant la production vivrière locale, en faisant baisser les prix et en déstabilisant les marchés régionaux. La distribution de grandes quantités d'aide alimentaire risque de modifier la structure des échanges mondiaux et de rendre certains pays dépendants de l'importation de nourriture[349]. L'aide alimentaire d'urgence, souligne Mazoyer, peut jouer un rôle crucial pour sauver des vies humaines et limiter la malnutrition en cas de famine. En revanche, l'aide alimentaire ne paraît pas efficace pour réduire la pauvreté et pour favoriser le développement à long terme, notamment parce qu'elle est

---

[347] Christian Troubé, *op.cit.*, p. 102, 103.
[348] *Ibid.*, p. 104.
[349] Eric Millstone, Tim Lang, *ibid.*, p. 28.

liée à des conditions imposées par les donateurs et parce qu'elle est instable[350].

Il est nécessaire d'interdire que l'aide alimentaire continue d'être pour les pays donateurs un moyen d'écouler leur surplus de production et de pénétrer de nouveaux marchés, concurrençant la production locale des pays bénéficiaires et entraînant de fortes perturbations de leurs marchés. L'aide alimentaire doit répondre à un besoin du pays bénéficiaire, être exempte de toute conditionnalité et être fournie, de façon privilégiée, sous forme de transferts cash (sauf dans certaines circonstances particulières où on constate une rupture d'approvisionnement)[351].

L'aide alimentaire de l'Union Européenne

Cette aide s'inscrit dans l'aide humanitaire prévue par le Traité de Lisbonne. Selon l'article 214 de ce Traité, les actions de l'Union dans le domaine de l'aide humanitaire visent, de manière ponctuelle, à porter assistance et secours aux populations des pays tiers, victimes de catastrophes naturelles ou d'origine humaine et à les protéger. Il s'agit de faire face aux besoins résultant de ces différentes situations. Les actions d'aide humanitaire sont menées conformément aux principes du droit international et aux règles d'impartialité, de neutralité et de non-discrimination[352].

L'Union européenne dans son ensemble (les Etats membres et la Commission) est l'un des principaux donateurs d'aide humanitaire au niveau mondial. Le Service d'Aide Humanitaire de la Commission européenne (ECHO) a été créé en 1992 pour assurer la bonne gestion et la coordination des aides accordées par elle-même et par les Etats membres. Son budget annuel s'élève à environ 1 milliard d'euros. Chaque année, l'UE dépense, au titre de l'aide alimentaire, 500 millions d'euros qui bénéficient également à quelque 20 millions de pauvres en Europe. L'UE appuie le PAM avec une aide annuelle de près de 400 millions de dollars.

---

[350] Mazoyer et Roudart, *La fracture agricole & alimentaire mondiale*, p. 77.

[351] Coordination Sud, *Agriculture : pour une régulation du commerce mondial,* 2005, p. 46.

[352] Traité de Lisbonne, article 214.

Les activités relatives aux programmes nutritionnels et à la sécurité alimentaire à court terme sont majoritairement mises en œuvre sur place par des organisations non gouvernementales (ONG) telles que Action contre la Faim, Médecins sans frontières, Oxfam, CARE, Save the Children, Arbeiter-Samariter-Bund Deutschland, Cooperazione Internazionale, la Croix-Rouge et le CICR.

En 2007, le Conseil de l'UE et les représentants des Etats membres, le Parlement européen et la Commission européenne ont adopté une déclaration commune intitulée « Consensus sur l'action humanitaire ». Selon cette déclaration, « l'aide humanitaire est un impératif moral et l'expression fondamentale de la valeur universelle qu'est la solidarité entre les peuples ». Parmi les bonnes pratiques, ce texte souligne que l'aide alimentaire d'urgence doit être fondée sur « une évaluation rigoureuse et transparente des besoins » et doit « prendre en compte le risque d'une perturbation des marchés qui ne se justifie pas ». L'aide alimentaire doit, avec d'autres formes de soutien, contribuer à renforcer la capacité des populations touchées à faire face à la situation. Elle devrait, chaque fois que possible, « s'appuyer sur les ressources et approvisionnements locaux ou régionaux » ce qui devrait permettre de promouvoir l'économie locale et régionale[353].

La politique d'aide alimentaire des Etats-Unis

Les Etats-Unis dépensent chaque année entre 1,4 et 2 milliards de dollars pour l'aide alimentaire. 1,45 million de tonnes de denrées alimentaires sont ainsi mobilisées. Les pratiques humanitaires des Etats-Unis sont cependant toujours très largement déterminées par leurs intérêts commerciaux comme grand producteur et exportateur de céréales soucieux de gagner de nouveaux marchés. En sus de leur contribution au PAM, les Etats-Unis distribuent plusieurs millions de tonnes supplémentaires d'aide alimentaire bilatérale par l'intermédiaire de plusieurs programmes. C'est la loi publique 480 qui organise l'aide alimentaire américaine. Elle vise à développer à la fois le commerce, à organiser le secours d'urgence et à favoriser la sécurité alimentaire et le développement économique. Cette loi permet en fait aux Etats-Unis d'exporter leurs excédents agricoles. L'aide alimentaire des Etats-Unis n'est donc pas entièrement gratuite. Elle est vendue contre des dollars ou

[353] JO 2008/C 25/01.

de la monnaie locale, souvent avec un crédit à long terme et un faible taux d'intérêt. Elément capital : les pays bénéficiaires doivent démontrer leur aptitude à devenir des marchés commerciaux pour les denrées agricoles des Etats-Unis[354].

La loi américaine impose donc que cette aide soit apportée non sous forme d'argent - ce qui permettrait aux populations locales de s'approvisionner sur les marchés locaux - mais sous forme de nourriture achetée aux Etats-Unis et transportée sur des bateaux battant pavillon américain[355]. Des études ont établi que l'aide alimentaire américaine perd de la sorte la moitié de sa valeur au moment où elle arrive au port de destination. L'aide est surtout une carte diplomatique et commerciale ciblant les pays qui présentent un intérêt stratégique ou peuvent devenir à l'avenir des importateurs des mêmes céréales, mais cette fois dans une optique commerciale[356]. L'aide alimentaire fournie à l'Equateur a eu comme conséquence que ce pays a perdu son autosuffisance alimentaire en matière de production de blé et que les agriculteurs qui produisaient cette céréale perdirent leur source de revenu[357]. Des efforts entrepris par l'Administration visant à faire acheter au moins une partie de cette aide localement ont longtemps échoué devant le lobby agricole et le Congrès américain.

La nouvelle loi agricole - « farmbill » -, adoptée en 2014, permet quelques progrès. Elle rend possible la mise à disposition d'un budget de 125 millions de dollars pour des achats sur des marchés locaux ou régionaux. Une partie majeure du budget prévu par cette loi est destinée à financer la distribution d'aide alimentaire aux citoyens américains dont un sur sept nécessite une telle aide.

---

[354] Eric Millstone, *op.cit.*, p. 29.
[355] Frédéric Lemaître, *op.cit.*, p. 111.
[356] Christian Troubé, *op.cit.*, p. 104.
[357] Alternatives Sud, *Question agraire et mondialisation*, Ed. CETRI/L'Harmattan, 2002, p. 74.

14. L'accès à la terre

La terre est la principale source de nourriture et de revenu pour un peu moins de la moitié de la population mondiale. Produire de la nourriture a longtemps conféré au rapport entre l'homme et la terre un caractère sacré, religieux et mystique. Nombreuses sont encore aujourd'hui les populations indigènes et autochtones qui gardent une relation avec la terre marquée par un respect profond et une dévotion particulière.

Longtemps, la terre est restée un bien commun. La « propriété communale », au sens d'un usage commun à des groupes sociaux, subsiste dans nombre de pays d'Afrique, d'Asie, ou d'Amérique latine et l'appropriation privée de ces terres est aujourd'hui encore un enjeu important[358].

Au fur et à mesure que s'est développée la production agricole et que celle-ci s'est intégrée dans le marché, est apparue une nouvelle relation avec la terre, celle de la propriété privée. Elle a commencé à la fin du Moyen Age avec l'acte des « enclosures »[359] au Royaume-Uni avant de s'étendre sur le continent européen. La terre est devenue marchandise. La propriété de la terre est une sorte de désacralisation de celle-ci.

Le statut de la terre se caractérise par sa diversité selon les pays, sa complexité et son évolution permanente. Dans chaque société, il a été forgé par les particularités historiques, politiques, économiques, sociales et culturelles.

Dans l'Union soviétique - et dans la plupart des pays dits socialistes -, la propriété foncière privée a été considérée comme une forme d'appropriation inacceptable de moyens de production, contraire aux principes de la révolution. Elle a conduit à de vastes expropriations et à la création de fermes d'Etat qui se sont distinguées par leur bureaucratisme et leur inefficacité. La Russie peine à surmonter l'héritage de ce système. Après la désintégration de l'URSS, des processus de privatisation ont été lancés dans certains des nouveaux Etats.

---

[358] Sylvia Pérez-Vitoria, *Les paysans sont de retour*, Actes Sud, 2005, p. 25.
[359] Acte consistant à clôturer une parcelle jusqu'alors ouverte.

En Afrique, Amérique, Asie et Océanie, les structures agraires ont été durablement façonnées par la colonisation. Les indépendances n'ont pas toujours entraîné une récupération des terres par les autochtones. Souvent, ce sont des propriétaires colons qui ont définitivement acquis les droits sur les terres. L'indépendance a ancré des structures d'inégalité qui étaient déjà apparues durant les temps de la colonisation en permettant aux nouvelles élites de consolider leur pouvoir[360]. Dans plusieurs pays, comme en Afrique du Sud et au Zimbabwe, des processus de réforme agraire difficiles, lents et controversés sont encore en cours aujourd'hui pour permettre à la population spoliée de récupérer ses terres.

En Palestine, en 1948 notamment, des centaines de milliers de paysans palestiniens ont été expulsés, de force ou par intimidation, de leurs terres et de leur patrie. Israël poursuit toujours, de manière systématique, ces spoliations de terres et sa politique de colonisation dans les territoires palestiniens occupés, malgré le fait que la communauté internationale ait déclaré illégales ces opérations.

La propriété de la terre est très inégalement distribuée dans le monde. On estime qu'en Amérique latine, les deux tiers des terres appartiennent à 1,5% de grands propriétaires. A l'autre extrême, le nombre de paysans sans terre au monde est évalué à plusieurs centaines de millions[361]. Au Paraguay, les inégalités de propriété sur la terre peuvent être bien plus grandes que les inégalités de revenu ou de richesse[362].

La pression démographique, l'inégalité qui caractérise la propriété foncière et les règles de l'héritage favorisant la fragmentation mènent à une diminution rapide de la superficie des exploitations agricoles dans de nombreuses régions d'Asie et d'Afrique. En Chine et au Bangladesh, la taille moyenne des fermes est d'environ 0,5-0,6 hectare, et en Ethiopie et au Malawi, de 0,8 hectare. « Les fermes deviennent-elles trop petites ? » se demande la Banque mondiale.[363] En Inde, la taille moyenne des propriétés foncières a chuté de 2,6 hectares en 1960 à 1,6 hectares en 2000 et continue de baisser. Elle diminue de même aux Philippines, au

---

[360] Sylvia Pérez-Vitoria, op. Cit., p. 29.
[361] *Ibid.*, p. 28.
[362] Roy Prosterman, Robert Mitchell, Tim Hanstad, *One Billion Rising*, Leiden University Press, p. 14.
[363] Banque mondiale, *op.cit.*, p. 108.

Bangladesh et en Thaïlande. Au Bangladesh, le nombre de fermes a doublé en 20 ans et le nombre de fermes inférieures à 0,2 hectare a augmenté plus que proportionnellement, mais la majorité des terres se trouvent dans les grandes fermes. En outre, beaucoup de ménages ruraux, dans ces régions, ne disposent pas du moindre accès à la terre[364].

Une étude sur le Pakistan fait état de la distribution défavorable des revenus ruraux qui provient de la concentration extrêmement biaisée de la propriété de la terre. Les locations de la terre comptent probablement pour quelque 50% de la valeur ajoutée. Les pauvres ne retirent que 5% de leurs revenus de location. Aux Philippines, la distribution inégale de la propriété de la terre a été une des causes principales de la croissance relativement basse de la production agricole[365].

En Afrique subsaharienne, coexistent un régime de propriété d'Etat et un droit coutumier où les autorités locales traditionnelles jouent encore un rôle de gestion et d'arbitrage de plus en plus contesté. Des conflits parfois meurtriers apparaissent au Sahel mais aussi dans des pays comme le Nigeria avec une fréquence croissante entre éleveurs transhumants et petits cultivateurs. Les causes en sont multiples : incertitudes foncières, désertification, croissance démographique, extension des terres cultivées, augmentation du cheptel du bétail des éleveurs[366]. Ils rendent urgente une amélioration du régime foncier. De même, dans la région des Grands Lacs, qui connaît une haute densité démographique, le rétrécissement des superficies cultivables disponibles par habitant conduit à des conflits de plus en plus nombreux et violents pour l'accès à des terres agricoles. Ils provoquent des famines et des déplacements massifs de population[367].

L'accès des femmes à la terre est souvent limité par des législations défavorables en matière de mariage et d'héritage, des normes familiales et communautaires, et un accès inégal aux marchés. Les femmes sont moins susceptibles de disposer de leur propre terre sinon d'en posséder et, lorsque c'est le cas, elles en possèdent moins que les hommes. En Amérique latine, 11% à 27% des propriétaires fonciers sont des femmes.

---

[364] *Ibid.*, p. 100.

[365] Hartmut Brandt & Uwe Otzen, *ibid.*, p. 108, 109.

[366] Marc Dufumier, *op.cit.*, p. 134.

[367] *Ibid.*, p. 174.

En Ouganda, les femmes sont responsables de la plus grande part de la production agricole, mais ne possèdent que 5% de la terre et elles ont souvent des droits de tenure précaires sur les terres qu'elles utilisent. Au Malawi, les épouses devenues veuves peuvent perdre leurs terres saisies par la famille de leur mari. Les droits des femmes sur les terres, sous le régime de tenure coutumière, sont aussi nettement inférieurs à ceux des hommes[368].

L'opposition à la réforme agraire

Rares sont les questions qui présentent une sensibilité politique aussi grande que celles touchant au changement de propriété foncière en faveur d'une catégorie de personnes, comme celle des paysans sans terre et des petits paysans aux dépens d'une catégorie possédante de grands propriétaires ou de latifundistes. Souvent étroitement liés aux élites au pouvoir, ces derniers n'ont cessé de mener une résistance farouche et souvent sanglante faisant échouer nombre de réformes.

Les réformes agraires entreprises dans les années 1960 ont aujourd'hui presque partout cessé. En particulier en Amérique latine, l'opposition politique des propriétaires a vite arrêté le mouvement et incité les populations pauvres à émigrer vers les fronts pionniers[369]. L'OCDE constate que les seules réformes agraires menées à bien en Amérique latine ont été celles de Cuba et du Costa Rica.

La nécessité de la réforme agraire pour réduire la pauvreté, la faim et la sous-alimentation

Les Etats, parties au Pacte International sur les droits économiques, sociaux et culturels (PIDESCV) se sont engagés à procéder à la « réforme des régimes agraires » parmi les mesures et les programmes nécessaires afin de mettre toute personne humaine à l'abri de la faim[370].

---

[368] Banque mondiale, *op.cit.*, p. 103.

[369] Michel Griffon dans Mazoyer et Roudart, *op.cit.*, p. 105.

[370] Article 11 : Faut-il rappeler que la rédaction de ce Pacte qui fut signé en 1966, donc en pleine guerre froide, a été encouragée surtout par l'Union soviétique et ses alliés alors que les pays occidentaux ont privilégié celle du Pacte relatif aux droits civils et politiques signé au même moment.

Pour Michel Griffon, la première cause de la sous-alimentation et de pauvreté rurale a trait aux difficultés ou aux impossibilités d'accès à la terre et aux ressources en eau en raison de discriminations qui peuvent être ethniques, de caste, de statut social (veuves), de classe sociale ou de nationalité[371]. Tout programme destiné à réduire la sous-alimentation passe d'abord par la distribution de terres à ceux qui n'en ont pas ou pas assez. Il est clair que là où la terre est disponible et les candidats à la propriété nombreux, comme en Amérique latine et en Afrique australe, la redistribution des terres reste la meilleure réponse à la sous-alimentation, tant pour des raisons de morale sociale que d'efficacité économique[372].

Pour donner aux pauvres des conditions de vie et une nourriture décentes dans les pays en développement essentiellement ruraux, il faut leur donner accès à la terre[373]. Mais la distribution de terres n'est pas à elle seule garante de succès. Une véritable réforme agraire doit garantir au cultivateur, par un système coopératif par exemple, l'accès aux moyens de production, au crédit nécessaire, à la connaissance, mais aussi au marché à des prix équitables. Dans de trop nombreux villages d'Asie, les petits paysans et les paysans sans terre sont à la merci de l'usurier souvent très puissant qui monopolise à la fois le crédit, la vente des moyens de production et l'achat des récoltes[374].

La Banque mondiale considère que la réforme agraire peut promouvoir l'entrée des petits paysans sur le marché, réduire les inégalités dans la distribution des terres, augmenter l'efficacité et être organisée de sorte que les droits des femmes soient reconnus. La redistribution de grands terrains sous-exploités pour permettre à des petits paysans de s'installer peut fonctionner si elle s'accompagne de réformes visant à favoriser la compétitivité des bénéficiaires - un objectif qui s'est avéré difficile à atteindre[375].

---

371 Michel Griffon, *Nourrir la planète*, Ed. Odile Jacob, 2006, p. 151.
372 Michel Griffon dans Mazoyer et Roudart, *op.cit*, p. 105.
373 Susan George, *op.cit.*, p. 324.
374 *Ibid.*, p. 327.
375 Banque mondiale, *op.cit.*, p. 11.

Rôle de l'Etat, rôle du marché

Nombreuses et complexes sont les questions auxquelles toute opération de réforme agraire doit donner une réponse : nature du régime foncier à mettre en place, définition du nombre des bénéficiaires, conditions d'indemnisation des anciens propriétaires et de remboursement par les nouveaux, droits des nouveaux propriétaires y compris des femmes, certification et enregistrement, suivi des lois et règlements adoptés, politique agraire d'accompagnement (accès au crédit, formation, subsides aux intrants, etc.).

Une autre question, pas moins délicate, est celle du rôle à jouer par l'Etat et celle du rôle à réserver au marché. La Banque mondiale encourage les réformes agraires « axées sur le marché », comme celles en cours au Brésil et en Afrique du Sud[376]. Car, pour la Banque, les réformes assistées par l'Etat ont souvent été considérées comme trop difficiles et trop coûteuses à mettre en œuvre. Ce n'est pas l'Etat mais le marché, la relation entre vendeur et acheteur, qui serait au centre de cette réforme, tout comme la décentralisation.

Au vu des résultats obtenus dans ces deux pays, le Centre Tricontinental de Louvain-La-Neuve (CETRI), arrive à la conclusion que ce type de réforme agraire ne vise aucunement à redistribuer les terres, qu'elle n'est pas fondée sur la justice sociale et ne s'adresse pas prioritairement aux pauvres[377]. Marc Dufumier estime que la réforme agraire « assistée par le marché » en Afrique du Sud semble bien « théorique ». Il arrive à la conclusion que les paysans pauvres n'ont pas assez de ressources financières ni ne reçoivent suffisamment d'aides étatiques pour pouvoir accéder à la terre.[378]

L'économiste et professeur franco-égyptien Samir Amin, souligne que l'axe central dans le débat concernant l'avenir des agricultures paysannes tourne autour de la question du statut régissant l'accès à la terre. La question agraire est, pour lui, plus que jamais au cœur des options à venir dans les pays du tiers monde[379]. Selon cet auteur, la stratégie politique de

---

[376] *Ibid.*, p. 11.

[377] Alternatives Sud, Question agraire et mondialisation, *op.cit.,* p. 119.

[378] Marc Dufumier, *op.cit.*, p. 208.

[379] Samir Amin, *Sur la crise*, Ed. Le temps des cerises, 2009, p. 145.

développement rural doit être fondée sur la garantie de l'accès au sol à tous les paysans. Il y a une relation directe entre la suppression de la garantie de l'accès au sol des paysans et l'accentuation des pressions migratoires[380]. Les réformes nécessaires des régimes fonciers en Afrique et en Asie devront s'inscrire dans la perspective d'un développement au bénéfice de l'ensemble de la société, en particulier de ses classes travailleuses et populaires, en y incluant bien entendu les paysans, un développement orienté vers la réduction des inégalités et l'éradication radicale de la pauvreté[381].

L'exemple des pays asiatiques : La Chine, le Vietnam, la Corée du Sud et Taïwan

Nombre d'auteurs, dont Joseph Stiglitz, sont d'accord pour reconnaître que des réformes agraires importantes ont été menées à bien avec succès dans plusieurs pays asiatiques : la Chine, le Vietnam, la Corée du Sud, Taïwan et le Japon. Dans ces pays, la réforme agraire a jeté les bases pour une augmentation substantielle des récoltes, une réduction drastique de la pauvreté, mais, en même temps, pour un développement économique fulgurant. Une réforme réussie a de même été mise en œuvre au Kerala (Inde) sous un gouvernement progressiste, démocratiquement élu[382].

Brandt & Otzen reconnaissent que partout où des réformes agraires ont été mises en œuvre avec succès après la Deuxième Guerre mondiale afin de mettre en place une structure agraire paysanne, la conséquence immédiate n'a pas seulement été la croissance économique mais aussi la réduction rapide de la pauvreté, comme le montrent les exemples du Japon, de la Corée du Sud, de Taïwan et de la Chine[383]. Dans tous ces pays, c'est l'Etat qui a joué un rôle moteur fondamental dans la réalisation de ces réformes agraires. Elles ont bénéficié, dans le cas des pays de l'Asie de l'Est, de l'appui, parfois déterminant, des Etats-Unis, pour qui, en ces années de la guerre froide, il fallait contenir l'expansion du communisme.

---

[380] *Ibid.*, p. 50, 51.
[381] *Ibid.*, p. 145.
[382] Roy Prosterman & Co, *op.cit.*, préface de Joseph Stiglitz, p. 10.
[383] Hartmut Brandt & Uwe Otzen, *ibid.*, p. 125.

Faut-il dans chaque réforme agraire opter pour le transfert de la propriété privée à ses bénéficiaires ? Samir Amin considère que la Chine et le Vietnam fournissent l'exemple, unique, d'un système de gestion de l'accès à la terre qui n'est ni fondé sur la propriété privée, ni sur la « coutume », mais sur un droit révolutionnaire nouveau, ignoré un peu partout ailleurs, qui est celui de tous les paysans - définis comme les habitants d'un village - à un accès égal à la terre. Ce droit est la plus belle conquête des révolutions chinoise et vietnamienne[384]. De son côté, Joseph Stiglitz observe dans ce contexte que la recherche récente a remis en question les vertus de la pleine sécurité des droits sur la terre. La Chine, par exemple, a augmenté sa productivité agraire bien avant qu'il n'y ait eu une quelconque sécurité des droits de propriété. Et, même aujourd'hui, il y a location et non pas propriété (« leaseholds, not freeholds »). Il ajoute « qu'ironiquement, des droits de propriété sûrs et transférables peuvent augmenter le nombre de paysans sans terre »[385].

---

[384] Samir Amin, *op.cit.*, p. 154.
[385] Roy Prosterman, préface de Stiglitz, *op.cit.*, p. 13.

15. Relancer l'agriculture vivrière

La population mondiale croît-elle trop vite ?

La population mondiale comptera 9 milliards de personnes à l'horizon 2050. Elle comptait seulement 1,5 milliard au début du XXème siècle, 2,5 milliards en 1950. Les 6 milliards ont été dépassés en 2000 et les 8 milliards pourraient être atteints en 2025. La population mondiale croît-elle trop vite ? Si cette augmentation reste un grave défi, elle n'est plus aussi rapide qu'il y a encore une trentaine d'années. Cette croissance a été de 2% l'an dans les années 1960. En 2013, elle était de moins de 1,2%. A la fin des années 1960, les femmes ont eu, en moyenne, cinq enfants. Aujourd'hui, ce nombre est tombé à 2,5[386]. Cette baisse est régulière au niveau mondial. Dans des pays comme le Bangladesh, le taux de fécondité est passé, en moins de 45 ans, de 6,25% en 1970 à 1,2% en 2013. La Tunisie et l'Iran ont le même indice de fécondité que la France. 90% de l'augmentation de la population mondiale ont lieu dans les pays en développement, surtout dans les pays les plus pauvres comme ceux de l'Afrique subsaharienne. Mais, même en Afrique, le nombre d'enfants par foyer baisse et le taux moyen de fécondité est tombé à 5,3% en 2000. Cette baisse est susceptible de se poursuivre avec la rapide urbanisation en cours. Elle est fortement liée aux progrès dans le domaine de l'éducation, en particulier des filles[387].

Produire plus ? Par qui ?

Mais, souligne Marcel Mazoyer, si, entre 1950 et 2000, la population mondiale a été multipliée par 2,4, la production agricole et alimentaire a été multipliée par 2,6 et a donc progressé plus vite que jamais auparavant[388]. Pour nourrir la population d'aujourd'hui en large partie affamée et mal nourrie et celle de demain, il est indispensable d'augmenter la production agricole. Une question importante est de savoir qui doit assurer cette production : les pays du Nord et certains pays émergents ou les pays en développement ? Très souvent, la crise alimentaire est saisie par certains comme une occasion pour dessiner de

[386] DIE ZEIT N° 07/2014.

[387] Sylvie Brunel, *op.cit.*, p. 58, 59 - Youssef Courbage, Emmanuel Todd, *Les rendez-vous des civilisations*, p. 6, 7, 111, 114.

[388] Mazoyer & Roudart, *La fracture agricole et alimentaire mondiale*, p. 15.

nouvelles perspectives de production pour ceux qui sont déjà de grands producteurs et exportateurs. Il est bien possible que ce soit une solution à court terme car le renforcement de la production agricole dans la plupart des pays en développement mettra du temps. Mais à moyen et à long terme, il est capital de faire produire par les pays du Sud la nourriture qui leur est nécessaire. C'est aux populations du tiers-monde qu'il faut permettre d'augmenter le volume de leurs productions vivrières, et cela dans des proportions supérieures à celle de leur expansion démographique. Il s'agit-là d'un défi majeur pour l'humanité[389].

Il convient de souligner clairement que la solution au problème de la faim et de la sous-alimentation est moins une question d'augmentation de la production, mais plutôt une question de juste distribution et de pouvoir d'achat. Car la production globale de céréales suffit en fait pour nourrir suffisamment tout un chacun. Mais moins de la moitié de cette production sert à nourrir les êtres humains, plus de 30% sont utilisés pour l'alimentation du bétail et quelque 20% sont transformés en agrocarburants.

Les agricultures des pays en développement se caractérisent, en premier lieu, par une grande diversité. Ces agricultures ont été forgées au fil des siècles en fonction du climat, des conditions agroécologiques et socioéconomiques ainsi que des politiques agricoles menées dans chaque pays. Toute politique agricole à développer devra donc tenir compte des spécificités propres à chaque pays.

Les responsabilités des gouvernements des pays en développement

Les leçons du passé, et en particulier celles à tirer de la crise alimentaire, devraient conduire les pays en développement à réserver une nouvelle priorité, une priorité centrale, au développement de l'agriculture dans leurs stratégies de développement. Cette nouvelle priorité devrait reposer sur deux principes politiques stratégiques : la souveraineté alimentaire et la revalorisation de l'agriculture familiale. Selon le premier, la souveraineté alimentaire, chaque pays doit arriver à produire, au maximum par lui-même, les produits alimentaires de base nécessaires à la nourriture de la population.

---

[389] Marc Dufumier, *op.cit.*, p. 7.

La souveraineté alimentaire

« La souveraineté alimentaire est le droit des peuples à une alimentation saine, dans le respect des cultures, produite à l'aide de méthodes durables et respectueuses de l'environnement ainsi que leur droit à définir leurs propres systèmes alimentaires et agricoles. Elle place les producteurs, distributeurs et consommateurs des aliments au cœur des systèmes et politiques alimentaires au lieu et place des exigences des marchés et des transnationales ».
(Déclaration de Nyéléni, Mali, février 2007[390]*)*

Ce concept a été développé par La Via Campesina, une organisation internationale de petits paysans. Celle-ci l'a présenté en 1996 lors du Sommet Mondial sur l'Alimentation à Rome comme une critique anticoloniale des règles commerciales internationales de l'OMC qui ont été imposées aux Etats, tout comme des politiques de crédit néolibérales du Fonds Monétaire International et de la Banque mondiale. Le point de départ de cette souveraineté est la production autonome de produits alimentaires et c'est pour cette raison que ses porteurs sont en premier lieu les producteurs et ensuite les consommateurs[391]*.*

Le Sommet mondial de l'alimentation par contre a repris le concept de « sécurité alimentaire » qui est un état d'approvisionnement passif qui « permet à tous les êtres humains d'avoir à tout moment un accès physique et économique à une alimentation suffisante, sûre et nutritive, qui satisfait à leurs besoins et préférences et qui leur permet une vie active et saine »[392]*.*

Le rapport sur l'agriculture mondiale, signé par 58 Etats membres, a, pour la première fois, introduit le concept de souveraineté alimentaire dans le débat au sein des Nations Unies et lui a donné une définition qui fait autorité[393]*.*

---

[390] Michel Buisson, *Conquérir la souveraineté alimentaire,* L'Harmattan, 2013, p. 30.
[391] Zukunftsstiftung Landwirtschaft, *op. cit.,* p. 15.
[392] *Ibid.*
[393] *Ibid.*

Tous les efforts doivent donc être entrepris pour réduire le plus possible la dépendance des importations alimentaires. C'est ce choix stratégique que les Européens ont fait après la Deuxième Guerre mondiale et au moment de commencer la construction de l'Europe. Ils auraient pu opter pour une voie économique libérale, ouvrir leur marché agricole aux importations des produits agricoles, en particulier des Etats-Unis, donc d'un pays ami ayant une grande capacité de production agricole. Ils ont, au contraire, opté pour une voie différente et ils ont mis en place une politique agricole commune, la PAC, dont un des objectifs était d'avoir une autosuffisance alimentaire (« garantir la sécurité des approvisionnements »), mais aussi d'assurer un niveau de vie équitable à la population agricole. La Chine a fait le même choix et y reste très attachée, malgré le développement économique fulgurant que le pays connaît.

Revaloriser l'agriculture paysanne

Le deuxième principe concerne l'impérieuse nécessité pour les pays les plus pauvres de créer des emplois et d'assurer des revenus aux populations rurales qui représentent toujours la majorité dans la plupart des pays les plus démunis. Il en découle que toute relance de l'agriculture doit avoir comme objectif central le renforcement d'une agriculture vivrière pour nourrir la population du pays. Toute politique de réduction de la pauvreté et de la faim passe par là. Une telle politique permet aussi une stabilisation de l'exode rural et des perspectives de vie meilleures pour une jeunesse nombreuse en quête d'avenir.

A cet effet, il importe de revaloriser l'agriculture, de sortir ce secteur et la population rurale de la marginalisation, de combler le fossé culturel entre la ville et la campagne. C'est l'exploitation familiale, la petite paysannerie (« small scale farmer ») qui doit se trouver au centre de l'attention. Mais est-ce que cette exploitation familiale a des chances de survivre ? Marc Dufumier souligne que l'agriculture paysanne a su manifester une indéniable capacité d'adaptation dans la plupart des pays, tant et si bien que c'est cette forme d'agriculture qui tend à prédominer aujourd'hui dans un très grand nombre de régions du monde.

En Thaïlande, seul pays asiatique à ne jamais avoir été colonisé, c'est l'exploitation agricole familiale qui prévaut. Les progrès foudroyants de la riziculture chinoise et vietnamienne, intervenus aussitôt après la restauration des exploitations familiales, démontrent bien la phénoménale capacité d'adaptation manifestée par les paysans à qui fut restituée une certaine liberté de décision pour la mise en œuvre des systèmes de production. Ces avancées se sont accompagnées d'une forte diversification des cultures et de l'élevage, avec des gains significatifs de production dans les domaines de l'arboriculture et du petit élevage[394].

L'approche choisie pour établir une telle politique agricole est aussi importante que son contenu. Celle-ci devrait être transparente, démocratique et participative. Chaque gouvernement a intérêt à s'appuyer sur toutes les données, connaissances, expériences et expertises disponibles dans le pays. Il conviendrait par conséquent d'associer à cette élaboration toutes les parties concernées et en premier lieu les associations qui représentent les paysans. Un développement socio-économique équilibré demande d'assurer à une telle politique une dimension de décentralisation politique, institutionnelle et budgétaire[395].

Dans son rapport 2009, la FAO constate, dans de nombreux pays, un regain d'intérêt pour l'autosuffisance alimentaire, considérée comme un moyen pour réaliser la sécurité alimentaire nationale. Mais la FAO prévoit, en même temps, une nouvelle tendance à l'aggravation de la dépendance alimentaire. Un plus grand nombre de pays de la région Asie Pacifique et d'Afrique rejoindront les rangs des importateurs nets. Le déficit alimentaire important qui persiste dans les pays les moins avancés (PMA), en particulier ceux d'Afrique, suscite l'inquiétude d'autant qu'il devrait augmenter de 50% en termes réels dans les 10 prochaines années, accentuant la dépendance de ces pays vis-à-vis des livraisons étrangères[396].

La politique à mettre en place devrait avoir comme objectif principal de réaliser le droit à l'alimentation pour chaque citoyen. Elle devrait donc encourager la production vivrière compte tenu des ressources naturelles du pays. Dans les pays qui se sont avant tout concentrés sur les cultures d'exportation, un meilleur équilibre est à établir entre production vivrière

---

[394] Marc Dufumier, *op.cit* . p. 540.
[395] Hartmut Brandt & Uwe Otzen, *ibid.*, p. 287.
[396] FAO, Rapport 2009 sur la *Situation mondiale de l'alimentation et de l'agriculture*, 2009, , p. 131, 132.

et production d'exportation dans l'optique d'une plus grande autosuffisance alimentaire.

Comment augmenter la production ?

L'accroissement de la production peut être obtenu par deux moyens : soit par l'extension des surfaces cultivables, soit par l'augmentation du rendement par hectare. Or, cette extension de la surface cultivable touche à ses limites dans les pays déjà densément peuplés où la plupart des terres disponibles sont déjà exploitées. C'est le cas en Asie de l'Est et du Sud-Est. Elle reste cependant possible en Amérique latine et en Afrique subsaharienne. Ainsi, au Bénin, seuls 8% des quelque 322 000 hectares de terres propres à la riziculture sont actuellement exploités, selon la FAO. Mais cette option risque de conduire à une déforestation et une diminution de la biodiversité.

Pour augmenter la productivité, la politique agricole à mettre au point devra porter dans sa substance sur les questions de l'accès aux intrants (semences, engrais et produits phytosanitaires inoffensifs) et au matériel agricole amélioré. L'exemple du Malawi montre l'impact considérable que des subventions accordées par le gouvernement peuvent avoir. L'utilisation d'engrais chimiques s'est significativement étendue dans la majeure partie du monde en développement, excepté pour l'Afrique subsaharienne. Les fermiers asiatiques sont les plus grands utilisateurs : ils sont passés de 6 kg en moyenne par hectare en 1961-1963, à 143 kg par hectare en 2000-2002[397]. Toutefois, comme nous le verrons au chapitre suivant, les contraintes écologiques appellent une réorientation urgente vers une agriculture biologique.

Le secteur de l'élevage fait vivre près d'un milliard des personnes les plus pauvres du monde. Cette situation n'est pas près de changer dans un avenir prévisible. Pour beaucoup de petits éleveurs, l'élevage est principalement un filet de sécurité. Le bétail joue de multiples rôles dans les moyens d'existence de ces éleveurs qu'il convient de reconnaître. Les produits animaux apportent une contribution importante à la sécurité alimentaire des ménages et sont particulièrement utiles à la satisfaction des besoins en micronutriments des femmes et des jeunes enfants. Mais les petits éleveurs qui survivent avec quelques volailles, porcs ou vaches,

---

[397] Banque mondiale, *op.cit.*, p. 62.

doivent faire face à une concurrence croissante que présentent les vastes unités de production spécialisées sur un seul produit, qui s'appuient sur des fournisseurs extérieurs et pratiquent un élevage intensif à grande échelle. L'environnement présente un autre défi qui revêt une nouvelle actualité. Les autorités se doivent de mettre à disposition des services de santé animale qui ont été trop souvent négligés. Il s'agit de protéger la santé humaine et animale au service de toute la société[398].

Développer les infrastructures

Les zones rurales sont, par définition, dispersées dans l'espace, ce qui a une incidence sur les coûts de transport, la qualité des services publics et le niveau de dépendance de l'agriculture de subsistance. Dans les pays en développement, surtout africains, moins de 50% de la population rurale vit à proximité d'une route praticable toute l'année. 16% de la population rurale vit dans des zones disposant d'un accès restreint aux marchés, avec cinq heures ou plus de trajet pour rejoindre une ville de marché d'au moins 5 000 habitants. Environ la moitié des zones cultivables, dans ces régions éloignées, possèdent un bon potentiel agricole mais manquent d'une infrastructure capable de les intégrer à un espace économique plus vaste[399].

L'importance du développement des infrastructures de transport, et notamment des routes rurales, ne saurait être suffisamment soulignée. Permettre à un paysan d'acheminer ses produits sur un marché est très souvent déterminant pour qu'il puisse les vendre et avoir accès à des produits et à des services, d'éducation et de santé notamment. Cela est aussi de nature à dynamiser le commerce et les activités agro-alimentaires dans la région, en permettant à des commerçants et à des intermédiaires de circuler et de venir offrir leurs services aux villageois. Des investissements importants peuvent être nécessaires pour un tel développement vu les distances parfois très grandes séparant les différentes agglomérations et villages des villes provinciales, sans parler de la capitale.

Savoir maintenir de telles pistes ou chemins ruraux est une dimension essentielle, trop souvent négligée dans le passé. La construction de telles

[398] Rapport FAO 2009.
[399] Banque mondiale, *op.cit.*, p. 67, 141, 142.

infrastructures pourrait être liée à un programme important de création d'emplois. Développer les infrastructures est un catalyseur du développement. La Banque mondiale réserve une de ses trois priorités dans le domaine de l'agriculture au développement des infrastructures.

L'Organisation Internationale du Travail (OIT) encourage, depuis des années, l'usage de techniques à forte intensité de main-d'œuvre pour les investissements routiers, les systèmes d'irrigation, le développement rural, la reforestation, les actions de développement durable et de protection des ressources naturelles, les infrastructures sociales, etc. Une formation adéquate permet que de petites et moyennes entreprises locales puissent réaliser ces travaux tout comme des groupes d'intérêt, organisés sur une base participative, ou encore des communautés villageoises. L'impact durable sur leur production, leur pouvoir d'achat, leur formation et leur capacité d'organisation et de négociation est incomparablement plus élevé que celui de pratiques intensives en capital et souvent dépendantes d'importations.

La révolution agraire qui a eu lieu en Asie au cours des années 1970 s'est appuyée dans une large mesure sur le développement de l'irrigation. En Afrique subsaharienne, au contraire, le potentiel considérable de l'irrigation est resté inexploité. Seuls 4% de la surface totale cultivée est sous irrigation, avec une expansion de seulement 4 millions d'hectares au cours des 40 dernières années, contre 39% en Asie du Sud et 29% en Asie du Sud-Est[400].

La mise en place d'un réseau national, régional et local de stockage peut être une garantie efficace contre les pertes de produits, de régulation de l'approvisionnement tout au cours de l'année, en particulier au moment de la soudure. Le stockage local permet aussi au producteur de vendre lorsque les prix sont les plus intéressants et, ainsi, de se rendre plus indépendants des intermédiaires. La création d'un tel réseau de stocks peut aussi être un élément important d'une politique de régulation du marché agricole *(voir chapitre 17)*.

---

[400] Banque mondiale, *ibid.*, p. 77.

Accès au crédit et rôle de la microfinance

Le réseau des filiales bancaires au niveau régional et décentralisé est extrêmement faible, surtout en Afrique subsaharienne. Les taux d'intérêt demandés sont exorbitants et peuvent atteindre, dans certaines régions d'Afrique, jusqu'à 20%. Les possibilités pour le paysan d'offrir des garanties sont rares. Pour faciliter l'accès du paysan au crédit, la CNUCED préconise la mise en place de banques agricoles du type des Caisses Raiffeisen créées en Europe. Une politique de bonification des prêts bancaires par l'Etat faciliterait de même les investissements des paysans, leur permettant l'acquisition d'équipements plus importants.

Le développement de la microfinance donne accès au crédit sans garantie formelle. Il a permis à des millions de pauvres, particulièrement aux femmes, d'accéder à des prêts, mais la plupart des activités agricoles n'ont pas été concernées, sauf pour les activités à roulement élevé, telles que les petits élevages et l'horticulture. Les technologies de l'information réduisent les coûts de transaction et diminuent les coûts des crédits dans les zones rurales[401]. De nombreux systèmes de microfinance ont été expérimentés et mis en place au cours des deux dernières décennies pour permettre aux paysans et aux populations rurales d'avoir accès à de petits prêts, à des taux d'intérêt moindres que ceux exigés par les commerçants et les autres prêteurs en position de monopole : caisses d'épargne et de crédit mutuels, caisses de crédit solidaire plus ou moins inspirées de la Grameen Bank au Bangladesh, fonds rotatifs mis en place par des organisations non gouvernementales. La microfinance a des effets non négligeables. Les paysans qui y ont accès ne sont plus obligés de payer des taux d'intérêt usuraires, ni de vendre prématurément des animaux ou des équipements pour faire face à leurs besoins monétaires les plus urgents[402].

Recherche et développement des capacités humaines

Sans les percées révolutionnaires de la science, les augmentations de la production agricole des cinquante dernières années auraient été inconcevables[403]. La révolution verte, souvent contestée et contestable, a

[401] *Ibid.*, p.16.
[402] Marc Dufumier, *op.cit.*, p. 564.
[403] Zukunftsstiftung Landwirtschaft, *op. cit.*, p. 40

été lancée en Asie à partir de variétés de céréales sélectionnées pour leur haut rendement à l'hectare. Norman Borlaug, un agronome sélectionneur, a joué un rôle important dans cette révolution et a même reçu le prix Nobel de la paix en 1970. C'est dire toute l'importance que la recherche peut avoir pour l'augmentation de rendements agricoles dont dépend de plus en plus l'augmentation de la production agricole face à la raréfaction croissante des ressources. Il est donc essentiel que les Etats réservent des investissements adéquats à la recherche et au développement. Les gains de tels investissements sont considérables. L'investissement dans ces secteurs a triplé en Chine et en Inde dans les vingt dernières années. Il a augmenté à peine d'un cinquième en Afrique subsaharienne, ce qui y explique en large partie la stagnation des rendements dans cette région du monde[404].

Comme nous l'avons vu au chapitre 3, la négligence de l'agriculture par certains Etats a aussi créé un grave problème de capacités humaines sans lesquelles les réformes nécessaires sont difficiles à élaborer et à mettre en œuvre.

Le Rapport sur l'agriculture mondiale déplore l'excès de données, d'informations et de spécialistes qui fait plutôt perdre le regard sur l'essentiel. Ce qui fait cruellement défaut sont des connaissances générales, une formation agricole, des conseillers et des écoles agricoles, des scientifiques qui s'occupent des problèmes sur un plan local, des compétences permettant de rassembler le savoir disponible dans des domaines différents pour le rendre disponible là où le besoin s'en fait sentir[405].

Le développement de telles capacités est à mener à bien au sein des administrations nationales et décentralisées. Chaque gouvernement doit pouvoir s'entourer d'un minimum d'ingénieurs agronomes, d'économistes ruraux et de spécialistes qualifiés pour les différentes filières de production. Des programmes de formation de cadres pour ces différentes spécialités sont à appuyer.

Le Rapport demande par conséquent une augmentation massive des investissements publics dans le domaine des connaissances agricoles et

---

[404] Banque mondiale, *op.cit.*, p. 17.
[405] Zukunftsstiftung Landwirtschaft, *op. cit*, p. 40.

leur transmission à tous les niveaux. Il convient de concentrer les moyens publics, de manière ciblée, sur la sécurité alimentaire, le changement climatique et la durabilité, étant donné que, pour ces domaines, des investissements privés ne sont pratiquement pas disponibles[406]. L'énorme quantité de connaissances traditionnelles et locales devrait de même être mise en avant et valorisée dans les travaux de recherche, avec la participation d'agriculteurs, de municipalités, de bergers, de pêcheurs, de jardiniers et de guérisseurs[407].

Comment financer la relance de l'agriculture vivrière ?

La relance d'une agriculture vivrière doit trouver son expression appropriée dans chaque budget national. Reconnaissant l'importance de l'agriculture pour le développement de l'Afrique, les Etats membres de l'Union Africaine (UA) ont adopté, en 2003, à Maputo, une recommandation invitant tous les Etats membres à réserver un minimum de 10% de leur budget national pour l'agriculture. Mais, dix ans plus tard, les 54 Etats africains dépensent toujours en moyenne seulement 4% de leur budget pour l'agriculture et uniquement huit atteignent l'objectif des 10 %.

Les pays d'Afrique, des Caraïbes et du Pacifique (ACP) qui ont une relation de partenariat avec l'Union Européenne devraient refléter cette priorité dans les Programmes Indicatifs Nationaux et Régionaux (PIN et PIR) établis avec les pays donateurs et notamment avec l'UE. Ils devraient aussi mieux utiliser la possibilité du Fonds européen de développement pour inscrire l'agriculture parmi les secteurs prioritaires à financer. La Banque mondiale et le FMI devraient faire preuve de plus de flexibilité pour permettre aux gouvernements de mener des politiques d'investissement et de financement de capacités agricoles au service des exploitations familiales.

Responsabilités des donateurs

Une des causes majeures de la crise alimentaire a été la négligence de l'agriculture. La relance de l'agriculture vivrière implique que les donateurs bilatéraux et multilatéraux redressent la tendance à long terme

[406] *Ibid.* p. 43.
[407] *Ibid.* p. 40-43.

à la baisse de l'aide pour l'agriculture et réservent à ce secteur une partie importante de leur Aide Publique au Développement (APD). Certains pays, comme la Belgique, ont décidé d'y affecter 10% de leur APD, et même 15% à long terme. Une telle opération serait facilitée par le respect, par les pays riches, de leurs engagements d'augmenter l'APD et d'y consacrer au moins 0,7% de leur PNB.

Différentes initiatives ont été prises sur le plan mondial pour faire face à la crise alimentaire. Fin 2008, le Secrétaire général des Nations Unies a mis sur pied une Equipe spéciale de haut niveau sur la crise alimentaire mondiale. Elle devait renforcer les efforts du système des Nations Unies (notamment FAO, FIDA, PAM, UNICEF) et des Institutions Financières Internationales - surtout BM et FMI - en réponse à la crise alimentaire mondiale. Selon cette Equipe, le montant estimatif des ressources financières supplémentaires nécessaires au niveau mondial pour investir dans le développement agricole, à des fins de sécurité alimentaire et de nutrition, se situe dans la fourchette de 25 à 40 milliards de dollars par an.

La FAO a organisé deux Sommets, le premier en juin 2008, le second en novembre 2009. L'Espagne a organisé une réunion à haut niveau sur la sécurité alimentaire pour tous à Madrid en janvier 2009. En juillet 2009, un Sommet du G8, réunissant les dirigeants des principaux pays industrialisés, s'est tenu à L'Aquila (Italie). Ces derniers ont adopté une déclaration sur la sécurité alimentaire qui a été endossée par 26 autres pays et 14 organisations internationales. Les engagements concernant l'Aide Publique au Développement, dit cette déclaration, doivent (« must ») être respectés. La tendance de la réduction de l'APD et des financements nationaux en faveur de l'agriculture doit (« must ») être renversée. Ils ont salué les engagements pris par des pays représentés à L'Aquila vers un objectif de 20 milliards de dollars sur trois ans. Si cet engagement est pris au sérieux, quelque 7 milliards devraient être mis à disposition chaque année. Hélas, le G8 n'a pas une réputation de crédibilité particulière en ce qui concerne le respect de ses engagements en matière d'aide au développement. Dans son rapport de 2012, la FAO critique le caractère relatif de cet engagement et elle constate qu'entre 2009 et 2010, ce sont seulement 330 millions de dollars supplémentaires d'aide publique au développement qui ont été engagés en faveur de l'agriculture[408]. Trop de promesses, surtout en faveur de l'Afrique, n'ont pas été respectées.

En 2008, l'Union Européenne a décidé de créer une « Facilité alimentaire » dotée d'un budget d'un milliard d'euros sur trois ans. Mme Hillary Clinton a annoncé des investissements de 3,5 milliards de dollars pour les trois prochaines années, dans les pays qui remplissent trois conditions : l'agriculture contribue à plus de 30% au PIB et à plus de 60% à l'emploi et les dépenses pour l'alimentation représentent plus de 70% du revenu familial[409]. L'aide de la Banque mondiale au développement agricole et rural a augmenté d'une moyenne de 4,1 milliards de dollars pour la période 2006-2008, à 8-10 milliards pour 2013-2015. Les Etats-Unis, le Canada, l'Australie, le Japon, l'Espagne, les Pays-Bas, le Royaume-Uni, la République de Corée et la Fondation Bill & Melinda Gates ont promis ensemble environ 1,3 milliard de dollars d'aide au Programme mondial pour l'agriculture et la sécurité alimentaire (GAFSP) géré par la Banque. Nous restons, toutefois, loin du montant annuel (de 25 à 40 milliards) estimé nécessaire par la Task Force.

La nouvelle Alliance pour la Sécurité alimentaire et l'Alimentation

En 2012, le Président Obama a proclamé, lors du Sommet du G8 à Camp David, la « Nouvelle Alliance pour la Sécurité alimentaire et l'Alimentation », appelée à encourager des investissements pour l'agriculture en Afrique grâce à un partenariat avec le secteur privé.

En 2013, le Premier ministre britannique Cameron a poursuivi le renforcement de cette Alliance. D'ici 2022, elle devrait sauver au total 50 millions de personnes de la pauvreté en Afrique subsaharienne grâce à des investissements privés dans l'agriculture. Des accords de partenariat ont été conclus jusqu'à présent avec dix pays africains. Quelque cent entreprises locales et mondiales se seraient engagées à mettre à disposition plus de 3,75 milliards de dollars. L'impact d'une lutte contre la faim érigée en « modèle d'affaires » n'en reste pas moins très douteux.

---

[408] FAO, 2012, p. 38.

[409] Jim Lobe, *Entwicklungspolitische Strategie unter Obama, Informationsbrief Weltwirtschaft & Entwicklung Luxemburg*, Janvier, 2010.

AGRA

AGRA, Alliance pour une révolution verte en Afrique, est une organisation privée qui a été fondée en 2006 avec l'objectif de favoriser l'agriculture et l'alimentation en Afrique et d'aider des millions de petits paysans à sortir de la faim et de la pauvreté. AGRA dispose d'un budget annuel de 400 millions de dollars.

En 2011, Olivier de Schutter, ancien Rapporteur spécial de l'ONU sur le droit à l'alimentation, a organisé à Luxembourg un séminaire, où les activités d'AGRA se sont trouvées au centre des discussions. Nombre de représentants d'ONG et d'organisations paysannes européennes et africaines y ont exprimé des doutes au sujet de cette organisation. « Nous, les représentants des petits paysans africains, ne sommes nullement associés à l'élaboration de la politique d'AGRA », a été la critique d'un délégué des paysans du Mali. Pire, il a soulevé le soupçon qu'AGRA pourrait servir de cheval de Troie à l'introduction d'une agriculture non durable sous forme de semences hybrides, d'OGM, d'engrais chimiques et de pesticides à l'avantage de multinationales de l'industrie agroalimentaire, comme Monsanto. Olivier de Schutter m'a fait savoir qu'un autre séminaire sur le même sujet, organisé à Accra en 2012, n'avait pas écarté ces préoccupations (qui sont également les siennes).

La Fondation Bill & Melinda Gates gère un capital de 30 milliards de dollars. Elle compte parmi les plus grands donateurs d'AGRA. En 2010, la Fondation a acheté 500 000 actions de Monsanto pour une valeur de 23 millions de dollars. Bill Gates a expliqué, en 2011, sa vision devant le Chicago Council for Global Affairs, un groupe de réflexion américain, de la manière suivante: « L'aide extérieure signifie que les donateurs appuient des plans nationaux et procurent aux familles paysannes de nouvelles semences, des outils, des techniques et des marchés. (...) Notre façon de procéder n'a plus rien à voir avec l'ancien concept des bailleurs de fonds et des bénéficiaires. Il s'agit d'affaires (« business »), d'investisseurs et d'un processus qui favorise les intérêts des Etats-Unis. » Cela explique également que quelqu'un comme Robert Hosch, qui a été au service de Monsanto durant 25 ans, ait pu être nommé, au sein de la Fondation de Gates, à la tête du « Programme du développement global » s'occupant d'AGRA[410].

En 2012, les ONG du développement du Luxembourg ont publié une brochure, intitulée « Fair politics », avec des demandes adressées au gouvernement concernant la cohérence des politiques. Elles ont demandé que le gouvernement arrête sa coopération avec AGRA. Le ministère de la Coopération au développement a entre-temps donné suite à cette demande.

Comment des entreprises si grandes, le plus souvent multinationales, voudraient et pourraient-elles appuyer le développement de petites entreprises familiales ? D'autant plus que les petits paysans, qui devraient en fait profiter de cette initiative, n'y sont pas impliqués.

Une étude réalisée par Terra Nuova, une ONG italienne, et le Transnational Institute, un centre d'études établi à Amsterdam, met en évidence que des programmes comme ceux de cette Nouvelle Alliance peuvent conduire à l'expulsion de petits paysans de leurs terres ou bien à leur intégration dans une chaîne d'approvisionnement alimentaire qui aggrave leur appauvrissement tout en enrichissant les entreprises de l'agrobusiness. Elle montre comment coopèrent, à cet effet, des entreprises, des fondations philanthropo-capitalistes, des forums proches des milieux d'affaires, des programmes d'aides bi- et multilatéraux ainsi que des autorités africaines. Elle révèle la fausse rhétorique qui prétend vouloir éliminer l'insécurité alimentaire alors qu'en réalité des ressources communautaires dont dépend la population rurale sont alors privatisées. Le risque existe, que dans le domaine des semences par exemple, des produits fassent l'objet d'une promotion par des entreprises privées qui limitent le droit des paysans d'utiliser leurs propres semences. Bref, les investissements des entreprises sont protégés, non pas ceux des paysans qui, aujourd'hui, sont responsables de 90% de tous les investissements dans l'agriculture.

Des organisations paysannes, comme le réseau du ROPPA, ont clairement pris position contre cette soi-disant « révolution verte », soutenue par les pays du G8 et par AGRA[411].

---

[410] Marie-Monique Robin, *op. cit.* p. 160-173.

En conclusion, le défi majeur pour la communauté internationale n'est pas seulement d'accroître la production agricole et alimentaire des petits paysans, mais aussi de faire en sorte que cette production génère suffisamment de revenus pour les plus démunis et qu'elle respecte une utilisation durable des ressources naturelles. Le problème n'est pas tant de *nourrir la planète ou l'humanité* que de permettre aux hommes de *se nourrir* par leur production directe ou par leur travail ; ou, mieux encore, de *ne pas les empêcher de se nourrir*[412]. Cela implique finalement aussi de faire évoluer les mentalités et les habitudes alimentaires des populations urbaines en faveur des produits du pays plutôt que des produits importés. Il s'avère qu'en Afrique notamment, elles ont, de plus en plus, donné la préférence au riz, au blé et au maïs importés, plutôt qu'au mil, au sorgho et au manioc du pays. Reste la question fondamentale des prix agricoles rémunérateurs pour le producteur qui sera examinée au chapitre 17.

---

[411] Voir l'étude réalisée par Mamadou Goïta, directeur du Centre d'études africain IRPAD « Révolution verte ou agro-écologie? », 2014, SOS-Faim Luxemburg.

[412] François de Ravignan, *La faim pourquoi ?* Ed. La Découverte, 2009, p. 104.

16. Une agriculture durable

A l'initiative de l'ONU et de la Banque mondiale, des représentants de quelque 30 gouvernements ont publié, en 2008, un Rapport sur « L'agriculture à la croisée des chemins », avec comme sous-titre « Evaluation Internationale des Connaissances, des Sciences et des Technologies Agricoles pour le Développement[413] ». Plus de 400 experts de tous les continents et de toutes les disciplines ont travaillé, de manière intensive, pour répondre ensemble à la question suivante : « Comment pouvons-nous réduire la faim et la pauvreté, améliorer les conditions de vie rurales et favoriser un développement juste, social et durable par la création, la diffusion et l'utilisation de connaissances agricoles, de recherche et de technologie ? » Pour la Banque mondiale, ce vaste état des lieux devait surtout répondre à la question : « Où et comment devrait-elle investir dans le développement agricole des pays les plus pauvres, après des décennies de négligence impardonnable de ce secteur[414] ? »

Les réponses sont claires et simples : « Continuer comme avant n'est pas une option. Nous devons procéder à une réorientation en profondeur, si nous voulons faire face aux énormes défis du XXIème siècle. Car les défis des décennies à venir ne sauraient être maîtrisés avec les méthodes du passé[415]. »

Qu'est ce que l'agroécologie ?

L'agroécologie est souvent également présentée comme une agriculture biodynamique ou organo-biologique. Elle s'oppose à l'agriculture conventionnelle ou industrielle. Devenue une discipline scientifique, un art pratique et un concept économique réussi, elle gagne, depuis les années 1980, de plus en plus d'adhérents sur un plan mondial. Le fait que le Rapport sur l'agriculture mondiale lui réserve un rôle central dans l'élaboration d'une agriculture future durable démontre qu'elle est arrivée au centre du débat scientifique et politique[416].

---

[413] IAASTD/International Assessment of Agricultural Knowledge, Science and Technology for Development

[414] Zukunftsstiftung Landwirtschaft, *op. cit.*, p. 1.

[415] *Ibid*, p. 2-3.

[416] Zukunftsstiftung Landwirtschaft, *op. cit.*, p. 28.

Les concepts agroécologiques ont deux sources : d'une part, un savoir traditionnel et des cultures locales ; d'autre part, des connaissances et des méthodes de la science moderne. Leur force réside dans la richesse de leurs liens : écologie et agronomie, connaissances alimentaires, médecine et sciences sociales. L'agroécologie mise sur l'intégration du savoir de toutes ces sources. Il s'agit, pour résoudre des problèmes complexes, de créer une interaction entre les ressources disponibles sur le plan local, comme le soleil, l'eau et le sol, la diversité naturelle ou cultivée des espèces et le savoir des hommes et des communautés[417]. « L'agroécologie est un mode de vie », dit Nelda Martinez, une paysanne du Nicaragua[418].

Au terme de son mandat de huit ans comme Rapporteur spécial de l'ONU sur le droit à l'alimentation, Olivier de Schutter a présenté la transition vers l'agroécologie comme première recommandation pour résoudre le problème de la faim[419]. Déjà en 2011, il avait présenté un rapport à l'ONU sur l'agroécologie. Pour lui, cette transition doit intervenir de manière urgente. L'agroécologie présente des avantages sociaux, surtout pour la santé. Elle permet une production alimentaire propre et une alimentation plus équilibrée et plus nutritive[420]. Cette nourriture ne présente, en particulier, pas de résidus de pesticides et d'autres produits phytosanitaires, comme ils peuvent être trouvés en grande quantité dans des produits, comme les fruits et légumes, cultivés par l'agriculture conventionnelle, même s'ils ne sont pas visibles à l'œil nu. Elle permettrait de produire des résultats rapides et convaincants dans la lutte contre la faim. Elle devrait servir d'axe majeur pour tout développement futur. Ce qui est décisif, ce n'est pas combien on investit dans le développement agricole, mais surtout comment[421].

Réveillez-vous avant qu'il ne soit trop tard

Le Rapport sur le Commerce et l'Environnement 2013 de la Conférence des Nations Unies pour le Commerce et le Développement (CNUCED) transmet un message similaire. Ayant comme titre « Wake up before it is

---

[417] *Ibid.*, p. 28.
[418] Marie-Monique Robin, *op. cit.*, p. 274.
[419] De Schutter, Université de Luxembourg, *op. cit.*
[420] UN, A/HCR/25/57.
[421] UN, A/HCR/16/49.

too late »[422] - Réveillez-vous avant qu'il ne soit trop tard -, ce rapport veut aussi servir de signal d'alarme. L'agriculture doit réellement être organisée de manière durable pour la sécurité alimentaire et compte tenu du changement climatique, dit le sous-titre. Environ cinquante scientifiques et experts ont contribué à ce rapport qui demande un abandon urgent de la production agricole industrielle. La pauvreté rurale, le problème non résolu de la faim, une population toujours croissante ainsi que des problèmes environnementaux toujours plus graves sont des questions à traiter ensemble. Ce rapport préconise aussi la diversité au lieu de la monoculture, des méthodes agroécologiques au lieu des engrais minéraux et des pesticides, et surtout plus d'appui aux petits paysans. Il serait impérieux d'agir rapidement compte tenu du changement climatique et de ses répercussions sur la production agricole. La transformation de l'agriculture est l'un des défis majeurs du siècle, selon ce rapport[423].

L'agriculture biologique est une partie, certes modeste, mais particulièrement éminente de l'agroécologie. Elle est basée sur des méthodes standardisées et certifiées. Elle développe un marché prometteur, et aussi international, pour des produits cultivés de manière durable et juste, en certifiant leur origine spécifique et leurs qualités particulières. Caractéristique importante, elle renonce aux pesticides synthétiques et aux engrais. Ce renoncement est vérifiable. Se construit aussi une commercialisation internationale, la mise en place d'un réseau mondial de producteurs et de consommateurs, des échanges d'informations, des formations et des champs de recherche scientifique. La diversité de l'agroécologie échappe cependant aux essais de standardisation. Elle n'est ni un système parfait, ni une idéologie universelle, mais une combinaison permanente, jamais terminée, de solutions aussi bonnes que possible, de compromis pour s'adapter aux conditions locales, écologiques, culturelles et sociales[424].

---

[422] UNCTAD, Trade and Environment Review, Wake Up Before It Is Too Late, 2013, UNCTAD/PRESS/PR/2013/043.

[423] *Ibid.*

[424] Zukunftsstiftung Landwirtschaft, *op. cit.*, p. 28-29.

Des rendements nettement plus élevés

Selon Ulrich Hoffmann, coordinateur du rapport de la CNUCED et responsable en charge du département pour le commerce et le développement durable, les pratiques biologiques permettent une augmentation des rendements entre 120% et 130% en trois à dix ans. Et l'augmentation est d'autant plus élevée que peu d'intrants chimiques sont utilisés[425]. Olivier de Schutter estime que l'agroécologie peut conduire à un doublement de la production alimentaire des pays du Sud en dix ans[426]. L'Université de Michigan arrive à des résultats similaires, sur base d'études réalisées en 2007[427].

Ulrich Hoffmann plaide également en faveur d'un appui à la recherche scientifique. Il souhaite encourager les paysans à s'organiser pour qu'ils puissent échanger leur savoir. Au Sud comme au Nord, il faut multiplier les écoles agricoles, les scientifiques doivent retourner aux champs et apprendre à coopérer avec les paysans[428]. Chaque fois que les petits paysans disposent d'assez de terres, d'eau, d'argent et d'outils, ils produisent une valeur nutritive nettement supérieure, par hectare, que l'agriculture industrielle, avec moins d'intrants externes et de dégâts environnementaux[429].

Le développement d'une agriculture agroécologique se trouve seulement à ses débuts. IFOAM est le nom de la fédération internationale des mouvements d'agriculture bio. Selon son dernier rapport, l'agriculture organique a été pratiquée en 2012 dans 164 pays. La surface cultivée s'est élevée à 37,5 millions d'hectares contre seulement 11 millions en 1999. Cela ne représente qu'une part modeste de 0,87% de la surface cultivée globale. Il y a eu 1,9 million de producteurs biologiques, 0,2 million de plus qu'en 2010. La plupart vivent en Inde (600 000), suivie de l'Ouganda (190 000) et du Mexique (170 000). Le chiffre d'affaires des produits alimentaires biologiques s'est élevé à quelque 50 milliards d'euros, en 2012, soit plus de quatre fois celui de 1999[430].

---

425 Marie-Monique Robin, *op. cit.*,, p. 175.
426 Marc Dufumier, *op. cit.* p. 176.
427 Felix zu Löwenstein, *op. cit.* , p. 208-2010.
428 Marie-Monique Robin, *op. cit*, p. 176-177.
429 Zukunftsstiftung Landwirtschaft, *op. cit.*, p. 23.
430 IFOAM, rapport annuel 2013.

Il convient de considérer ces statistiques avec prudence. Un certain nombre de paysans bio pauvres ne sont pris en compte dans aucune statistique. Les méthodes de certification en vigueur sont à vérifier et à améliorer de manière continue.

« Milpa », « Push-pull » et « Campesino a Campesino »

Il est néanmoins incontestable que les exemples d'applications réussies de méthodes agroécologiques sont en train de se multiplier. Les paysans savent s'organiser de plus en plus et prendre en mains eux-mêmes la diffusion de l'agroécologie.

C'est ainsi qu'au Mexique par exemple, la culture écologique de maïs par la petite paysannerie peut contribuer à une gestion durable des sols, à la sécurité et à la souveraineté alimentaires. Le système traditionnel de culture associée peut être adapté aux différentes conditions environnementales et aux changements climatiques par une variété d'espèces locales de maïs et de nombreux autres types de légumes et de fruits. Cette culture simultanée, dans un même champ, de plusieurs produits complémentaires, tels que maïs, haricots, citrouilles, est une méthode de culture traditionnelle appelée « Milpa » qui a fait ses preuves depuis des centaines d'années, avant tout dans les pays d'Amérique centrale, et ceci sur plusieurs plans à la fois : diversité de la production, réduction des risques d'exposition aux maladies et aux parasites, plus grande sécurité alimentaire, complémentarité nutritionnelle, santé, etc. Selon l'emplacement, différentes combinaisons avec des légumes, des épices et même des arbres fruitiers sont possibles. Pour les chercheurs de l'Université de Berkeley, la Milpa est un modèle d'adaptation au changement climatique et de pratique utile pour son atténuation[431].

Le « push-pull » est une technologie inventée par un chercheur travaillant au Kenya. « Elle permet d'augmenter, de manière substantielle, les rendements de maïs et la fertilité du sol sans qu'on ait besoin d'utiliser des engrais, des herbicides ou des pesticides chimiques[432] ». La légumineuse Desmodium et l'Herbe à éléphant sont utilisées avec succès comme engrais naturels et pour combattre les mauvaises herbes. Ils servent également comme fourrage. 50 000 paysans pratiquent

---

[431] Agrarbündnis e. V, *op.cit.*, p. 82, Marie-Monique Robin, *op. cit*, p. 185.
[432] Marie-Monique Robin, *op. cit.*, p. 110.

aujourd'hui le «push-pull» au Kenya. La sécurité alimentaire de dix millions de personnes dans ce pays est ainsi assurée et leur santé est protégée. Cette méthode permet d'augmenter la production et de sauvegarder en même temps la biodiversité et l'environnement[433].

« Campesino a Campesino » - de paysan à paysan - est un mouvement paysan, lancé en 1987 en Amérique centrale, d'abord entre petits paysans du Mexique et du Nicaragua. Il consiste dans l'échange de technologies agroécologiques adaptées entre petits paysans. La méthode est basée sur le rôle que jouent des « promotores ». Ces promoteurs sont des paysans qui ont pratiqué avec succès dans leur ferme une technique déterminée et en informent ensuite d'autres paysans, en se référant à leur propre expérience. Ainsi, un processus de diffusion de connaissances agroécologiques par les paysans eux-mêmes est mis en route. Ce mouvement a également été développé avec succès à Cuba. L'ANAP, l'association nationale des petits paysans, y a engagé, au début des années 1990, des milliers de conseillers techniques et de tels « promotores » dans tout le pays pour vulgariser les pratiques agroécologiques. Dans un pays qui a dû importer jusque-là 70% de ses denrées, quelque 100 000 familles de paysans ont su produire, après quinze ans, 65% des besoins alimentaires, sur seulement un quart de la superficie. Cuba a également su développer dans tout le pays une agriculture urbaine et organique, menant à bien dans ce domaine une des expériences « les plus réussies au monde »[434].

MASIPAG, aux Philippines

Aux Philippines, 73% de la population vit en milieu rural. Le réseau national MASIPAG s'est engagé, depuis 1986, en faveur d'une politique agricole paysanne. MASIPAG réserve une priorité à la sécurité alimentaire de la population. Le développement d'une multitude de variétés locales de riz comme alternative aux semences hybrides et OGM promues par le gouvernement se trouve au centre de ses travaux. A l'occasion d'une étude « Sécurité alimentaire et Empowerment » réalisée en 2009, ses membres s'adonnant à une agriculture écologique ont fait état de rendements stabilisés, d'une santé améliorée, de coûts de production réduits de moitié, d'une fertilité en augmentation, d'une

---

[433] *Ibid.*, p. 114-115.
[434] *Ibid.*, p. 179-181.

biodiversité plus grande et de rendements qui, selon la région, sont aussi élevés ou plus élevés que ceux des paysans travaillant selon la méthode conventionnelle. Ils cultivent, à côté du riz, différentes sortes de légumes. Les arbres fruitiers, les bambous ou les cocotiers protègent contre le vent et empêchent l'érosion du sol[435]. Ce sont des paysannes et des paysans qui font partie du réseau et qui dirigent MASIPAG.

L'agroécologie en Afrique

Au début de 2013, lors d'une visite en Ethiopie, j'ai pu me rendre compte, qu'ici également, des scientifiques œuvrent en faveur de l'agroécologie. J'y ai rencontré le Dr Getatchew Tikubet, fondateur de BioEconomy Africa, un défenseur très convaincant et engagé d'une agriculture biologique. Il a reçu notre groupe dans deux des sept centres agricoles biologiques qu'il a déjà construits. C'est là que les petits paysans, les étudiants et des conseillers en formation peuvent connaître et se faire expliquer la variété des pratiques agroécologiques.

Quelques mois plus tard, et avec d'autres membres de l'ASTM (« Action Solidarité Tiers Monde ») - une ONG luxembourgeoise -, j'ai visité au Burkina Faso le projet ARFA (« Association pour la Recherche et la Formation en Agroécologie ») que nous y appuyons depuis dix ans. Le Burkina Faso fait partie des pays les plus pauvres de l'Afrique ; quelque 80% de la population vit en milieu rural et dépend directement ou indirectement de l'agriculture. Mathieu Sawodogo gère ce projet depuis vingt ans dans sa région natale de Fada N'Gourma, à l'est du pays, avec une dizaine de collaborateurs. Les petits paysans et les paysannes de quelque trente villages y sont familiarisés avec les pratiques agroécologiques.

L'agroécologie et l'humus

En France, Pierre Rahbi compte parmi les pionniers de l'agroécologie. Pour lui, « l'agroécologie consiste à nourrir le sol et à le fertiliser avec des matières organiques transformées. On prend ces matières organiques, les fumiers, les pailles, etc. et on les fait passer par un

[435] Agrarbündnis e. V, *op. cit.*, p. 83.

processus de fermentation, en les mettant en tas et en les humectant. Dans un processus biologique, on va produire de l'humus au bout de deux mois. Et l'humus a plusieurs avantages. D'un côté, il y a un avantage physique. Quand il s'agit de sols qui sont trop sablonneux, qui n'ont pas de corps, par exemple, il donne du corps. Quand il s'agit de sols trop durs, avec beaucoup d'argile, il ameublit le sol. L'humus a la capacité de retenir jusqu'à cinq fois son propre poids en eau. Parfois des composts retiennent jusqu'à dix fois leur poids en eau. Pour lutter contre la sécheresse, c'est idéal.

Par ailleurs, il contient tous les nutriments nécessaires à la plante dont des bactéries. Les bactéries sont spécialement importantes. Le compost, une fois réalisé, est une levure qui va infester, positivement, le sol de ses microbes. Ces microbes vont se mettre au travail et vont revitaliser le sol. L'agroécologie intervient pour régénérer le milieu. La gestion des eaux pluviales utilise des techniques de lutte contre l'érosion et de récupération de l'eau dans les sols. Par ailleurs, l'on introduit le reboisement. L'arbre est extrêmement important pour nombre de raisons. L'agroécologie, c'est tout cela ainsi que la sauvegarde des semences. On a perdu énormément de semences traditionnelles, au profit des semences adaptées. Mais il faut tout faire pour les récupérer »[436].

L'apprentissage de la production de compost, la construction et l'entretien de puits, l'aménagement de jardins potagers et le développement d'une agroforesterie font partie des composantes essentielles de ce projet. Nous avons pu nous rendre compte de la pertinence également de la construction de digues en terre ou en pierre qui freinent l'écoulement lors de fortes pluies, facilitent l'infiltration et arrêtent ainsi l'érosion des sols. En plus, des cours d'alphabétisation fonctionnels pour adultes sont offerts en langue locale pour ceux qui n'ont pas pu encore fréquenter une école dans leur vie. Dans certains villages, nous avons été accueillis par des membres enthousiastes d'un groupement local de femmes, partenaire du projet. Nous avons pu y observer comment elles cultivent et récoltent, pour la première fois, durant la saison sèche, des fruits et des légumes. Elles nous ont expliqué plus tard, sous l'ombre fraîche d'un baobab, que ce projet leur assure de bonnes récoltes et des revenus additionnels. Et qu'ainsi, l'accès de leurs

[436] Entretien de Pierre Rahbi, au journal burkinabé, *Le pays*, 1er février 2010.

enfants à l'école et aux soins de santé est facilité. Le processus de sortir de la grande pauvreté est engagé.

Le Hollandais Chris Teij a lancé un mouvement de reforestation (« Re-Greening ») dans la zone du Sahel. C'est ainsi que, dans un pays comme le Niger, ont poussé 200 millions d'arbres depuis 1985. Les paysans ont ainsi été mis en mesure de cultiver cinq millions d'hectares, une superficie aussi grande que celle de la Basse-Saxe. Depuis lors, près de 500 000 tonnes de produits alimentaires sont produites chaque année à l'ombre de ces arbres, pouvant nourrir 2,5 millions de personnes. Les arbres eux-mêmes fournissent du bois de chauffage, du fourrage, des fruits et des médicaments traditionnels[437].

Les principaux obstacles

Il n'est pas moins important de réussir également en Europe la transition vers une agriculture biologique. Celle-ci sera pourtant plus difficile au Nord qu'au Sud, selon Olivier de Schutter. « Nous avons une agriculture fortement dépendante de la combinaison de pesticides, d'engrais chimiques et de semences commercialisées. Pour changer de cap, il nous faudra conduire une véritable cure de désintoxication de nos champs, mais également de nos paysans. Ce ne sera pas facile, mais c'est inévitable »[438].

En 2011, il y a eu en France à peine 20 604 agriculteurs biologiques enregistrés qui exploitent 700 000 hectares soit seulement 3,08% de la surface totale cultivée[439]. La demande de produits bio augmente pourtant chaque année de 10% et ne peut être couverte que par des importations accrues qui couvrent aujourd'hui déjà 40% des besoins[440]. En Allemagne, le chiffre d'affaires pour les produits bio est passé de 2,1 milliards d'euros en 2000 à 7,6 milliards en 2013, en augmentation de 262%[441].

Pour le Rapport sur l'agriculture mondiale, les méthodes de culture agroécologiques ne donneront pas de clients à ceux qui commercialisent

---

[437] UNCTAD, TER, *op cit.*, p. 199-202.
[438] Marie-Monique Robin, *op. cit.*, p. 192.
[439] *Ibid.*, p. 191.
[440] Marc Dufumier, *op. cit.*, p. 172.
[441] Der Spiegel 45/2014.

la chimie agricole, les semences industrielles et les grosses machines. C'est pour cette raison que leur développement n'intéresse pas l'industrie agricole internationale dont les intérêts économiques sont considérés comme l'un des obstacles majeurs[442]. C'est aussi l'avis d'Olivier de Schutter pour qui il n'est pas avantageux pour les fournisseurs de produits chimiques qu'on apprenne aux agriculteurs à renoncer à ce qu'ils produisent et vendent. Ce sont des intérêts très puissants qui exercent des pressions sur les Etats qui ont une vision productiviste de l'agriculture, car elle correspond aux intérêts de leur industrie et de leur économie. Et les producteurs de produits chimiques sont étroitement liés aux multinationales qui dominent la distribution et la commercialisation de denrées alimentaires sur les marchés internationaux. La soumission de l'agriculture aux règles du commerce international est un obstacle majeur pour une agriculture diversifiée qui préserve l'environnement.

C'est pourquoi les Etats ont un rôle important à jouer. Ils doivent comprendre qu'ils ont à se soucier du bien-être de la population à long terme et qu'ils n'ont pas seulement à se mettre au service des intérêts de quelques multinationales qui exercent aujourd'hui un monopole du pouvoir dans le système agricole[443]. Dans ce contexte, les multinationales peuvent souvent s'appuyer sur des alliés, comme la Banque mondiale. Celle-ci préfère subventionner de grands projets et la recherche dans la chimie plutôt qu'une agriculture durable[444].

Pour Olivier de Schutter, les agriculteurs eux-mêmes posent aussi des problèmes. Ils sont souvent méfiants à l'égard de tout ce qui ne correspond pas à leur image d'une modernisation basée sur l'agriculture industrielle. Ensuite, l'idée que l'agroécologie signifie un retour au passé est fortement ancrée dans leurs têtes. Elle est aussi partagée par la plupart des gouvernements. Il s'agit d'un obstacle culturel[445]. Les fermiers se trouvent évidemment aussi sous l'influence de leurs organisations. Durant des décennies, et suivant les directives de la Politique Agricole Commune, elles ont aidé à développer l'agriculture conventionnelle. Elles s'identifient avec elle et éprouvent souvent des difficultés à reconnaître les problèmes qu'elle pose et à se réorienter. S'y ajoute que,

---

[442] Zukunftsstiftung Landwirtschaft, *op.cit.*, p. 29.
[443] Marie-Monique Robin, *op. cit.*, p. 193.
[444] Zukunftsstiftung Landwirtschaft, *op. cit.*, p. 29.
[445] Marie-Monique Robin, *op. cit.*, p. 193.

souvent, à ce niveau, des mélanges d'intérêts compliquent la situation. Ainsi, en France, Xavier Beulin se trouve à la tête du plus grand syndicat paysan, la FNSEA (Fédération nationale des syndicats d'exploitants agricoles). Il est, en même temps, Président de Sofiprotéol, une entreprise de production d'agrocarburants. Celle-ci a bénéficié, en 2011, de la majeure partie des 196 millions d'euros de subventions réservés à ce type de production. En plus, Sofitérol a des intérêts dans un élevage porcin intensif[446].

Marc Dufumier affirme sans hésiter qu'il est absolument possible de nourrir neuf milliards de personnes en 2050, sans pesticides. « L'argument selon lequel on ne pourrait pas nourrir ainsi la population, sert uniquement les intérêts de l'agrobusiness et ne repose sur aucune donnée scientifique sérieuse. Ce qu'il faut avant tout, c'est une vraie volonté politique » [447]. Pour lui, la réforme de la Politique Agricole Commune aurait dû offrir l'occasion de réorienter les neuf milliards d'euros de subventions (annuelles) vers une agriculture plus durable et plus respectueuse de l'environnement ; une agriculture aussi qui cessera de surproduire de la poudre de lait, des céréales ou de la viande de qualité médiocre, faisant ainsi le plus grand tort aux pays du Sud. Se réorienter vers des aliments de qualité, bien rémunérés, permettrait aux paysans d'être droits dans leurs bottes et d'être reconnus pour les services environnementaux qu'ils offrent à la société[448].

Le mythe de la suprématie de l'agriculture industrielle

Le Rapport sur l'agriculture mondiale en finit, de manière fondamentale et honnête, avec le mythe de la supériorité de l'agriculture industrielle et cela dans une perspective économique, sociale et écologique. Il a formulé le paradigme nouveau suivant pour l'agriculture du XXIème siècle : « des structures d'une agriculture paysanne, plus intensives en emplois et orientées vers la variété, sont le garant et le porteur d'espoir d'une sécurité alimentaire durable sur les plans social, économique et

[446]Philippe Baqué, (direction) La Bio entre business et projet de société, Agone, 2012, p.12-13.
[447] Marie-Monique Robin, *op. cit.*, p. 269.
[448] *Ibid.*

écologique, grâce à des systèmes de culture et de distribution suffisamment résistants »[449].

Le Rapport considère des investissements dans la production des petits paysans comme le moyen le plus urgent, le plus sûr et le plus prometteur pour lutter contre la faim et la malnutrition et pour minimiser, en même temps, les répercussions écologiques de l'agriculture. Des méthodes de culture améliorées, souvent selon des technologies et des connaissances simples, des semences adaptées et un grand nombre de pratiques agroécologiques comportent un potentiel énorme de productivité et de durabilité[450].

Il s'agit avant tout de réduire la vulnérabilité de chaque système agricole à des conditions extrêmes et d'augmenter sa résistance par la diversification. Pour faire face à de nombreux défis, les monocultures sont manifestement plus exposées et vulnérables que des systèmes de polyculture qui sont en mesure de donner des rendements suffisants même quand les récoltes de certaines plantes ne donnent pas ou peu de résultats durant une saison.

Malheureusement, les ministères de l'Agriculture et les hommes politiques de l'Union Européenne et d'autres pays industriels semblent considérer que le message du Rapport sur l'agriculture mondiale est uniquement destiné aux pays en développement. Dans les pays pauvres du Sud, estime-t-on ainsi, les structures de la petite paysannerie peuvent être un instrument approprié contre la faim. L'économie bio, basée sur le savoir « moderne » des pays industrialisés, exigera par contre en permanence une « adaptation des structures ». Plus d'un quart de toutes les exploitations agricoles en Allemagne (et un cinquième dans l'UE) ont cessé leurs activités durant la seule période 2003-2010. La réforme pour la période 2014-2020 de la Politique Agricole Commune (PAC), conclue en 2013, renforcera encore davantage cette tendance[451].

Beaucoup d'habitants de zones rurales vivant dans des régions particulièrement affectées par les changements climatiques n'ont jamais reçu jusqu'à aujourd'hui la moindre information sur ce nouveau risque. Il

[449] Zukunftsstiftung Landwirtschaft, *op. cit.*, p. 22.
[450] *Ibid.*, p.23.
[451] *Ibid.*, p.23.

existe non seulement un besoin en explications et en informations, mais aussi en concepts pratiques permettant de s'adapter à temps face à des changements qui ne sont pas encore intervenus et dont les répercussions sont difficiles à anticiper. Il s'agit pour l'essentiel de la capacité d'apprendre et d'agir de communautés et de réseaux sociaux. Des systèmes d'alerte précoce qui observent les crises écologiques et politiques, causées par le climat, sont à mettre en place. D'énormes investissements sont nécessaires pour permettre aux communautés rurales de faire face aux défis du changement climatique. Plus tôt ils seront consentis, plus ils seront effectifs, moins ils seront coûteux. Il est incontestable qu'ils ne sauraient pas être effectués par les moyens des seuls paysans pauvres, même aidés par leurs gouvernements. Mais les moyens mis à disposition jusqu'à présent par la communauté internationale ne sont même pas une goutte d'eau dans la mer[452].

Les initiatives d'agronomes, de professeurs, de citoyens et d'organisations paysannes visant à expliquer, à justifier et à promouvoir l'agroécologie se multiplient. Nombre d'excellents livres ont été publiés ces derniers temps sur la question. Et plusieurs documentaires remarquables ont été réalisés. Ainsi le film « La era del buen vivir » - L'ère du bien-vivre - montre comment, au Guatemala, des communautés mayas prennent conscience de l'héritage culturel de leurs ancêtres dont la vie a été marquée par un lien étroit et harmonieux entre l'homme et la nature. Elles sont ainsi conduites à développer, de manière naturelle, des pratiques agroécologiques ; celles-ci sont le signe d'un enrichissement pour toute la communauté et une réponse adéquate aux défis de la globalisation et de la société de consommation.

Marie-Monique Robin a réalisé le documentaire « Les moissons du futur ». Un livre portant le même titre a été publié en même temps montrant nombre d'exemples concrets de l'agriculture agroécologique des quatre continents. Ceux-ci prouvent qu'une agriculture sans pesticides est possible, donne de meilleurs résultats, assure des revenus plus élevés et constitue en même temps une réponse urgente aux changements climatiques.

---

[452] *Ibid.*, p. 39.

Les Etats et l'UE doivent agir

Comment ce grand processus de transformation peut-il être favorisé dans les pays riches ? Felix zu Löwenstein, docteur en agronomie et agriculteur bio, est président de l'Union allemande des producteurs, transformateurs et distributeurs bio. Pour lui, il convient d'utiliser les règlements publics, les impôts, les programmes d'incitation et les systèmes de certification qui sont déjà disponibles, au moins en partie.

Par exemple, le prélèvement d'une taxe sur l'azote pourrait contribuer à une réduction sensible de l'utilisation de ce produit. La recette pourrait être mise à profit pour appuyer l'agriculture biologique[453]. La culture de légumineuses - comme les haricots de plein champ, les petits pois, le trèfle, les vesces, la luzerne et les lupins - permet une fertilisation naturelle avec de l'azote et la production de fourrage à forte teneur en protéines. Elle conduit à la formation d'humus et ainsi à la fixation de CO_2. Une telle production pourrait être encouragée par l'octroi de primes et par des subventions de l'UE dans le cadre de la rotation des cultures. Une PAC adéquate pourrait y apporter une contribution substantielle[454].

Marc Dufumier propose une taxation des importations de soja, même si cela remettrait en cause l'accord de Blair House de 1992 avec les Etats-Unis[455]. Malheureusement, la réorientation de la PAC de 2013 n'a pas répondu aux attentes, y compris parce que le Parlement européen a rejeté ou trop dilué certaines propositions judicieuses de la Commission.

Produire bio implique souvent plus de travail. Ce qui explique, pour le moins en partie, pourquoi les prix de ces produits sont souvent plus élevés que ceux des denrées produites par l'agriculture conventionnelle. Mais cela s'explique aussi par le fait qu'il existe une série de coûts environnementaux et de santé qui ne sont tout simplement pas inclus dans le prix de ces produits conventionnels. Il s'agit des coûts externes. Ceux-ci comprennent par exemple le prix de l'eau intégrant le coût du nettoyage des sources d'eau chargées de nitrates, les impôts payables

---

453 Marc Dufumier, *op. cit.*, p. 165 ; Felix zu Löwenstein, *op. cit.*, p. 247-248.
454 Felix zu Löwenstein, *op. cit.*, p. 243-250.
455 Marc Dufumier, *op. cit.*, p. 155-156.

pour réparer les pires dégâts causés par des inondations, les coûts liés aux programmes de prévention contre les changements climatiques, les coûts induits par les émissions de CO_2 y compris par des transports sur de longues distances[456]. Afin d'assurer une concurrence plus juste, il conviendrait d'inclure ceux-ci dans les prix de produits alimentaires conventionnels.

Manger moins de viande

« Je vous en prie, consommez moins de viande ! La viande est une matière première très intensive en CO_2 », a été l'appel que le prix Nobel de la paix et Président du Conseil mondial du climat, l'économiste Rajendra Pachauri, a adressé à l'humanité. Il n'a pas visé ses compatriotes indiens, mais principalement nous les Européens et les Américains, qui sont les plus grands consommateurs de viande[457]. Pour Felix zu Löwenstein, il est clair qu'on mange trop de viande dans les pays industrialisés et, de plus en plus, également dans les pays émergents. Lors du « processus de transformation » de fourrage en viande, des calories alimentaires précieuses et rares sont gaspillées. Nous devons donc modifier les styles d'alimentation de cette partie de la population. Nous devons réduire la consommation de viande. Pour les auteurs du Rapport sur l'agriculture mondiale, la réduction de la consommation de viande et d'autres produits animaux dans les pays industrialisés et leur limitation dans les pays émergents est l'étape la plus urgente et la plus efficace pour garantir la sécurité alimentaire, la préservation des ressources naturelles et du climat[458].

Dans les pays industrialisés, entre 30% et 50% de tous les produits alimentaires sont jetés dans les usines, le commerce, les restaurants et les maisons privées. Dans beaucoup de pays tropicaux et plus pauvres, les pertes post-récolte s'élèvent jusqu'à 30% de la récolte. La prise de conscience de ce gaspillage dans l'opinion publique a sensiblement augmenté ces dernières années. Dans ce domaine également, des avancées importantes sont possibles[459].

---

[456] Der Spiegel 45/2014.
[457] Felix zu Löwenstein, *op cit.*, p. 283.
[458] Zukunftsstiftung Landwirtschaft, *op. cit.*, p. 11.
[459] *Ibid.*, p. 34-35.

17. Régulation adéquate des marchés agricoles

Libérer les paysans de la faim et de la malnutrition implique qu'ils puissent toucher pour leurs produits des prix qui, au moins, couvrent leurs coûts de production. Les prix qui sont habituellement payés aux paysans sont des prix de misère.

Si les prix des produits alimentaires sont, selon la FAO, plus élevés depuis 2008 que durant les années précédentes, ils sont exposés à la spéculation et ainsi à de fortes fluctuations qui découragent tout investissement. S'y ajoute que, dans une perspective à long terme, ils se trouvent toujours en dessous du niveau d'avant 1980.

Aux chapitres sur le Ghana et sur Haïti, nous avons vu comment les pays industrialisés écoulent, en quantités toujours croissantes, des produits alimentaires sur les marchés des pays en développement, à des prix en dessous du prix de revient, grâce aux aides massives qu'ils versent à leurs fermiers. Les producteurs locaux sont ainsi éliminés de leurs propres marchés. Cette politique ruine des millions de petits paysans et leurs familles.

Des prix rémunérateurs et stables sont la clé pour sortir de la crise à long terme, de la faim et de la pauvreté. L'histoire des pays industrialisés montre que la sécurité alimentaire implique un environnement commercial approprié et une régulation adéquate du marché. Une telle régulation, à mettre en place de manière progressive, offre, en même temps, un moyen de protection contre la concurrence déloyale.

Assurer des prix agricoles rémunérateurs

Rares sont les organisations internationales qui s'intéressent à cette dimension fondamentale de la pauvreté. Une pratique solidement établie consiste à considérer les prix alimentaires uniquement du point de vue du consommateur, notamment celui des villes. Toute évolution à la baisse de ces prix est donc saluée, toute augmentation est perçue avec un préjugé négatif.

Pour trouver une solution à la crise alimentaire de 2008, beaucoup de gouvernements ont, dans cette logique, misé avant tout sur la baisse des prix des produits alimentaires à leurs niveaux d'avant 2005. Daniel de la Torre et Sophia Murphy soulignent qu'ils ont ainsi raté une occasion vitale pour renforcer la sécurité alimentaire et l'agriculture. Des prix agricoles plus élevés peuvent créer l'environnement économique et social favorable pour investir dans la transformation de l'agriculture[460]. Timothy Wise, de la Tuft University, écrit que les bas prix pour les produits alimentaires sont cause de faim et maintiennent dans la pauvreté les quelque 70% des pauvres du monde habitant les zones rurales et vivant directement ou indirectement de l'agriculture. La situation est pareille pour les producteurs de lait du Vermont (Etats-Unis) et pour les producteurs de riz des Philippines[461].

Assurer des prix rémunérateurs et stables est une question cruciale, car elle concerne directement le revenu des agriculteurs et donc aussi la sécurité alimentaire et la jouissance du droit à l'alimentation. De tels prix permettent aux producteurs de renouveler leur capital de travail, de toute façon très modeste, de moderniser ce capital et d'augmenter ainsi la productivité, afin de subvenir aux besoins essentiels de la famille.

Des prix rémunérateurs sont d'une importance critique pour alimenter le moteur du développement, affirme l'Institute for Agriculture and Trade Policy (IATP) du Minnesota. L'incapacité des fermiers de vivre de la vente de leur production a été un obstacle majeur à la réduction de la pauvreté[462].

Pour Brandt et Otzen, un développement agricole couronné de succès présuppose une innovation coordonnée et des politiques structurelles de prix et de commerce. L'expérience montre que plus favorables sont les ratios de prix, plus facilement les innovations sont adoptées dans les zones rurales. Ces auteurs considèrent la protection contre la distorsion des prix du marché mondial comme une des préconditions pour une augmentation de la productivité partout[463].

---

460 Daniel de la Torre et Sophia Murphy, *The Global Food Crisis : Creating an opportunity for Fairer and more Sustainable Food.*

461 Resurgence, Timothy Wise, *The True Cost of Cheap Food*, issue 259, March/April 2010.

462 Institute for Agriculture and Trade Policy, Minneapolis, Minnesota *"A time of high Prices : An Opportunity for the Rural Poor ?*, April 2008.

463 Hartmut Brandt & Uwe Otzen, *ibid.*, p. 94.

Plusieurs instruments permettent la mise en place d'une telle régulation : la protection du marché agricole par l'augmentation des tarifs douaniers, des limitations quantitatives (p. ex. en fixant des quotas d'importation) et la création d'Offices de commercialisation. Cette politique peut être utilement complétée par la création d'un réseau de stockage. David Nabarro, coordinateur de l'Equipe spéciale de l'ONU pour la sécurité alimentaire, a préconisé le développement de telles capacités de stockage, dans le but explicite de faire face à la volatilité des prix. La mise en place de tels stocks est également préconisée par l' IATP du Minnesota[464]. Enfin, pour les pays exportateurs de produits agricoles de base, la conclusion d'accords de base peut contribuer à la stabilisation des prix de ces produits.

Protéger les marchés agricoles

Pour Jacques Berthelot, un véritable développement des pays les plus pauvres, comme ceux de l'Afrique subsaharienne, ne peut exister sans que soit mise en place à leur profit cette protection en matière agricole qui a si bien réussi à l'UE et aux Etats-Unis[465]. Il ajoute qu'une telle protection est à l'opposé de la pensée très largement dominante. Il s'agit pourtant de la forme de soutien la plus souhaitable, d'abord parce que c'est la seule forme de soutien qui soit accessible à la majorité des pays, qui n'ont pas les moyens budgétaires d'accorder des soutiens internes suffisants pour assurer la compétitivité de leurs produits. Il s'agit ensuite d'une forme de soutien infiniment plus transparente pour les pays tiers que les soutiens internes[466].

Pour Martin Khor, directeur du South Centre - un centre d'études des pays en développement établi à Genève -, on devrait permettre aux pays en développement de fixer des tarifs douaniers pour les produits agricoles. Ceci pour rendre compétitifs leurs produits locaux, durables les conditions d'existence et les revenus des paysans et pour garantir la sécurité alimentaire nationale[467].

---

[464] UNCTAD TER, *op. cit.*, p. 276.

[465] Jacques Berthelot : *Pour un modèle agricole dans les pays du Sud*, Le Monde Diplomatique, novembre 2008.

[466] Jacques Berthelot, *op.cit.*, p. 478.

[467] UNCTAD, TER, *op.cit.* p. 262.

« Le Sud ne pourra pas se nourrir et garder ses paysans dans les campagnes sans revenu suffisant, sans intervention protectionniste aux frontières », affirme avec clarté Marc Dufumier. « Les gouvernements du Sud doivent imposer des droits de douane sur l'importation de produits vivriers, éventuellement dans le cadre de marchés communs régionaux. C'est la seule solution pour que les paysans puissent vendre leurs productions plus cher, bénéficient d'une rémunération supérieure à celle qu'ils perçoivent aujourd'hui, et donc puissent vivre dignement de leur travail sans avoir à quitter prématurément leurs campagnes. En outre, les revenus tirés de ces droits de douane permettraient aux Etats de financer des grands chantiers (entretien de routes, adductions d'eau et autres infrastructures d'intérêt général) »[468].

Samir Amin souligne qu'il faut accepter le maintien d'une agriculture paysanne pour tout l'avenir prévisible du XXIème siècle. Il faut donc imaginer des politiques de régulation des rapports entre le « marché » et l'agriculture paysanne. Aux niveaux nationaux et régionaux, ces régulations, spécifiques et adaptées aux conditions locales, doivent protéger la production nationale, assurant ainsi l'indispensable souveraineté alimentaire des nations. Autrement dit, il s'agit de déconnecter les prix internes de ceux du marché mondial et de permettre une progression de la productivité paysanne, sans doute lente mais continue, et de faciliter la réduction du transfert de population des campagnes vers les villes. Il ajoute que les Etats-Unis et l'Europe ont parfaitement saisi l'importance de la souveraineté alimentaire et l'ont mise en œuvre, avec succès, par des politiques économiques systématiques[469].

Un pays aussi ouvert sur le marché international que le Japon applique des droits de douane de plus de 500% sur ses importations de riz, de façon à conserver un minimum d'indépendance sur cet aliment, pour lui totalement stratégique, et à entretenir une vie sociale et des paysages ruraux auxquels ce pays accorde une grande valeur. De même, avant d'entrer à l'OMC, la Chine a développé son agriculture de façon largement autocentrée[470].

---

[468] Marc Dufumier, *op. cit.* p. 140-141.
[469] Samir Amin, *op.cit.*, p. 142, 143.
[470] Bruno Parmentier, *op.cit*, p. 190.

Une « Politique Agricole Commune pour les pays du Sud »

Lorsque la Communauté Economique Européenne (CEE) a été créée en 1957, il a été décidé de mettre en place une Politique Agricole Commune (PAC). Les pères fondateurs de l'Europe ont souhaité assurer la sécurité alimentaire. La politique qu'ils ont développée a été accompagnée de la fameuse « préférence communautaire », laquelle a garanti une solide protection aux frontières. Même si les modalités de celle-ci ont été ajustées au fil des années, elle n'a jamais disparu. Quels que soient les résultats des négociations commerciales en cours, il est probable que les tarifs douaniers protégeant les principaux produits agricoles de l'UE resteront supérieurs à ceux en vigueur dans un grand nombre de pays en développement *(voir chapitre 18)*.

Pourquoi refuser à des pays nettement plus faibles une politique que pratiquent avec succès l'UE et le Japon ?

En mai 2005, le Conseil des ministres (du Développement) de l'UE s'est réuni sous la Présidence du Luxembourg. Dans ses conclusions sur les Accords de Partenariat Economique (APE) en cours de négociations avec les pays de l'Afrique, du Pacifique et des Caraïbes (ACP), le Conseil a souligné « l'importance de l'agriculture dans ces négociations » et appuyé « la régulation adéquate des marchés régionaux agricoles ». De tels marchés régionaux sont en particulier en train d'être organisés par deux communautés de l'Afrique de l'Ouest, l'UEMOA et la CEDEAO. Malheureusement, le Conseil n'a pas été en mesure de concrétiser une telle proposition de régulation et de l'intégrer dans le mandat de négociation de la Commission *(voir aussi chapitre 18)*.

Afrique de l'Ouest : une protection commerciale inachevée

L'Afrique de l'Ouest a réagi timidement à la vague de libéralisation commerciale qui a anéanti des pans entiers de son économie et des emplois dans tous les secteurs, y compris dans l'agriculture. En effet, au cours de négociations entre UEMOA et CEDEAO, la CEDEAO, sous l'impulsion du Nigeria et avec l'appui d'organisations paysannes comme le ROPPA, a demandé et obtenu l'introduction d'une nouvelle bande tarifaire de 35% qui s'ajoute à la structure tarifaire de l'UEMOA limitée à quatre bandes tarifaires (de 0, 5, 10 et 20%), laquelle ne permet pas aux gouvernements de protéger leurs producteurs face à la compétition extérieure.

Cette introduction va à l'encontre de la politique de libéralisation commerciale promue par la Banque mondiale et le FMI depuis des années. Mais elle est conforme aux règles de l'OMC. En 2005, le Sénégal a arrêté toute importation de viande de volaille suivant ainsi l'exemple du Cameroun, du Mali et du Burkina Faso.

Comment le Kenya est devenu autosuffisant pour le lait

L'effet spectaculaire de la protection organisée pour une production agricole ressort bien si on établit une comparaison entre le Kenya et l'UEMOA : au Kenya, le droit de douane sur la poudre de lait est passé de 25% en 1999 à 35% en 2002 et à 60% depuis 2004, alors qu'il est resté à 5% dans l'UEMOA. Le Kenya est aujourd'hui autosuffisant et même exportateur net et croissant de produits laitiers, avec cependant une consommation intérieure de 112 litres par personne ; à l'inverse, les importations en équivalent lait représentent 64% de la production de lait de l'Afrique de l'Ouest, et la consommation par personne n'y atteint que 35 litres[471]*.*

C'est pourtant la solution que préconise également Michel Barnier, ancien ministre français de l'Agriculture et, jusqu'en 2014, Commissaire européen en charge du marché intérieur et des services. Dans un entretien au *Financial Times*, il a proposé la Politique Agricole Commune (PAC) comme modèle pour les pays en développement[472]. « L'Afrique et l'Amérique latine devraient adopter leur propre version de la PAC comme réponse à la demande croissante pour l'alimentation ». Barnier estime que « les pays en développement devraient s'inspirer de l'Europe et créer des blocs régionaux agricoles autosuffisants financés par une réorientation de l'aide. Ce que nous voyons se passer dans le monde est la conséquence de trop de libéralisme libre-échangiste. Nous ne pouvons laisser l'alimentation des populations à la merci des marchés. Nous avons besoin d'une politique, d'un moyen d'intervention et de stabilisation. L'Afrique de l'Ouest, l'Afrique de l'Est, l'Amérique latine et la rive sud de la Méditerranée ont tous besoin de politiques agricoles communes ».

---

[471] Jacques Berthelot, *Pour un modèle...*, Le Monde Diplomatique, novembre 2008.
[472] FT du 28.04.08.

Une telle régulation aurait un autre avantage : freiner l'exode rural de quelque 50 millions de ruraux chaque année qui aggrave le développement sauvage et dangereux des villes. Selon Mathieu Calame, « des prix des denrées agricoles plus élevés n'auraient pas conduit à une telle urbanisation. Le développement en aurait été meilleur comme l'attestent les politiques agricoles et de développement menées par l'Europe, le Japon, la Corée du Sud ou Taïwan depuis la fin de la deuxième guerre mondiale. Le développement de ces pays est lié aux politiques agricoles qu'ils avaient mises en place. Tous ces pays protégèrent leur agriculture, en maintenant entre autres des prix élevés mais surtout stables en interne »[473].

Le rôle des Offices de commercialisation

Les Offices de commercialisation ont très souvent été démantelés dans le cadre des politiques d'ajustement structurel. Olivier de Schutter a, en mars 2010, plaidé devant le Conseil des droits de l'Homme, en faveur de la réintroduction de ces Offices en précisant que les associations de producteurs devraient être étroitement associées à leur création et à leur gestion. Ces Offices pourraient s'occuper de l'achat et de la distribution de produits alimentaires à des prix garantis. Il va sans dire que les leçons du passé doivent être tirées et que de tels Offices doivent être gérés de manière transparente et efficace.

L'Indonésie offre à cet égard un bon exemple. Depuis sa création en 1967, l'Office national de commercialisation (BULOG) contribue à réaliser l'autosuffisance alimentaire du pays en achetant le riz aux producteurs à des prix plancher (prix minimum garantis), en le stockant et en le commercialisant dans tout le pays à des prix abordables pour les consommateurs. Cependant, lors de la crise qu'a connue le pays en 1998, le gouvernement a été encouragé par les institutions financières internationales à libéraliser son économie et à ouvrir ses frontières. BULOG a été amené à réduire ses opérations. Résultat, les revenus des paysans ont chuté et le pays est devenu un des plus grands importateurs de riz. En 2002, sous la pression de ses paysans, le gouvernement a changé de politique, relancé l'action de BULOG, freiné les importations en fixant des tarifs douaniers plus élevés et encouragé de nouveau la

---

473 *« Plaidoyer pour une politique agricole mondiale »*, par Matthieu Calame, www.laviedesidées.fr.

production nationale. En 2004, l'Indonésie a retrouvé son autosuffisance alimentaire de riz.

Comment l'Indonésie perd et retrouve sa souveraineté dans le domaine du riz

Au cours des années 1970 et 1980, l'Indonésie s'est concentrée sur l'augmentation de la production agricole, avec le but de réaliser l'autosuffisance en riz, ce qui fut atteint en 1984. La production de riz a augmenté de près de 150% entre 1968 et 1989 portant la production de moins de 12 à 29 millions de tonnes métriques (FAOSTAT). Cette politique a été combinée avec des mesures de protection et de régulation pour le marché du riz, des efforts pour la recherche et la dissémination de variétés de riz à haut rendement, la fourniture d'intrants agricoles (semences et fertilisants) aux paysans, et l'investissement dans l'infrastructure et l'irrigation.

Dans ce contexte, un rôle-clé a été joué par le Badan Urusan Logistic Nasional (BULOG), une agence paraétatique créée en 1967 en charge de la commercialisation et de la distribution de riz dans le pays. BULOG a utilisé des prix plancher pour appuyer des producteurs et des prix plafond pour protéger les consommateurs. Grâce à un réseau dense de bureaux et d'entrepôts, BULOG a acheté les produits alimentaires des paysans, pour ensuite les stocker, les vendre et les distribuer selon les besoins et l'offre disponible. Cette agence a ainsi été en mesure d'assurer la disponibilité de riz à des prix abordables pour les consommateurs dans tout l'archipel.

Plus tard, durant de nombreuses années, l'Indonésie a été encouragée à réduire l'intervention de l'Etat dans la production agricole et les marchés ainsi que les tarifs à l'importation. Et ceci sous prétexte que l'intervention de l'Etat était inefficace et coûteuse, que la libéralisation bénéficierait aux consommateurs grâce à des importations à bon marché et aux paysans par une augmentation de la valeur de leurs produits d'exportation.

En 1998, suivant ces conseils, le gouvernement a libéralisé le commerce des produits alimentaires, a réduit le mandat de BULOG à ses seules opérations de riz, et a supprimé les subventions pour les fertilisants et les restrictions de commercialisation. Cette politique a augmenté les coûts de production pour les producteurs et réduit les revenus des paysans, à cause des importations à bon marché de produits vendus sur les marchés locaux. Les conditions de vie se sont détériorées, puis est venue la crise financière asiatique en 1997 et 1998. Comme résultat, le pays est devenu le plus grand importateur de riz et le plus grand récipiendaire d'aide alimentaire. En 1998, le pays a reçu 885 000 tonnes d'aide alimentaire et 822 000 tonnes en 1999[474].

La politique de libéralisation étant fortement rejetée par les paysans, en 2002, le gouvernement a décidé de changer sa politique et de réduire les importations de riz en encourageant la production domestique par des tarifs plus élevés. Bientôt, la production alimentaire de l'Indonésie a été relancée. Grâce à une interdiction des importations de riz - mise en œuvre malgré les recommandations des institutions internationales -, l'Indonésie a retrouvé à nouveau son autosuffisance en riz en 2004.
Nonobstant de nombreuses critiques envers BULOG, comme son monopole pour d'autres produits et un haut niveau de corruption durant l'ère Suharto, aujourd'hui un consensus existe sur ce fait : BULOG a réussi à stabiliser les prix et la production des produits alimentaires, contribuant ainsi à réduire la pauvreté en Indonésie[475].

L'IFPRI a reconnu que la stabilité des prix, garantie par des instances parapubliques en Asie, a réduit les risques. Car elle a donné aux fermiers un certain degré de certitude pour cultiver, sur leurs terres, des produits dont les prix étaient garantis. L'Institut a ajouté que la pratique de prix de base ou de prix minima payés aux fermiers pour certains produits de base a été nécessaire pour accompagner la croissance de la production alimentaire et de la productivité. Sans cet appui, les prix se seraient écroulés lors des bonnes récoltes[476].

Nombre de pays les plus pauvres tirent toujours l'essentiel de leurs recettes de l'exportation d'un nombre limité de produits agricoles de base : café, sucre, thé, cacao, arachides, bananes, coton, etc. Les prix de ces produits sont marqués par une grande volatilité, sinon par une sévère

474 PAM, 2008.

475 Anarudha Mittal, The 2008 Food Price Crisis: Rethinking Food Security Policies, UNCTAD, no 56, june 2009.

476 *Ibid.*

baisse à long terme. La volonté de créer des accords de prix sur les produits de base est largement tombée en désuétude depuis les années 1980, car les pays occidentaux ont estimé qu'il fallait faire confiance au marché. Les gouvernements pourraient aujourd'hui avoir intérêt à coopérer grâce à de tels accords dans le but évident d'assurer des prix stables qui soient rémunérateurs pour les producteurs et ceci au bénéfice des consommateurs.

Dans ce contexte, il convient de mentionner le système Stabex qui avait été introduit en 1975 entre l'UE et les pays ACP, dans le cadre de l'accord de Lomé, pour la stabilisation des recettes d'exportation des produits agricoles de ces pays vers l'UE. Ce mécanisme a été supprimé, sous pression de l'OMC, lors de la conclusion de l'accord de Cotonou en 2000. Le principe du Stabex semble toujours valable, mais en y apportant quelques correctifs importants concernant un système vérifiable de l'utilisation des fonds transférés, tels que des programmes d'investissement en faveur à la paysannerie, ou des systèmes innovateurs liant les transferts de stabilisation aux prix pour les producteurs agricoles. En plus, des organisations paysannes représentatives devraient être associées à la gestion de tels fonds.

Le commerce équitable

Un autre exemple visant à garantir les revenus des paysans, est fourni par le « commerce équitable ». Il s'agit d'un commerce développé par des organisations non gouvernementales dont la plupart coopèrent au sein du réseau « FairTrade ». Ces dernières concluent des accords avec des associations de producteurs dans des pays en développement ; ces accords visent à acheter des produits agricoles, le plus souvent du café, du chocolat, des bananes, du miel et du sucre, à des prix garantis et rémunérateurs, ceci à condition de respecter certains critères surtout sociaux et écologiques. Si ce commerce ne dépasse pas 1% du commerce total, il connaît la croissance la plus rapide au monde. L'Europe représente à elle seule près de 60% du marché du commerce équitable mondial.

En 2010, le chiffre d'affaires de ce commerce a été de 665 millions d'euros. Fin 2011, 1,24 million de paysans et de travailleurs avaient bénéficié de ce système, au sein d'environ 1 000 organisations de producteurs. La Suisse et le Royaume-Uni sont en tête avec des parts de marché significatives : 47% du marché des bananes en Suisse, 5,5% du marché du café au Royaume-Uni.

Fairtrade au Nicaragua

Au cours d'un voyage que Fairtrade Luxembourg a organisé au Nicaragua, durant l'été 2014, j'ai pu visiter la région de Jinotega, principale région de production de café de ce pays et, en particulier, la coopérative Soppexcca, partenaire de Fairtrade. Soppexcca est une Union de 18 coopératives réunissant 650 petits producteurs de café. Fairtrade paie à Soppexcca le quintal de café à un prix de base de 140 dollars, alors que le prix du marché est de 122 dollars. S'y ajoute une prime de 20 dollars qui sert à financer des projets sociaux ou à augmenter la productivité des producteurs de café. 190 dollars sont payés pour le café bio.

Soppexcca, qui est dirigée par une femme, a comme principes de base l'égalité entre hommes et femmes ainsi que la diversification de la production de ses membres. A côté du conseil offert à ceux-ci, Soppexcca réalise nombre de projets sociaux, comme la formation des jeunes et le paiement de bourses, la construction d'écoles, de centres de santé et de petits magasins alimentaires qui offrent, à prix réduits, les produits essentiels et enfin un crédit avantageux pour l'entretien et la rénovation des caféiers.

J'ai pu me rendre compte que cette approche, et notamment les prix justes, offre une réelle perspective de développement et d'amélioration des conditions de vie et de travail au niveau local et régional.

Marc Dufumier écrit que « le principal mérite des organisations de solidarité internationale qui œuvrent de nos jours pour le commerce équitable (Artisans du monde, Max Havelaar, Minga, Ethiquable, etc.) est de nous montrer concrètement, au quotidien, les effets que peuvent réellement avoir des prix stables et rémunérateurs pour le bien-être des paysans du Sud ». (..) « Le commerce (international) ne deviendra pourtant vraiment équitable que si l'on parvient à changer les règles du commerce international et que les paysans du Sud peuvent enfin vendre leurs productions vivrières - et donc plus uniquement les produits d'exportation - à de meilleurs prix, c'est-à-dire à des prix justes »[477].

La régulation des marchés ne saurait être une fin en soi. Elle est un instrument devant accompagner une politique volontariste de relance de l'agriculture, de réduction de la dépendance des importations, de création d'emplois et de lutte contre la faim et la malnutrition. Une telle politique doit être accompagnée de mesures en faveur des populations démunies des villes, le cas échéant par la mise en place de filets de sécurité.

[477] Marc Dufumier, *op. cit.*, p. 145-146.

18. Revoir les politiques commerciales

Le commerce international des produits alimentaires ne porte actuellement que sur 15% de la production mondiale et sur moins de 10% des échanges de marchandises dans le monde. Il était de l'ordre de 700 milliards de dollars en 2003 sur un total estimé d'environ 7 500 milliards de dollars[478]. Ainsi, sur une production mondiale annuelle de riz de 700 millions de tonnes, seulement 30 millions sont échangées sur le marché mondial. Malgré cette part relativement faible de la production agricole dans le commerce mondial, c'est ce secteur qui se trouve, depuis plusieurs années, au centre des négociations commerciales internationales. Les trois parties de ce chapitre portent sur l'OMC (A), les accords commerciaux bilatéraux (B), la Banque mondiale et le Fonds Monétaire International (C).

A. L'Organisation Mondiale du Commerce

L'Organisation Mondiale du Commerce (OMC) a été établie en 1995 dans le cadre des accords de Marrakech concluant les négociations de l'Uruguay Round. Elle a succédé au GATT (Accord général sur les tarifs et le commerce), créé en 1947 par 23 Etats. Elle s'est dotée d'un pouvoir judiciaire en instituant l'Organe de Règlement des Différends (ORD), chargé de trancher tout litige entre Etats membres de l'OMC sur l'application des règles commerciales multilatérales en vigueur. En 2014, l'OMC a regroupé 160 Etats, depuis qu'un grand nombre de pays en développement ont rejoint l'organisation au cours des deux dernières décennies.

Les huit cycles de négociations commerciales multilatérales qui ont eu lieu depuis la création du GATT ont tous eu pour objectif de libéraliser davantage les échanges internationaux. Longtemps, ils se sont concentrés sur les seuls produits industriels. Ce n'est que depuis le lancement de l'Uruguay Round (en 1986) que d'autres secteurs ont été inclus dans la négociation, en particulier l'agriculture, mais également les services et la propriété intellectuelle. Cette inclusion a coïncidé avec la mondialisation, une tendance universelle à la libéralisation et une volonté d'intégration

---

[478] Bruno Parmentier, *op.cit.*, p. 190.

de tous les pays et notamment des pays en développement dans l'économie mondiale. La philosophie de base de toutes les institutions de Bretton Woods (BM, FMI et OMC) a été celle-ci : « plus de commerce conduit à plus de croissance économique laquelle entraîne le développement ».

L'Uruguay Round a conduit à l'adoption, en particulier, de l'Accord sur l'Agriculture.

L'Accord sur l'Agriculture

L'Accord sur l'Agriculture (AsA) est l'un des Accords de Marrakech, entré en vigueur en 1994. Ses dispositions concernent non seulement les politiques commerciales des Etats membres de l'OMC, mais aussi certains éléments de leurs politiques agricoles et de développement rural. Il a essentiellement été élaboré par l'UE et les Etats-Unis.

Pour l'OMC, certaines mesures internes décidées par un Etat sont considérées comme ayant un effet de distorsion des échanges internationaux et doivent donc faire l'objet de disciplines adoptées dans un cadre multilatéral. C'est pourquoi l'Accord sur l'Agriculture porte sur trois volets distincts.

Accès aux marchés

Ce volet recouvre l'ensemble des protections aux frontières imposées par chaque Etat à l'entrée de produits importés (droits de douane, quotas, règles techniques et sanitaires, etc.). L'objectif est d'obtenir de chaque Etat qu'il notifie les protections qu'il met en place, qu'il transforme les mesures non tarifaires en droits de douane - processus appelé tarification - et qu'il réduise les droits de douane. Les pays industrialisés se sont alors engagés à réduire leurs tarifs de 36% sur une période de six ans (1995-2000) et les pays en développement (excepté les PMA) de 24% sur une période de 10 ans (1995-2004). Les droits que les Etats membres notifient à l'OMC et qu'ils s'engagent à ne pas dépasser sont appelés « droits consolidés ».

Dans les faits, la plupart des pays en développement appliquent, en vertu des programmes d'ajustement structurel, des tarifs bien inférieurs aux tarifs consolidés. On parle alors de « taux appliqués ». Les pays en développement ont, pour les produits agricoles, des taux appliqués souvent plus bas que les taux appliqués par les pays industrialisés dont le niveau correspond à celui des tarifs consolidés.

L'AsA demande également aux Etats membres de l'OMC d'ouvrir leur marché aux importations pour satisfaire 5% au minimum de leur consommation intérieure moyenne. Le Japon a contourné cette obligation en écoulant le volume de riz ainsi importé sur les marchés internationaux sous forme d'aide alimentaire.

Aides internes

Il s'agit des aides apportées par les Etats à leurs producteurs nationaux pour les aider à produire, investir, se former, transporter leurs productions, faire face à des catastrophes naturelles, protéger les ressources naturelles... L'OMC classe ces aides en trois catégories : celles qui ont un fort effet de distorsion (« boîte orange »), celles qui n'ont pas ou peu d'effet de distorsion (« boîte verte ») et celles qui ont un effet de distorsion moyen mais qui visent à limiter la production (« boîte bleue »). Sont ainsi admises à la « boîte verte » les subventions pour la recherche ou la protection de l'environnement.

L'objectif de l'AsA est d'obtenir que toutes les aides soient notifiées à l'OMC et que celles qui ont un effet de distorsion (boîtes orange et bleue) soient réduites. Cette nouvelle discipline n'a pas empêché ni l'UE, ni les Etats-Unis d'augmenter, de manière substantielle, les subventions à leurs propres producteurs agricoles.

Aides à l'exportation

Ce volet inclut toutes les aides et mesures par lesquelles les Etats aident leurs producteurs nationaux à écouler leurs productions sur les marchés étrangers (subventions directes, crédits à l'exportation, entreprises commerciales d'Etat, aide alimentaire injustifiée, etc.). L'objectif de l'AsA est, là encore, d'obtenir la notification et la réduction de ces aides[479].

[479] Coordination Sud, Agriculture : *Pour une régulation du commerce mondiale*, 2005, p. 16.

L'échec des négociations du Programme de Doha pour le développement

C'est en décembre 2001 qu'a été lancé à Doha un nouveau cycle de négociations, appelé « Programme de Doha pour le développement » (DDA) pour apaiser les appréhensions de nombre de pays en développement les plus pauvres à l'égard d'un nouvel effort de libéralisation commerciale. L'agriculture devait se trouver au centre de cette négociation. En effet, les pays en développement étaient arrivés à la conclusion que, malgré l'Uruguay Round, les pays industrialisés et surtout les Etats-Unis et l'UE maintenaient des politiques commerciales ayant un effet de distorsion inacceptable. Cela concernait, en particulier, les subventions massives que le Nord verse régulièrement à ses paysans. On affirme que, chaque jour, 1 milliard de dollars (350 milliards par année !) sont ainsi dépensés. En fait, ce chiffre est largement exagéré et devrait se situer plutôt autour de 200 milliards de dollars par année[480]. Le mandat de Doha prévoit donc, sinon la suppression, du moins une sévère réduction de ces politiques. Les pays industrialisés ont accepté cette demande mais à condition que les concessions éventuelles à faire dans le secteur de l'agriculture soient compensées par un accès plus grand sur les marchés des pays en développement pour les produits industriels et les services.

Dix années plus tard, en 2011, les négociations ont abouti à une impasse lorsqu'il est devenu clair que les Etats-Unis insistaient pour que les pays émergents, et en particulier la Chine, ouvrent davantage leurs marchés, étant donné que les conditions avaient changé depuis 2001. Ces pays ont rejeté cette demande entièrement nouvelle en renvoyant au mandat adopté par tous les pays en 2001.

L'agriculture au centre des négociations

Une question directement liée à la défense des intérêts des petits producteurs agricoles avait déjà fait échouer la négociation, en juillet 2008. En effet, l'Inde, soutenue par la Chine et une majorité de pays en développement, avait demandé l'introduction d'un « mécanisme de sauvegarde spéciale renforcé (SSM) ». Ce mécanisme devait s'appliquer chaque fois que le revenu des paysans était excessivement menacé, soit

[480] Jacques Berthelot, *op.cit*, 2007.

par la chute des prix agricoles ou en cas d'augmentation brutale des importations. Les Etats-Unis ont rejeté cette demande que l'UE avait acceptée.

L'Inde, appuyée par la Chine, avait fait de cette question un enjeu majeur, et cela pour des raisons avant tout politiques. C'est que, comme l'histoire l'a montré, la paysannerie indienne a une forte capacité à sanctionner le parti au pouvoir. Or l'on était un an avant les élections de 2009, et le gouvernement indien n'a voulu courir aucun risque. En même temps, la crédibilité des Etats-Unis dans cette négociation a, une nouvelle fois, été mise en doute car le Congrès américain qui, quelques semaines avant cette négociation, a adopté une loi accordant une aide de 300 milliards de dollars aux agriculteurs américains sur une période de cinq ans[481]. Il est frappant de constater que le Brésil, un des leaders des pays en développement dans le cycle de Doha, s'est lui aussi opposé à la demande de l'Inde concernant le SSM, prenant ainsi une position différente de la majorité des pays en développement.

Jusqu'à la fin de l'Uruguay Round (1995), les cycles de négociations commerciales du GATT étaient essentiellement menés par trois acteurs : les Etats-Unis, l'UE et le Japon. Cette domination de l'Occident est terminée. De nouveaux acteurs sont arrivés, en particulier les pays émergents, à savoir : le Brésil, l'Inde et la Chine, alors qu'en même temps, les autres pays en développement s'organisent de mieux en mieux et affirment chaque fois davantage leurs intérêts au sein de différentes configurations appelées G20, G33 ou G90.

Pourquoi l'OMC doit-elle modifier ses règles ?

L'OMC est victime de sa propre idéologie. La Charte de la Havane devait créer en 1948 une Organisation Internationale du Commerce que le Congrès américain refusa de ratifier. Cette Charte avait prévu d'accélérer la croissance et de créer de l'emploi, un objectif qui n'est prévu ni par le GATT, ni par l'OMC[482]. C'est la seule libéralisation du commerce qui est devenue l' « ultima ratio » de l'OMC.

---

[481] Frédéric Lemaître, *op.cit.*, p. 115.
[482] Jomo Sundaram, *op.cit.*, p. 9.

En effet, selon le préambule de l'Accord créant l'OMC, le développement durable mondial nécessiterait la croissance des échanges de biens et de services par « la réduction substantielle des droits de douane et autres obstacles au commerce… ». Le préambule de l'AsA dit de même que « l'objectif à long terme est d'arriver à des réductions progressives substantielles du soutien et de la protection » de l'agriculture, même s'il est reconnu plus loin que « les pays membres développés tiendraient pleinement compte de la situation et des besoins particuliers des pays en développement », mais cela uniquement dans « la mise en œuvre de leurs engagements en matière d'accès aux marchés ». Ainsi, l'OMC ne reconnaît nullement, ni n'essaie de redresser la situation structurelle inégale et injuste créée en matière de règles commerciales vis-à-vis des pays en développement par les programmes d'ajustement structurel. Elle continue cette tendance en l'accompagnant de certains aménagements.

L'OMC présente la théorie des avantages comparatifs, basée sur la pensée de l'économiste britannique David Ricardo, comme « la plus brillante de la science économique »[483]. L'économiste Joseph Schumpeter estime, lui, qu'il s'agit d'une théorie dénuée de sens[484]. Tel est certainement le cas quand on veut l'appliquer à l'agriculture. L'OMC encourage ainsi les pays en développement à se spécialiser pour des productions d'exportation (fleurs coupées, fruits et légumes, café, cacao, arachides, etc.) aux dépens de la production vivrière. Une autre face de cette même approche, dérivée du « consensus de Washington », est l'accent mis sur l'avantage du consommateur. Le « gain des consommateurs » est alors maximisé et il est supérieur à la somme des pertes des producteurs dont les revenus baissent compte tenu des importations à bas prix et de la réduction du « gain du gouvernement », consécutif à la baisse des droits de douane[485].

Tous ces principes ont été menés à l'absurde par la crise alimentaire de 2008 qui a montré à quelle impasse économique et politique peut conduire une politique mettant l'agriculture sur le même plan que les autres secteurs économiques et invitant les pays en développement à se

---

[483] OMC : *Comprendre l'OMC*, p. 14.
[484] Erik Reinert, *op.cit.*, p. 28.
[485] Jacques Berthelot, *op.cit.*

spécialiser sur des productions d'exportation - où ils auraient un avantage comparatif - et à délaisser la production vivrière.

Quant aux droits de l'Homme, ils ne sont pas inclus dans les statuts de l'OMC. Ceci a conduit Jean Ziegler, ancien Rapporteur spécial sur le droit à l'alimentation à dénoncer la « schizophrénie des Etats ». Ceux-ci appuient, d'un côté, des organisations comme la FAO, le PAM, l'UNICEF et le PNUD qui s'efforcent de combattre la faim dans le monde et de promouvoir le respect du droit à l'alimentation et, de l'autre, la Banque mondiale, le FMI et l'OMC qui, par leurs politiques de libéralisation liées au Consensus de Washington, compromettent cette même réalisation[486].

Olivier de Schutter estime qu'il est peu évident que la libéralisation conduise directement à une amélioration de la sécurité alimentaire, en particulier pour les petits producteurs. Au contraire, ce sont les « marchands de grains », les industries agroalimentaires et les entreprises transnationales qui engrangent la majeure partie de la valeur ajoutée dans la chaîne alimentaire *(voir chapitre 8)*. D'autre part, la libéralisation du commerce conduit à une concentration de la production alimentaire[487]. Il est nécessaire de reconnaître la spécificité des produits agricoles, au lieu de les traiter comme n'importe quelle autre marchandise, et de donner davantage de flexibilité aux pays en développement pour leur permettre, entre autres, de protéger leurs producteurs agricoles face à la concurrence des agriculteurs des pays industrialisés[488].

Il faut certes saluer les efforts de l'OMC visant à « tenir compte des particularités » des pays les moins avancés et à leur offrir un gel des réductions tarifaires ou non tarifaires dans les différents secteurs. Mais cela ne corrige en rien la libéralisation excessive et désastreuse des économies de ces pays comme Haïti ou le Ghana, résultat des programmes d'ajustement structurel. En effet, le droit de douane moyen qu'appliquent les PMA pour les produits agricoles (16%) est inférieur même à celui de tous les autres pays en développement[489]. Quant au Ghana, qui n'est pas un PMA, il devra encore réduire ses tarifs douaniers.

---

[486] doc A/HCR/7/5 du 10.1.2008.
[487] Olivier de Schutter, doc A/HCR/10/5/Add.2., 2009.
[488] *Ibid.*
[489] Jacques Berthelot, *op.cit.*

Pour le Rapport sur l'agriculture mondiale, il est incontestable que les règles actuelles du marché mondial concernant les produits agricoles ne servent pas un approvisionnement de base en denrées saines ni leur production durable. Elles devraient être modifiées de façon fondamentale. Il constate que ce sont les pauvres dans les zones rurales et les pays les plus pauvres qui font clairement partie des perdants de la libéralisation du marché mondial. Il met en garde devant une ouverture des marchés qui menace le développement rural et agricole par des importations et des exportations à bon marché au dépens de la sécurité alimentaire et de l'emploi[490].

Martin Khor considère que les réformes des règles de l'OMC concernant l'agriculture et des accords de libre-échange devraient offrir aux pays en développement une marge de manœuvre (« policy space ») suffisante permettant d'appuyer l'agriculture et de faciliter le développement de la production alimentaire locale. Elles devraient rendre possible l'emploi d'instruments efficaces pour renforcer la sécurité alimentaire et les conditions d'existence des paysans. L'octroi de subventions aux paysans devrait être autorisé, tout comme l'introduction de droits de douane pour permettre aux Etats de protéger les intérêts de leurs paysans. Ces pays pourraient faire usage des flexibilités qu'offrent les règles de l'OMC, en exploitant la marge de manœuvre qui existe entre droits consolidés et droits appliqués[491].

La position ambiguë de l'UE

Anticipant une nouvelle discipline de l'OMC concernant les aides internes aux agriculteurs comme résultat des négociations du cycle de Doha, l'UE a mené à bien, dès 2003, une importante réforme de la PAC en découplant une partie majeure de ces aides de la production. Elle les place toutes dans la « boîte verte » en affirmant qu'elles n'auraient plus aucun effet de distorsion ou très peu. Plusieurs spécialistes de l'économie agricole contestent cette position, estimant que même découplées, les aides internes ne manqueront pas d'avoir un effet de distorsion. Car toute aide publique (même « découplée » et donc incluse dans la « boîte verte ») permet aux producteurs qui la perçoivent de vendre leurs produits à des prix inférieurs à leurs coûts de production.

---

[490] Zukunftsstiftung Landwirtschaft, *op. cit.*, p.12-13
[491] UNCTAD TER, *op cit.*, p. 263

« Le découplage n'est qu'un artifice qui change la forme des aides, mais pas leur montant, ni leurs effets. Un artifice qui ne permet pas aux pays les plus pauvres « d'enrayer la dégradation de leur situation agricole et alimentaire et la ruine de leurs paysans les plus pauvres (…) ». C'est ce qu'écrit le « Groupe de Bellechasse » qui réunit des agronomes, des économistes, des géographes, des chercheurs et des enseignants français[492]. Tout produit bénéficiant d'une aide publique, sous quelque forme que ce soit, ne doit pas être exporté sur le marché mondial, estiment les ONG françaises de solidarité internationale[493]. Oxfam, la Caritas et 14 autres ONG catholiques européennes et nord-américaines, regroupées au sein de la CIDSE, sont du même avis et demandent une révision des critères de la « boîte verte ». Certains n'hésitent pas à parler, à cet égard, de véritable tricherie[494]. Le dumping doit être arrêté sous toutes ses formes. Il est à définir, non pas comme le fait l'UE, comme « la vente sur le marché mondial à un prix inférieur au prix domestique », mais comme « la vente à un prix inférieur au coût de production ».

La libéralisation des politiques agricoles s'est aussi faite sous la pression des firmes agroalimentaires (de transformation et de la grande distribution) avec pour objectif principal la baisse des prix des produits agricoles qui constituent leurs matières premières[495].

Le caractère totalement intenable de la Politique Agricole Commune de l'UE est encore renforcé par la réforme de 2013. En effet, celle-ci déclare l'exportation de produits alimentaires comme un des objectifs de cette politique et, en particulier, la consolidation des parts de marché sur les marchés agricoles internationaux au profit de l'industrie agricole et alimentaire européenne.

La conférence ministérielle à Bali

Début décembre 2013 s'est tenue à Bali une conférence ministérielle de l'OMC où un accord est intervenu sur un mini-paquet de mesures, accord qui, après des années d'impasse, a été célébré comme un grand succès.

---

[492] Groupe de Bellechasse, *L'alimentation du monde et son avenir*, Ed. l'Harmattan, 2009, p. 23.
[493] Coordination Sud, *op.cit.*, p. 47.
[494] Alain Madelin, Le Monde du 8.9.03, Jacques Berthelot, *Les trois aberrations de la politique agricole*, dans le Monde Diplomatique, septembre 2003.
[495] Jacques Berthelot, *Ibid.*

Celui-ci porte sur la facilitation des échanges et un accès, en franchise de droits et sans contingent, aux marchés de tous les pays riches pour les exportations des pays les moins avancés. Il est surtout une adaptation ponctuelle de l'Accord sur l'Agriculture, celui-ci s'étant trouvé au centre de cette conférence.

A cet égard, la sécurité alimentaire des petits paysans et la promotion d'une agriculture paysanne ont été améliorées. Dorénavant, les pays peuvent renforcer leurs réserves alimentaires par l'achat à leurs paysans de produits alimentaires à un prix qui se situe au-dessus du fameux « prix du marché », ce que les règles de l'OMC ne permettaient pas jusqu'à présent. Etant donné que des pays, comme les Etats-Unis, s'y sont opposés, il n'a été possible de se mettre d'accord que sur une solution intermédiaire. Celle-ci étant présentée comme « clause de paix » et ne valant que pour quatre ans, une solution définitive devra encore être négociée.

Cette clause interdit aux Etats membres de l'OMC de porter plainte, même s'ils peuvent estimer être en présence d'une violation des règles existantes. Cette solution a été demandée par l'Inde avec l'appui du groupe des G33. Dans celui-ci se trouvent une cinquantaine de pays, dont la Chine et l'Indonésie, ainsi que beaucoup de pays les plus pauvres ayant une importante population de petits paysans. L'achat à de tels prix plus élevés ne sera donc plus considéré comme ayant un effet de distorsion du commerce.

Reste à savoir si cette solution intermédiaire pourra conduire à une solution définitive et même à une négociation plus générale sur la réforme des règles, depuis longtemps dépassées, de l'Accord sur l'Agriculture. Jacques Berthelot et Timothy Wise estiment que les prix de référence prévus dans les textes du GATT, datant des années 1980, sont à réformer d'urgence. Le niveau de ces prix est si bas qu'ils font apparaître les prix payés par les gouvernements comme d'énormes subventions[496].

---

[496] Tobias Reichert, *Informationsbrief Weltwirtschaft & Entwicklung* (W&E), Luxemburg, 9 décembre 2013 ; Solidarité (www.solidarite.asso.fr), décembre 2013; Timothy A. Wise – Global Post – 8 décembre, 2013.

B. Les accords commerciaux bilatéraux

Plus les négociations commerciales multilatérales traînent, plus les accords commerciaux bilatéraux ou régionaux ont tendance à se multiplier. Dans ces accords, les pays en développement se trouvent souvent dans une position de négociation encore plus difficile et les pays industrialisés y obtiennent des concessions qu'ils n'ont pas eues dans les négociations commerciales multilatérales. Cela concerne souvent des questions liées à la propriété intellectuelle et à l'accès aux savoirs et aux connaissances traditionnelles des pays en développement.

Comme on l'a vu pour l'Accord NAFTA, ces accords affectent souvent gravement les intérêts des petits paysans. L'Accord CAFTA (Central American Free Trade Agreement), conclu en 2004 entre les Etats-Unis et les pays de l'Amérique centrale risque d'avoir les mêmes effets néfastes pour les paysans de ces pays. Par exemple, en été 2003, des manifestations et des occupations de rue par des paysans ont eu lieu partout en Colombie. Ceux-ci ont voulu protester contre l'accord de libre-échange conclu avec les Etats-Unis, mais aussi contre celui avec l'UE. Leur grief principal portait sur l'inondation, chaque fois plus grande, de leurs marchés par des produits alimentaires importés à des prix dumping. S'y joignaient des plaintes concernant la hausse constante du prix de l'énergie et l'accaparement de terres par les entreprises agro-industrielles.

La base légale pour de tels accords bilatéraux ou régionaux se trouve dans l'article XXIV du GATT qui autorise tous les Etats membres qui le souhaitent à conclure un accord de commerce sur une base régionale ou bilatérale. C'est sur cet article qu'est basée la négociation des accords de partenariat économique (APE) entre l'UE et les pays ACP *(voir chapitre 19*). Mais cette autorisation est soumise à la condition qu'un tel accord conduise à une libéralisation de la majeure partie des échanges. Pour l'UE, cette « majeure partie » veut dire au moins 80% du commerce. Les discussions sur l'interprétation exacte de cet article continuent. Or, cet article ne fait aucune différence entre pays industrialisés et pays en développement. La question est certes inscrite à l'ordre du jour de Doha. Les pays en développement auraient intérêt à demander d'urgence une redéfinition de cet article pour y reformuler le principe d'un traitement spécial et différencié et réintégrer le principe de la non-réciprocité tenant compte de leur niveau de productivité.

C. La Banque mondiale et le Fonds Monétaire International

Avons-nous besoin de trois organisations mondiales pour s'occuper des règles commerciales internationales ? N'est-ce pas une source de complications et de manque de transparence ? C'est une des questions que Pascal Lamy a présentées au séminaire de mars 2005, que le Luxembourg avait organisé durant sa Présidence de l'UE, sur la sécurité alimentaire. Notant que 80% à 90% de toutes les réductions tarifaires et non tarifaires auxquelles les pays en développement ont procédé sont le résultat des politiques de la BM et du FMI et non de l'OMC, il proposait qu'on mette fin à cette incohérence institutionnelle en confiant la compétence en matière commerciale à une seule organisation.

Certes, tant la Banque mondiale que le FMI sont en train de reconnaître certaines des erreurs des politiques d'ajustement structurel. Mais ces organisations doivent aller plus loin et faire preuve de plus de flexibilité. En vertu des règles de l'OMC, un pays en développement peut protéger ses agriculteurs en imposant des tarifs douaniers aux produits agricoles importés. Il a le droit, en effet, d'augmenter le niveau de ses « droits appliqués » jusqu'au niveau des « droits consolidés » souvent nettement plus élevés. C'est ce que le Ghana a essayé de faire en 2003 *(voir chapitre 5).*

Pour faire avancer les efforts de lutte contre la faim et la malnutrition, et aussi pour des raisons de cohérence entre les différentes organisations internationales, il importe que la Banque mondiale et le FMI reconnaissent et acceptent ces règles de l'OMC, y compris celles portant sur les flexibilités et les marges de manœuvre. La souveraineté de chaque Etat est à respecter, en particulier lorsqu'un Etat estime que pour faire valoir le droit à l'alimentation de sa population les petits producteurs devraient être mieux protégés contre des importations subventionnées. Pour la CNUCED, l'abolition et la rationalisation des « conditionnalités », dont le respect a toujours été imposé aux pays en développement par la Banque mondiale et le FMI, garantiraient que l'on n'empiète pas sur la marge d'action ménagée par les Accords de l'OMC[497].

---

[497] CNUCED, *Le développement économique en Afrique*, 2007, p. 97.

PARTIE 3

Les principaux acteurs

19. L'Union Européenne

L'objectif du Traité de Lisbonne : éradiquer la pauvreté

Dans le chapitre sur la coopération au développement, le Traité de Lisbonne dispose que « L'objectif principal de la politique de l'Union dans ce domaine est la réduction et, à terme, l'éradication de la pauvreté »[498].

En 2006, le Conseil, la Commission et le Parlement européen ont adopté le « Consensus Européen sur le Développement » qui prévoit comme objectif commun « l'éradication de la pauvreté dans le contexte du développement durable, y compris la réalisation des objectifs du Millénaire pour le développement (OMD) ». Selon cette déclaration, « lutter contre la pauvreté mondiale n'est pas seulement une obligation morale ; cela aidera aussi à construire un monde plus stable, plus pacifique, plus prospère et plus équitable, reflétant l'interdépendance de ses pays plus riches et plus pauvres. Dans un tel monde, nous ne laisserions pas 1 200 enfants mourir de pauvreté chaque heure, nous ne serions pas indifférents quand un milliard de personnes luttent pour survivre avec moins d'un dollar par jour et que le HIV/SIDA, la tuberculose et la malaria tuent plus de 6 millions de personnes chaque année. Le développement se trouve au cœur des relations avec les pays en développement »[499].

Tous ces objectifs de lutte contre la pauvreté peuvent être fondés sur de bonnes intentions. Mais ses auteurs s'exposent au reproche de s'attaquer aux symptômes de la pauvreté et non à ses causes. Est ainsi totalement ignorée la nécessité d'un développement durable réel dans les pays en développement, conduisant à la mise en place de capacités de production,

---

[498] Traité de Lisbonne, Article 208.
[499] J.O. 2006/C 46/01.

impliquant la création progressive d'une économie autonome propre et d'emplois décents.

L'UE, premier donateur d'aide au monde

Selon le Consensus, ce sont les pays en développement qui ont la responsabilité première de leur développement. Mais les pays développés ont aussi une responsabilité. L'UE, qui fournit plus de la moitié de l'aide mondiale, s'est engagée à augmenter cette assistance et à améliorer la qualité et l'efficacité de l'aide. Lors du Conseil des ministres, tenu sous Présidence luxembourgeoise en mai 2005, les Etats membres de l'UE se sont engagés à augmenter, de manière substantielle, leur Aide Publique au Développement (APD). Pour la première fois, ils ont pris l'engagement formel d'y consacrer 0,56% de leur Revenu National Brut (RNB) jusqu'en 2010 et, selon l'objectif fixé par les Nations Unies, 0,7% d'ici 2015. Malgré la crise, l'UE a, jusqu'à présent, confirmé ces engagements. Il apparaît pourtant qu'aucun de ces objectifs ne sera atteint. Certains pays, comme l'Espagne, ont même réduit, de manière drastique, leur aide publique au développement.

En 2013, l'aide publique au développement de l'UE et de ses Etats membres a atteint 56,5 milliards d'euros ce qui correspond à une part de leur RNB de seulement 0,43%. Un quart de cette aide est fournie par la Commission européenne. Seuls quatre Etats membres y ont consacré plus de 0,7% de leur RNB : la Suède, 1,02%, le Luxembourg, 1,00%, le Danemark, 0,85% et le Royaume Uni, pour la première fois, 0,72 %. Les Pays-Bas sont retombés à 0,67%, la Finlande y a consacré 0,55%, la Belgique et l'Irlande 0,45%, la France 0,43%, l'Allemagne 0,38% et l'Autriche 0,28%. L'Italie et l'Espagne viennent loin derrière avec 0,16% ; de grands pays, comme le Japon ou les Etats-Unis, ont seulement contribué par quelque 0,20% de leur RNB. Par contre, les ventes d'armes des pays de l'UE s'élèvent chaque année à environ 360 milliards d'euros.

S'agissant de la qualité de l'aide au développement, le Consensus insiste sur le renforcement de l'efficacité de l'aide telle que prévu par la Déclaration de Paris de 2005 et le programme d'action d'Accra de 2008. L'appropriation de leur stratégie de développement par les pays en développement (« ownership »), l'alignement des pays donateurs sur cette stratégie (« alignment »), la coordination et l'harmonisation sur place de leurs activités par ces derniers, comptent parmi les principaux principes de cette Déclaration. Mais ces principes sont cependant loin d'être appliqués. Les études menées par certaines ONG ont, par exemple, établi que la part de cette aide qui arrive aux bénéficiaires sur le terrain reste limitée et qu'un grand pourcentage de l'aide sert à financer des frais, de transaction notamment, ou bien est dépensé dans le pays donateur.

D'autre part, certains grands pays poursuivent des objectifs clairement politiques, comme l'affirme Kishore Mahbubani Dean, de la Public School de l'Université nationale de Singapour. Parmi les principaux bénéficiaires de l'aide américaine figurent des pays comme Israël - un pays en fait développé qui reçoit chaque année entre 2,5 et 3 milliards de dollars -, l'Egypte, l'Irak, l'Afghanistan et le Pakistan. Pour lui, l'aide des Occidentaux peut servir, mais elle comporte aussi des aspects « pervers »[500].

L'Europe s'engage à soutenir l'agriculture, mais avec trop peu de moyens

Le développement de l'agriculture n'occupe pas une place particulière dans le Consensus européen de développement. Au fil des années, l'UE a, comme d'autres, régulièrement réduit la part allouée à l'agriculture (*voir le chapitre 3).* La crise alimentaire de 2008 a toutefois conduit à de nouveaux engagements en faveur de ce secteur. Une « Facilité alimentaire » dotée d'un milliard d'euros pour trois ans a été créée. Sa mise en œuvre est « axée sur les petites et moyennes exploitations d'agriculture familiale et vivrière, en particulier celles gérées par les femmes, et sur les populations pauvres les plus touchées par la crise alimentaire. Plus de 200 millions d'euros sont alloués aux opérations de la FAO déployées dans 25 pays d'Afrique, d'Asie et d'Amérique latine.

Cette « Facilité alimentaire » devait servir à améliorer l'accès des agriculteurs aux intrants et services de qualité ; à favoriser la production agricole par le biais de mesures telles que le microcrédit, l'essor des infrastructures rurales et le soutien aux associations d'agriculteurs ; et à fournir des filets de sécurité aux groupes vulnérables. 40% de cette aide devaient passer par des organisations de la société civile et des représentants des collectivités locales. Selon la Commission de l'UE, ce

---

[500] E + Z 2/2008 – *Der Mythos westlicher Entwicklungshilfe.*

programme a bénéficié à 59 millions de personnes, avant tout des petits paysans et a pu également servir à 93 millions d'autres personnes.

S'agissant des Etats membres, la Belgique a décidé de réinvestir substantiellement dans ce secteur en augmentant la part qu'elle y consacre à 10% de l'APD en 2010 et à 15% en 2015. Exemple à suivre ! L'agriculture et la sécurité alimentaire comptent parmi les cinq secteurs prioritaires dans la loi belge de la coopération internationale. Mais, dans l'ensemble, on est loin du compte. Tant l'UE que ses Etats membres devraient se donner une discipline commune et, au minimum, augmenter, selon un calendrier précis, jusqu'à 10% de leur APD la part réservée à l'agriculture en tenant compte du fait que c'est dans ce secteur que vivent trois quarts des plus pauvres et trois quarts de ceux qui souffrent de faim et de malnutrition. L'UE devrait réserver une priorité au développement rural et à l'appui des petits paysans.

Pour une nouvelle politique commerciale

Reste à savoir quelle politique de développement global cette aide est appelée à servir ? A cet égard, la politique commerciale que mène l'UE soulève des questions sérieuses. Certes, l'UE avance un bilan flatteur. C'est elle qui, la première parmi les pays industrialisés, a introduit le régime « Tout sauf les armes », assurant ainsi un accès libre sur son marché à tous les produits des pays les moins avancés. C'est elle qui a construit, de manière unilatérale, un système des préférences généralisées aux pays en développement non ACP qui leur offre des préférences tarifaires pour leurs produits finis et semi-finis.

Mais c'est avec les anciennes colonies de ses Etats membres que, depuis ses origines, l'UE entretient des relations de coopération particulièrement étroites. Cette relation a trouvé son expression dans les accords de Yaoundé, puis dans ceux de Lomé. En 2000, l'UE et ses Etats membres ont signé les accords de Cotonou avec leurs 77 partenaires d'Afrique, des Caraïbes et du Pacifique (ACP). Cet accord comprend plusieurs volets et notamment de coopération politique, commerciale et financière. C'est sur la base de cet Accord et de l'article XXIV du GATT que l'UE négocie actuellement des accords commerciaux avec ces mêmes Etats, les Accords de Partenariat Economique (APE).

Ces accords sont négociés sur une base régionale avec sept régions différentes, cinq en Afrique, une aux Caraïbes et une au Pacifique. L'UE souhaite ainsi également favoriser l'intégration régionale des pays ACP. Or, rares ont été des négociations de l'UE qui ont connu autant de difficultés, de retards, d'oppositions et de malentendus. Longtemps, ces négociations n'ont pu être conclues qu'avec les seuls Etats des Caraïbes et du Pacifique. C'est alors que, dans une approche peu conforme à l'esprit de partenariat, la Commission a menacé, en 2013, des pays à revenu intermédiaire, comme le Ghana et la Côte d'Ivoire, de les priver de leur accès préférentiel au marché de l'UE s'ils ne signaient pas ces accords avant le 1er octobre 2014. Cette pression s'est avérée efficace. Au début de 2014, la CEDEAO, région de l'Afrique de l'Ouest dont font partie ces deux pays, a décidé d'accepter cet accord. Elle a été suivie par la Communauté pour le développement de l'Afrique australe (SADC) et la Communauté de l'Afrique de l'Est (CAE) qui ont également signé cet accord en 2014.

Les APE suppriment le principe de la non-réciprocité et conduisent les pays ACP à ouvrir leurs frontières à la majeure partie des produits de l'UE, le cas échéant, après une période de transition. Certes, les pays ACP peuvent faire une exception pour quelque 20% de ceux-ci comme « produits sensibles » et obtenir des périodes de transition assez longues (entre 15 et 20 ans). Mais ces pays risquent de perdre une nouvelle part importante de leurs recettes douanières s'ils doivent procéder à une nouvelle libéralisation de leur commerce. Ils devront avant tout consolider l'ouverture de leurs marchés pour environ 70% des échanges. La mise en place d'unions douanières régionales n'est pas encore très avancée et risque même d'être compromise par cette nouvelle ouverture de leurs marchés. Or, comme nous l'ont montré les cas du Ghana et d'Haïti notamment, nous savons que beaucoup de petits producteurs, tant du secteur agricole que manufacturier, sont déjà fragilisés par des régimes commerciaux trop libéralisés.

S'il y a accord pour concevoir les APE comme de véritables instruments de développement, un désaccord subsiste sur la manière de traduire dans la réalité cette dimension et sur la manière de prendre en compte les énormes écarts des niveaux de développement. Nous avons vu comment, déjà maintenant, les produits agricoles européens comme la viande de poulet, le lait en poudre et le concentré de tomates arrivent à inonder les marchés africains, ruinant des millions de petits producteurs et leurs familles. Les pays ACP peuvent certes demander et obtenir l'exclusion de la négociation des produits agricoles en tant que « produits sensibles ». Mais l'UE a refusé la demande des pays ACP d'examiner au cours de ces négociations la question des exportations par l'UE à des prix de dumping.

L'industrie est, elle aussi, menacée. La CNUCED et le PNUD font état des craintes d'une libéralisation multilatérale susceptible de provoquer d'importants coûts d'ajustement en termes de recettes fiscales, de production, de désindustrialisation et de pertes d'emploi. Une importante libéralisation multilatérale des échanges pourrait porter atteinte de façon permanente aux fondements d'une industrie manufacturière africaine naissante. Elle note aussi que les capacités humaines et institutionnelles sont très limitées[501].

Dieter Frisch qui fut, de 1982 à 1993, directeur général du développement à la Commission européenne, écrit que « l'affirmation que cette ouverture des marchés du côté des partenaires structurellement faibles, au sein d'une zone de libre-échange, serait avantageuse pour leur développement est plus que contestable. En effet, on ne connaît historiquement aucun cas où un pays au stade précoce de son évolution économique se serait développé grâce à son ouverture à la concurrence internationale. Le développement s'est toujours amorcé sous une certaine protection qu'on a pu diminuer au fur et à mesure que l'économie s'était suffisamment fortifiée pour affronter la concurrence extérieure »[502].

Parmi les options politiques, la CNUCED et le PNUD recommandent de retarder l'ouverture des marchés africains à l'UE jusqu'à l'achèvement complet de l'intégration intra-africaine[503].

L'approche qui régit cette négociation devrait être fondamentalement changée. Toutes les leçons qu'impose la crise alimentaire devraient être tirées et intégrées dans un nouveau mandat de négociations. Les pays ACP devraient en particulier demander une protection sérieuse et suffisante pour leurs producteurs agricoles mais aussi industriels, tenant

---

[501] CNUCED/PNUD, *Négociations et l'Afrique*, No. 3, 2006.
[502] Rapport ECDPM, *La politique de développement de l'Union européenne,* 2008, p.38.
[503] CNUCED/PNUD, *op.cit.*

dûment compte de leur niveau de productivité. L'intérêt bien compris de l'UE devrait la conduire à accepter une telle demande. L'UE devrait de même soutenir la nécessité de marchés agricoles dans le sud, comme Michel Barnier l'a proposé, et réintroduire le principe de non-réciprocité dans les négociations des APE.

Il importe que l'UE redéfinisse sa politique commerciale sur une base pragmatique et s'inspire des expériences et des leçons que l'histoire du développement économique de ses Etats membres, du plan Marshall et de plusieurs pays de l'Asie du Sud-Est nous enseigne. La protection de capacités naissantes et fragiles, agricoles ou industrielles, devrait être un des piliers d'une telle politique. La crédibilité de l'UE lui demande de rendre cohérentes entre elles ses propres politiques.

Cohérence et incohérence des politiques

Charles Goerens, ancien ministre luxembourgeois de la Coopération au développement et de l'Action humanitaire, a déclaré en 2001 : « Le principe de la cohérence des politiques tel que nous l'entendons est un principe de bon sens qui signifie que l'on ne peut pas retirer de la main gauche ce qu'on donne de la main droite. Autrement dit, les politiques de lutte contre la pauvreté menées en faveur des populations les plus démunies des pays en développement ne doivent pas voir leur impact annihilé par les effets d'autres politiques déployées à l'échelle internationale[504]. »

Le Traité de Lisbonne retient ce concept en disposant que « L'Union tient compte des objectifs de la coopération au développement dans la mise en œuvre des politiques qui sont susceptibles d'affecter les pays en développement »[505]. Le Consensus Européen sur le Développement » comprend une section sur la « Cohérence des politiques pour le développement » qui fait état du plein engagement de l'UE d'agir pour faire avancer cette politique dans un certain nombre de domaines. Pour traduire cet engagement dans la réalité, l'UE « se donnera les procédures, instruments et mécanismes à tous les niveaux ».

---

[504] Charles Goerens est actuellement membre du Parlement Européen où il fait partie de la Commission du Développement.
[505] Traité de Lisbonne, article 208.

Cette cohérence des politiques est-elle susceptible de donner des résultats ? Elle a certainement le mérite de poser les bonnes questions et de développer la prise de conscience. Il n'est toutefois pas sûr que la volonté politique existe dès que des intérêts contradictoires entrent en jeu.

Les exemples d'incohérences sont nombreux. La Politique Agricole Commune est une politique de dumping à l'égard des pays en développement qui y détruit des emplois et ruine des secteurs entiers des agricultures locales. Nous venons de voir les sérieuses réserves et les questions de principe que soulèvent les APE, notamment de la part des gouvernements de ces pays et de leurs sociétés civiles. Les aides en matière de pêche que l'UE autorise entraînent des augmentations des capacités de pêche européennes chaque fois plus considérables le long des côtes de l'Afrique aux dépens des petits pêcheurs africains. Un autre cas d'incohérence a été la décision, prise en 2009 par l'Union Européenne, de réintroduire à nouveau des subventions à l'exportation de lait en poudre. Loin d'apporter une solution durable à la crise du prix du lait aux producteurs en Europe, elle aggrave la concurrence déloyale vis-à-vis des producteurs de lait dans les pays en développement.

Au Parlement européen, on est bien conscient de ces incohérences. En 2010, un rapport critique de la Commission du Développement y a été publié qui constate que « dans les pays en développement les marchés sont inondés par des produits européens fortement subventionnés, ce qui contribue à l'affaiblissement des infrastructures sociales et économiques, aggrave la malnutrition et la faim et expose les paysans locaux à la pauvreté et au renforcement de leur dépendance de l'aide extérieure ».

Entre-temps, l'UE ne cesse d'augmenter ses parts de marché pour des produits alimentaires dans les pays en développement. Ainsi, entre 2000 et 2010, elle a pu pratiquement doubler ses exportations vers l'Afrique de l'Ouest. La valeur de celles-ci est passée de 1,5 milliard d'euros à 2,9 milliards. Jacques Berthelot a constaté pour cette période des taux moyens de dumping pour les céréales de 54,6%, de 38% pour le lait en poudre et de 33% pour la viande[506].

---

[506] Voir www.solidarite.asso.fr.

Le séminaire sur la sécurité alimentaire organisé par le Luxembourg en 2005, dans le cadre de sa Présidence de l'UE, avait comme titre : « Atteindre la sécurité alimentaire : Un défi majeur pour la cohérence des politiques ». Selon une des recommandations adoptées, les Etats membres de l'UE, les ministères concernés et les Parlements, tout comme les institutions européennes, devraient examiner régulièrement la portée et la mise en œuvre de la cohérence des politiques. A cet effet, les mécanismes nécessaires devraient être créés dans tous les Etats membres. La cohérence des politiques commence, en effet, d'abord à domicile. Au niveau national, les ministères concernés et en particulier les ministères du Commerce, de l'Agriculture, de l'Environnement et des Finances devront participer à cet exercice avec celui chargé de la Coopération au développement.

Une implication forte sur ces questions des Parlements nationaux et européens ainsi que des ONG paraît de même indispensable pour forger la volonté politique nécessaire. Il faudrait également renforcer le statut de la coopération au développement et confier la gestion de cette politique à des ministres ayant le même rang que leurs collègues de l'Agriculture, du Commerce ou des Finances. Pour avoir un impact plus grand, le Président du Conseil des ministres de la coopération au développement devrait avoir des entretiens réguliers avec les Conseils de l'Agriculture, du Commerce Extérieur et des Finances. Il est temps aussi de soumettre le Fonds Européen de Développement (FED) à un contrôle démocratique en l'inscrivant au budget du Parlement européen.

L'UE doit mieux assumer ses responsabilités au niveau mondial

Il convient de saluer la réforme de la Politique Commune de la Pêche (PCP) en 2013 que des ONG ont qualifiée d'« historique ». Celle-ci inscrit, pour la première fois, le principe de durabilité comme un déterminant majeur d'une politique européenne. Les stocks de pêche seront restaurés, d'ici 2020, à des niveaux durables. Fin est mise aux pratiques de pêche génératrices de gaspillage et de nouvelles possibilités d'emplois et de croissance dans les régions côtières sont créées. Plusieurs objectifs sont retenus à cet effet : les rejets sont interdits, une autonomie accrue est conférée au secteur, la prise de décision est décentralisée, une plus grande importance est réservée à l'aquaculture, la pêche artisanale est soutenue et les connaissances scientifiques concernant l'état des stocks de pêche sont actualisées. Dans les eaux de pays non membres, l'UE assumera sa responsabilité dans le cadre des accords internationaux qu'elle a signés[507].

Il en est autrement de la réforme de la Politique Agricole Commune (PAC). L'UE est le premier marché agricole et alimentaire solvable de la planète. Ses importations constituent près de 13% du total des produits agricoles exportés dans le monde. Elle est le premier exportateur de produits agricoles. Elle dispose d'un appareil de production efficace qui s'est construit au fil du temps. Mais aujourd'hui, l'agriculture ne représente plus que 1,6% du PIB et 5% de l'emploi de l'UE à 25 Etats.

Comme déjà indiqué au *chapitre 16,* il est particulièrement fatal que la Commission ait repris parmi les objectifs de la PAC, celui d'assurer des parts de marché à l'industrie agricole et alimentaire européenne sur les marchés internationaux, sans prendre une position claire sur la responsabilité que cette politique implique au niveau international. L'UE est déjà devenue importatrice nette de produits alimentaires et de produits servant à l'alimentation du bétail. La stratégie de la PAC orientée vers l'exportation est donc basée sur un accaparement de ressources hors de l'Europe, ce qui est irresponsable d'un point de vue du développement et de l'écologie. En même temps, la PAC mine le renforcement de l'agriculture paysanne dans les pays en développement, renforcement pourtant urgent et indispensable pour la sécurité alimentaire de la population mondiale. Le rapport sur l'agriculture mondiale le demande également avec insistance[508].

La réforme de la PAC, comme décidée en 2013, n'a pas conduit au changement de paradigme souhaité en direction d'une politique agricole européenne plus juste et plus durable, pour laquelle de nombreuses organisations de la société civile se sont engagées. Cependant, la réforme présente un potentiel important permettant, au moins, d'initier le changement nécessaire lors de ses transpositions au niveau national, afin de tenir compte des défis sérieux du présent et en particulier du changement climatique. Les résultats de ces transpositions restent à vérifier.

---

[507] Ec.europa.eu/fisheries/reform.
[508] Agrarbündnis e. V, *op. cit.*, p. 9.

Il est regrettable, en tout cas, que les subventions à l'exportation soient certes réduites à zéro mais que leur suppression définitive ait été refusée, tout comme la création d'un mécanisme permettant de surveiller les exportations de produits alimentaires vers les pays en développement. Ni la production, ni les exportations ne vont diminuer. L'appui de la PAC à la culture, en Europe, de légumineuses n'ayant pas été retenu, celles-ci ne vont pas remplacer l'importation de graines et de tourteaux de soja pour l'alimentation du bétail.

L'Europe se trouve face aux alternatives suivantes :

- « Allons-nous nous décider en faveur d'un système alimentaire industriel dirigé vers l'exportation et orienté par rapport au marché mondial ? » Les partisans de cette politique ne cessent de souligner que ce n'est qu'ainsi que nous pouvons nourrir le monde bien que, en fin de compte, ce système ne profite qu'au commerce et à quelques industries ?

- « Ou préférons-nous un système de production qualitative et respectueuse de l'environnement, pour des marchés locaux et pour une valeur ajoutée sur place ? Le Rapport sur l'agriculture mondiale dit clairement que ce n'est qu'ainsi que nous arriverons à fournir une contribution décisive à la lutte contre la faim dans le monde »[509].

---

[509] *Ibid.*, p. 35.

20. Les Etats-Unis

Les Etats-Unis ne sont pas seulement une puissance mondiale sur les plans politique, militaire, économique et culturel, ils le sont aussi sur le plan agricole. Certes, comme pour l'UE, la part de l'agriculture dans l'économie du pays a régulièrement diminué et ne représente plus que 1,1% du PIB en 2011. Ils sont pourtant toujours un des plus grands exportateurs mondiaux de produits agricoles[510]. En 2011, leurs exportations agricoles ont atteint une valeur de 137 milliards de dollars, contre seulement 44 milliards en 1994 et 69 milliards en 2006. Cela représente plus de 10% du total des exportations agricoles mondiales, soit une part semblable à celle de l'UE. En 2011, les Etats-Unis ont importé des produits alimentaires pour 93 milliards de dollars et l'UE pour quelque 118 milliards.

Les Etats-Unis ont une superficie arable deux fois plus importante que celle de l'UE et utilisent la moitié des tracteurs du monde. Mais ses agriculteurs sont très dépendants des exportations et des aides de l'Etat[511]. Les Etats-Unis disposent d'une surface totale équivalente à celle de la Chine, mais ont une population quatre fois moindre. Les Etats-Unis ont pourtant plus de terres arables : 176 millions d'hectares contre 142 pour la Chine. Pour mettre en valeur ces terres, il y a seulement 3 millions d'agriculteurs, ce qui ne représente que 1,8% de la population active du pays. La taille moyenne des exploitations est de 170 hectares, soit plus de quatorze fois la moyenne de l'UE. Elle est, aujourd'hui, 2,5 fois plus élevée qu'elle ne l'était en 1950. La très forte mécanisation compense le faible nombre d'actifs et est source d'une forte productivité du travail.

Les fermes américaines se distinguent pourtant par une grande inégalité. 90% des exploitations agricoles américaines sont considérées comme de petites exploitations, car elles génèrent moins de 250 000 dollars de ventes brutes et ne comptent que pour 33% de la valeur totale de la production[512]. Depuis 1950, le nombre d'exploitations, aux Etats-Unis, a

---

[510] Pierre Rainelli, *L'Agriculture de demain*, Ed. du Félin, 2007, p. 33 - Jennifer Clapp & Marc Cohen, *The Global Food Crisis*, Wilfried Laurier University Press, 2009, p. 237.

[511] Pierre Rainelli, *ibid.*, p. 33.

[512] Daryll Ray, Daniel de la Torre Ugarte, Kelly Tiller, Agricultural Policy Analysis

régulièrement diminué, passant de près de 5,5 millions à environ 2,2 millions actuellement[513].

Depuis 1996, la politique agricole des Etats-Unis a pris une orientation nouvelle. On y considère maintenant l'exportation comme le principal moteur du secteur agricole. La préférence actuelle pour un marché complètement dérégulé est sous-jacente à cette approche. L'objectif est de permettre aux marchés de faire baisser les prix aussi bas que nécessaire pour permettre aux Etats-Unis de mettre hors-jeu les producteurs des autres pays et, grâce aux subventions, de capter une plus grande part du marché mondial[514]. En tout cas, cette politique des bas prix payés pour les produits agricoles est accompagnée de subventions qui doivent servir de compensations aux fermiers. D'un montant de 7 à 13 milliards de dollars pendant une grande partie des années 1990, les aides directes ont dépassé largement les 20 milliards de dollars, chaque année, depuis 1999. En 2001, les subventions publiques aux agriculteurs ont représenté 47% du revenu agricole net, contre 20% environ dans les années 1990[515].

Nulle part le génie génétique n'est appliqué à une échelle aussi vaste qu'aux Etats-Unis. 90% du maïs, des graines de soja et des betteraves sucrières utilisés aux Etats-Unis sont génétiquement modifiés. Un tiers des céréales et 90% des tourteaux de soja sont utilisés pour le bétail de sorte qu'une fraction seulement des substances nutritives reste pour l'alimentation des êtres humains[516].

Une responsabilité vis-à-vis des paysans du monde entier

Les bénéficiaires des principales productions végétales américaines sont d'abord les grands systèmes d'élevage, souvent intégrés verticalement, les firmes multinationales de l'agroalimentaire et les pays importateurs[517]. Un peu plus de la moitié des porcs vivaient en 2001 dans des exploitations comptant 5 000 têtes ou plus, alors que cette proportion

---

Center, Tennessee University, *Repenser la Politique Agricole des Etas-Unis*, 2003, p. 21.

[513] *Ibid.*, p. 12.

[514] *Ibid.*, p. 18.

[515] *Ibid.*, p. 10, 18.

[516] Frances Moore Lappé, EcoMind, Nation Books, 2013 p. 21.

[517] Daryll Ray et Co, *op cit.*, , p. 22.

n'atteignait qu'environ un tiers en 1996. Pour les auteurs de l'étude de l'Université de Tennessee, l'expérience du marché libre en agriculture lancée en 1996 a échoué. Les petites exploitations disparaissent par milliers et celles qui restent sont confrontées à des difficultés énormes[518].

La loi agraire (Farm Bill) de 2002 et celle de 2008 ont, pour l'essentiel, poursuivi la même politique. Les agriculteurs américains en ont souffert, contrairement à la rhétorique officielle qui veut faire croire le contraire. Dans le même temps, les plus gros représentants de l'agrobusiness ont tiré profit de la situation alors que la part du revenu des agriculteurs obtenu par leurs ventes a baissé significativement. La politique des prix des matières premières, et spécialement des céréales, permet à l'agrobusiness et aux éleveurs industriels d'acheter des produits agricoles en dessous des coûts de production, consolidant leur contrôle de l'ensemble de la chaîne de production et de commercialisation[519].

Les décideurs politiques américains sont en grande partie responsables des conditions alarmantes que connaît l'agriculture mondiale aujourd'hui[520].

L'étude de l'Université de Tennessee a mis en lumière un des exemples les plus flagrants du double langage des Etats-Unis : la coexistence du maintien d'un niveau extrêmement important d'aides du gouvernement américain à ses agriculteurs et des encouragements de ce même gouvernement aux autres pays pour qu'ils réduisent leurs propres soutiens internes à l'agriculture. Même si les aides à l'agriculture américaine se sont techniquement situées en dessous du niveau des engagements de réduction à l'OMC, leur niveau a augmenté depuis 1996 et elles apparaissent comme une illustration de l'approche américaine de la libéralisation commerciale : « faites ce que je dis, pas ce que je fais »[521].

Comme nous l'avons vu au *chapitre 2*, les prix des produits agricoles ont augmenté, de manière drastique, à la suite de la crise alimentaire mondiale de 2008, et se situent, depuis lors, à un niveau supérieur tout

---

518 *Ibid.*, p. 30.
519 *Ibid.*, p. 9.
520 *Ibid.*, p. 9.
521 *Ibid.*, p. 10, 18.

en étant très volatils. Le fait que le gouvernement américain ait commencé à soutenir fortement la production d'agrocarburants sur base de maïs, a été l'une des causes de ces augmentations.

Pour Daryll Ray et Co, il est clair que des changements politiques aux Etats-Unis, visant à favoriser la production agricole dans les pays les plus pauvres, pourraient aider à améliorer le niveau de vie d'une proportion significative de la population mondiale, même s'il est entendu qu'il ne s'agit pas du seul facteur susceptible d'influencer cette production. Mais le fait pour les agriculteurs des pays en développement de recevoir de meilleurs prix pourrait améliorer le sort de milliards de personnes[522].

Début 2014, le Congrès américain a adopté une réforme majeure de la politique agricole pour les cinq prochaines années. La loi met fin aux « paiements directs », c'est-à-dire à la pratique, en vigueur depuis des décennies, d'accorder des subventions aux fermiers indépendamment du résultat des récoltes. Au lieu de cela, les fermiers devraient recevoir de l'argent de l'Etat pour les assurances contre des pertes de récolte et pour des systèmes qui garantissent les revenus. Chaque année, des aides d'un montant de 20 milliards de dollars sont prévues à cet effet.

La nouvelle loi prévoit pour la période 2014-2018 des dépenses de 956 milliards de dollars, dont 756 milliards pour des programmes d'aide alimentaire, 44,4 milliards pour des programmes de produits agricoles et 57,6 milliards pour des programmes environnementaux ruraux[523].

Un coût social et environnemental élevé

La politique agricole poursuivie depuis 1996 a un coût social et environnemental élevé. Les revenus des fermiers, même avec les subventions du gouvernement, ne sont qu'une fraction de ce qu'ils étaient sous les programmes précédents entre-temps abolis. Ces derniers avaient grosso modo pour but de payer aux fermiers au moins les coûts de production et ils obligeaient l'acheteur à payer ce prix plutôt que de le faire supporter par le contribuable. En 2005, le fermier producteur de maïs touche un tiers du prix de 1978[524].

---

[522] *Ibid.*, p. 36.
[523] Agrarheute.com juin 2014.
[524] Peter Rosset, *op.cit.*, p. 17.

La Corée n'est pas le seul pays confronté à une épidémie de suicides de fermiers. Les Etats-Unis et l'Inde vivent des phénomènes similaires et largement pour les mêmes raisons[525]. Des entreprises multinationales utilisant une production automatisée de masse inondent les marchés à des prix tels que les entreprises nationales plus petites, utilisant des pratiques à haute intensité de main-d'œuvre, ne peuvent pas entrer en concurrence. Comme cela a pu être observé au Mexique avec l'accord NAFTA, ces entreprises arrêtent alors leurs activités et des centaines de milliers de personnes perdent leur emploi[526].

Quant aux subventions, tant dans l'UE qu'aux Etats-Unis, elles sont avant tout versées aux fermiers les plus riches et les plus grands qui, souvent, ne sont pas des fermiers, mais des entreprises. Aux Etats-Unis, le 1% le plus riche a touché en moyenne des subsides de 214 000 dollars par an, les 20% les plus aisés n'ont reçu que 9 916 dollars, les autres obtenant beaucoup moins ou rien. Le fermier américain moyen est endetté, résultat des bas prix de vente et des coûts de production élevés[527].

Non seulement ces subventions compensent mal les fermiers américains et européens, mais elles ont comme autre résultat de conduire à des pratiques de dumping sur les marchés de pays tiers et notamment des pays en développement. Un rapport de l'Institut pour l'Agriculture et la Politique Commerciale (IATP) de Minneapolis a calculé l'impact de ce dumping pour l'année 2003 : le blé est exporté à 40% en dessous du prix de production, le soja à 25%, le maïs de 25% à 30%, le coton à 57% en moyenne[528].

Timothy Wise de la Tufts University observe que les producteurs de lait obtiennent des prix bien en dessous de leurs coûts de production. Et ils font banqueroute à un rythme élevé. Wise attire aussi l'attention sur le coût environnemental élevé que le marché n'est pas en mesure de refléter. Par exemple, la culture de maïs est l'une des plus polluantes,

---

[525] *Ibid.*, p. 2.
[526] *Ibid.*, p. 2, 3.
[527] *Ibid.*, p. 38.
[528] Daryll Ray et Co, *op. cit* ., p. 11 - Rosset, *op. cit..*, p. 42.

surtout à cause de l'usage excessif d'eau, d'engrais chimiques et de fertilisants[529]. La nouvelle loi agricole ne modifie guère cette situation.

Pour Christopher Cook,[530] cette nouvelle loi montre qu'une nourriture saine, produite selon une méthode durable et procurant des revenus décents pour les fermiers et les travailleurs, reste un phénomène marginal. Il souligne l'influence de l'agrobusiness et son emprise sur le processus de législation. Malgré une opinion publique forte - qui s'engage en faveur d'une nourriture locale, de marchés paysans, d'une agriculture organique, du respect des droits des travailleurs et de l'accès à des produits frais -, les intérêts des firmes arrivent toujours à s'opposer à de tels progrès[531].

Fort de son pouvoir de pression, l'agrobusiness a dépensé 137 millions de dollars pour faire valoir ses intérêts auprès du Congrès. 46,6 millions ont été dépensés en 2010 pour l'élection des candidats au niveau fédéral. Cette phalange inclut l'association américaine des producteurs de maïs et des multinationales de l'alimentaire comme Kraft et Dean Foods, le Farm Bureau, les géants de l'industrie du lait et de la viande ainsi que des entreprises de semences et de chimie comme Monsanto. Les centaines de groupes d'intérêts qui luttent en faveur d'une politique des prix justes pour les fermiers, d'un appui pour les petits paysans et d'une production locale de nourriture ne disposent que de peu de moyens financiers[532].

Comme auparavant, des subventions sont distribuées, de manière injuste, aux fermiers les plus riches pour des monocultures de soja et de maïs, pour des additifs alimentaires, du fourrage et de l'énergie. L'agriculture intensive en produits chimiques est soutenue alors qu'elle est pourtant considérée comme l'un des principaux pollueurs de plus de la moitié des fleuves et des cours d'eau et malgré la contribution manifeste de l'agriculture industrielle au changement climatique. Certains spécialistes mettent en garde devant les conséquences sociales, économiques et écologiques désastreuses de cette politique[533].

---

[529] Resurgence Issue 259, March/April 2010, Timothy Wise, *"The true cost of cheap food"*.
[530] Auteur du livre : Diet for a Dead Planet: Big Business and the Coming Food Crisis.
[531] www.foodfirst.org.
[532] *Ibid.*
[533] *Ibid.*

Celle-ci a aussi des répercussions importantes au niveau global. Les Etats-Unis étant le plus grand exportateur mondial de produits agricoles, la politique agricole américaine est en fait une politique commerciale extérieure, écrit Gawain Kripke, directeur pour les questions politiques et la recherche auprès d'Oxfam Amérique. Le Farm Bill, dit-il, encourage les fermiers à la surproduction. Ces excédents sont ensuite déversés sur des marchés étrangers, soit comme aide alimentaire soit comme exportations en dessous du prix de revient. Cette pratique détruit au Sud les moyens d'existence des paysans et les systèmes alimentaires et construit la dépendance des importations américaines[534].

La concentration des marchés agricoles

Au cours des vingt dernières années, la concentration des acteurs qui contrôlent les marchés agricoles a atteint des niveaux que tous les économistes des pays développés et des pays en développement considèrent comme excessifs, quelle que soit l'aune utilisée pour la mesurer. Comme indiqué au *chapitre 8,* cette concentration a un impact sur les prix. Il est évident que les conglomérats agroalimentaires intégrés ont intérêt à payer le moins cher possible leurs produits agricoles de base et à les vendre aussi cher que possible aux consommateurs. Quelques exemples donnent une idée de cette concentration :

- Quatre entreprises - Cargill, Cenex Harvest States, Archer Daniels Midland (ADM) et General Mills - sont propriétaires de 60% des infrastructures d'entreposage des grains,

- Trois entreprises - Cargill, ADM et Zen Noh - assurent 82% de toutes les exportations de maïs,

- Quatre entreprises - Tyson, ConAgra, Cargill et Farmland Nation - concentrent 81% de l'industrie d'emballage de la viande de bœuf,
- Quatre entreprises - ADM, Con Agra, Cargill et General Mills - possèdent 61% de la capacité de mouture de farine.

Ce pouvoir concentré des entreprises est la cause des bas prix. Il leur permet de dicter les prix et d'influencer la politique. Cette concentration

[534] *Ibid.*

permet à ces entreprises de déterminer les prix offerts aux fermiers comme s'il n'y avait pas de concurrence. C'est la « pénurie de marché » qui maintient les fermiers dans la pauvreté tant dans les pays du Nord que du Sud.

21. La Chine

Une réduction impressionnante de la pauvreté

Si, en pourcentage, le nombre des personnes souffrant de faim et de malnutrition a diminué, au niveau mondial, depuis 1980, c'est avant tout grâce aux progrès économiques et de lutte contre la pauvreté accomplis par la Chine. Aucun autre pays ne peut faire état de performances aussi impressionnantes.

La réduction de la pauvreté des 35 dernières années en Chine est sans précédent. Selon la Banque mondiale, entre 1992 et 2009, la pauvreté a baissé de 64% à 12%, ce qui signifie que 500 millions de personnes sont sorties de la pauvreté. Cette réduction a toutefois été très inégale dans le temps. La réduction la plus nette est survenue au début des années 1980, tandis que la fin de la même décennie et le début de la suivante ont connu certains revirements[535]. Divers auteurs se montrent toutefois plus prudents dans l'évaluation de la réduction de la pauvreté en Chine[536].

La forte baisse de la pauvreté entre 1981 et 1985 a été déclenchée par des réformes agricoles initiées en 1978. Les profondes réformes lancées en Chine en 1978 ont répondu à l'impérative nécessité de restaurer l'indépendance alimentaire du pays et d'assurer un niveau de vie minimum à tous ses citoyens. Le système de responsabilisation des ménages qui accordait à ceux-ci de solides droits d'utilisation sur des parcelles individuelles, l'augmentation des prix d'achat des productions agricoles par le gouvernement et la libéralisation partielle des prix ont tous eu de forts effets positifs sur les comportements des familles paysannes. Dans les premières années des réformes, la production et la productivité agricoles ont fortement augmenté, en partie aussi grâce à

---

[535] Banque mondiale, *op.cit.*, p. 56.

[536] Ces données de la Banque mondiale sont contestées par certains. Mark Leonard parle de 300 millions de personnes qui auraient été conduites du sous-développement agricole à la modernité en trente ans (Mark Leonard, *What does China think*, Ed. Fourth Estate, 2008, p. 6). Selon Martine Bulard, près de 200 millions de Chinois sont passés, au cours des deux dernières décennies au-dessus du seuil de pauvreté. C'est beaucoup moins, affirme l'auteur, qu'annoncé avec éclat par la Banque mondiale, fin 2007. Mais ce n'est pas négligeable. Selon la Banque asiatique de développement (BAD), le nombre de personnes vivant dans le dénuement le plus absolu (moins de un dollar par jour) a baissé de 8,5% par an entre 1993 et 2004 (Martine Bulard, *ibid.*, p. 84).

l'adoption de variétés hybrides de riz à fort rendement. L'investissement en recherche et développement agricole a triplé dans les vingt dernières années du XXème siècle. La part du secteur rural non agricole dans le PIB est passée d'un chiffre proche de zéro en 1952 à plus d'un tiers en 2004. Selon les estimations de la Banque, la croissance globale émanant de l'agriculture a été 3,5 fois plus efficace en termes de réduction de la pauvreté que la croissance due aux secteurs industriels ou des services[537].

L'empire du Milieu a réussi à éradiquer l'analphabétisme : 91% des Chinois savent lire, écrire et compter. La très grande majorité des enfants (90% selon le PNUD) est scolarisée aux niveaux primaire et secondaire[538]. En 1948, l'espérance de vie était de 35 ans et, en 2000, elle est de 75 ans. Le nombre de médecins pour 10 000 habitants était de 16, soit la moitié de plus qu'en 1978[539].

La Chine a déplacé ses industries vers les villes rurales, diversifiant ainsi les revenus ruraux, en suivant une démarche qui pourrait faire des émules dans d'autres pays en mutation[540]. 83% des villages sont à présent équipés de téléphones fixes et 56% sont couverts par des réseaux de téléphonie mobile[541]. Un meilleur niveau d'éducation permet aux travailleurs ruraux de trouver des emplois non agricoles bien rémunérés, alors que le manque d'éducation les contraint à se tourner vers l'emploi agricole ou, au mieux, l'emploi non agricole faiblement rémunéré[542].

Il n'en reste pas moins que 158 millions de personnes (sur 900 millions de ruraux) vivent encore au-dessous du seuil de pauvreté[543]. Cela signifie près de 100 millions de moins qu'en 1990, bien que, depuis cette date, la population ait augmenté de 196 millions[544]. 7% des enfants chinois restent sous-alimentés. La Chine est un pays émergent connaissant un développement rapide, mais reste en même temps encore un pays en

---

[537] Banque mondiale, *op.cit.*, p. 6, 17, 43, 52, 56.
[538] Martine Bulard, Chine Inde, *La course du dragon et de l'éléphant*, Ed. Fayard, 2008, *ibid.*, p. 92.
[539] L'info décodée, Peter Franssen, *Chine : la quête d'un modèle de développement*, 6 octobre 2009.
[540] Banque mondiale, *op.cit.*, p. 26.
[541] *Ibid.*, p. 210.
[542] *Ibid.*, p. 261.
[543] Martine Bulard, *op.cit.*, p. 142, 143.
[544] OCDE-FAO Agricultural Outlook 2013-2022, p.55

développement dont le RNB par personne en 2012 (6 091 dollars) correspond à environ 1/8ème de celui des Etats-Unis ou du Japon. 2/5 des villages n'ont pas de routes asphaltées conduisant au prochain marché en ville. Un tel pays a encore d'immenses besoins de construction de routes et de chemins de fer. En 2012, la Chine a un réseau de chemins de fer de 110 000 km alors que les Etats-Unis en avaient un de 400 000 km en 1916[545]. La pauvreté reste massivement rurale, les ruraux représentant 82% du total des pauvres[546]. 695 millions vivent en zone rurale, 150 millions de moins qu'en 1992[547].

Les nouveaux défis

En même temps, la Chine connaît des inégalités croissantes. Pour une grande partie de la population, le prix à payer pour la hausse des revenus a été une hausse équivalente des disparités. A la différence de la plupart des pays en développement, la Chine connaît des différences de revenus plus accentuées en milieu rural qu'en milieu urbain. Il existe aussi d'importants déséquilibres régionaux et sectoriels. Les restrictions à la migration intérieure de la main-d'œuvre et les politiques industrielles ont favorisé les zones côtières au détriment des régions plus pauvres de l'intérieur du pays. Les distorsions dans la prestation de services ont laissé se détériorer les systèmes éducatifs et de santé. Bien des politiques ont contribué aux disparités dans les performances économiques régionales et sectorielles[548]. De très fortes disparités dans le capital humain sont également observées entre les zones rurales et urbaines[549]. A la campagne, a reconnu, en 2006, Goa Qiang, alors ministre de la Santé, la situation sanitaire est « catastrophique, 75% de la population rurale n'ayant pas accès aux soins, faute de moyens suffisants »[550].

Les administrations locales ont, par le passé, imposé une multitude de redevances aux populations rurales et provoqué d'importantes protestations. Les paysans sont au premier rang de ces protestataires d'un genre nouveau. Que dénoncent-ils ? Les privilèges des potentats locaux, les impôts grotesques qu'on leur réclame, la corruption au sein du parti et

[545] The Economist, January 16th, 2010.
[546] Banque mondiale, *op. cit.*, p. 6, 43.
[547] OCDE-FAO, *ibid.*, p. 63.
[548] Banque mondiale, *op. cit* p. 43 ,56.
[549] *Ibid.*, p. 260.
[550] Martine Bulard, *op.cit.*, p. 91.

de l'administration, les pollutions des terres et des rivières, les expulsions[551]. Les autorités centrales ont réagi, en 2004, en interdisant aux fonctionnaires locaux d'augmenter les redevances des paysans et en abolissant l'imposition agricole, mais elles n'ont pas compensé entièrement les ressources des gouvernements locaux, provoquant ainsi une crise des dépenses publiques[552]. Un rapport de l'Académie chinoise des Sciences Sociales indique que 40 millions de paysans ont vu leurs biens confisqués pour la construction d'aéroports, de routes, de barrages, d'entreprises et pour des transactions privées. Chaque année, deux autres millions de personnes vont perdre leurs maisons et leurs terres pour permettre de nouveaux développements, dont profitent les chefs de partis locaux[553]. Les ruraux venus travailler dans les villes, le plus souvent dans celles de leur province d'origine, seraient entre 120 et 150 millions (3,5 millions à Pékin)[554].

De grands défis se posent également sur le plan environnemental *(voir chapitre 7)*. La Chine détient aujourd'hui un record dont elle se vante rarement : celui de plus grand pollueur de la planète. Selon le rapport 2007 de la Banque mondiale, les émissions de dioxyde de carbone en Chine ont augmenté de 1 700 millions de tonnes entre 1990 et 2003 (+73%). Cela dit, et par rapport à la population, un Chinois moyen en émet autant qu'un Européen et la moitié d'un Américain[555]. Pas moins du tiers des gains en productivité issus du progrès technique ont été annulés par la dégradation des sols et de l'eau, sans compter les coûts connexes causés par la pollution[556]. D'un autre côté, selon les chiffres officiels, la surface globale des terres labourées diminue d'environ 600 000 hectares chaque année, soit 0,5%[557].

Pour faire face à la crise alimentaire, la Chine a pris plusieurs mesures en 2008. Elle a renforcé les subventions aux intrants, augmenté son prix plancher pour le riz et le blé et a aussi accru le soutien accordé par l'Etat aux agriculteurs sans intervention sur les prix. Elle l'a fait sous forme de paiements directs, de subventions pour l'achat de semences et de

---

[551] *Ibid.*, p. 202.
[552] Banque mondiale, *op.cit.*, p. 309.
[553] Mark Leonard, *What does China think?*, Ed. Fourth Estate, 2008, p. 73.
[554] Martine Bulard, *op.cit.*, p. 101.
[555] *Ibid.*, p. 46.
[556] Banque mondiale, *op.cit*, p. 63.
[557] Frédéric Lemaître, *op.cit.*, p. 53.

machines agricoles, de subventions pour les carburants agricoles, ainsi que pour les engrais. Les subventions totales en 2008 se sont élevées à 14,8 milliards de dollars, soit deux fois le montant de l'année précédente. Le gouvernement a recouru à la taxation des exportations d'engrais chimiques, afin de contrôler les exportations et de satisfaire la demande des agriculteurs chinois[558].

A l'indice de développement humain, la Chine se trouve au 101ème rang, loin devant l'Inde qui se trouve au 136ème rang. Si, pour Amartya Sen, l'on regarde la plupart des indicateurs de développement, la comparaison entre l'Inde et la Chine tourne à l'avantage de cette dernière et cela, bien avant les réformes des années 1980.

La Chine n'a toutefois pas toujours été en mesure, au cours de son histoire, d'éviter la famine. On estime aujourd'hui que la catastrophe des années 1958-1961 a causé la mort de près de trente millions de personnes, soit dix fois plus que le gigantesque fléau de 1943, dans le Bengale colonial. Le prétendu « Grand Bond en avant » a engendré cet échec retentissant[559]. Marc Dufumier cite une source selon laquelle ces famines ont occasionné la mort de 15 millions de personnes[560].

La politique suivie par la Chine

Martine Bulard, auteur du livre « Chine-Inde », estime qu'aux antipodes des principes néolibéraux, Pékin et, dans une moindre mesure, New Delhi, ont conservé des instruments de régulation économique bannis sous d'autres cieux. En Chine, l'Etat continue de garder la main dans un certain nombre de domaines (politique industrielle, de recherche, bancaire, monétaire), ce qui s'avère fort utile. La leçon sonne parfaitement claire aux oreilles des gouvernements de certains pays en développement, où les « experts » occidentaux ont mis tout leur talent à faire sauter les services publics et à prôner la dérégulation générale. Sans doute les instruments de régulation étatique n'étaient-ils pas tous performants, mais leur éradication systématique fut une bérézina[561].

---

[558] Rapport FAO 2009, p. 135.
[559] Amartya Sen, *Un nouveau modèle économique* - Ed Odile Jacob, 2000, p. 185-186.
[560] Marc Dufumier, *op.cit.*, p. 265.
[561] Martine Bulard, *op.cit.*, p. 20, 21.

Mark Leonard partage cette analyse en estimant que la Chine s'est libérée par elle-même de l'interférence des agences de développement occidentales et des institutions financières, avant de conclure : « La mondialisation devait amener le triomphe planétaire de l'économie de marché, mais la Chine est en train de montrer que c'est le capitalisme d'Etat qui est un de ses plus grands bénéficiaires[562]. »

Aujourd'hui, la Chine est à même de nourrir toute sa population qui représente 22% de l'humanité, même si elle ne possède que 9% de toutes les terres cultivables du globe. Ses réserves céréalières sont deux fois plus importantes que la moyenne mondiale[563].

Comment la Chine arrive-t-elle à nourrir une population de 1 300 millions de personnes ? La Chine reste très largement autosuffisante. Elle produit pratiquement tout ce qu'elle consomme. Pour les autorités, le riz et le blé sont des céréales stratégiques, une affaire de survie collective[564] grâce à d'impressionnantes augmentations de la productivité agricole sur une surface agricole totale inférieure à celle des Etats-Unis. Et cela à la suite de la réforme agraire, sur des exploitations d'une taille moyenne de moins d'un hectare.

Ainsi, entre 1980 et 2012, la Chine a été en mesure d'augmenter sa production de riz de 142 à 204 millions de tonnes, celle de blé de 55 à 120, celle de maïs de 62 à 208, celle des légumes de 14 à 160 et celle de pommes de terre de 25 à 85 millions de tonnes (FAOSTAT). La Chine est aujourd'hui de loin le plus grand producteur de céréales du monde. 58% de la croissance mondiale des fruits et légumes sont imputables à la Chine contre 38% à d'autres pays en développement[565]. Pour ce qui est de la viande, la Chine produit avant tout de la viande de porc et de la viande de volaille. La production d'œufs est passée durant la même période de 2,3 à 24 millions de tonnes. Important producteur et exportateur de produits textiles, la Chine est aussi un grand consommateur de coton.

---

[562] Mark Leonard, *op.cit.*, p. 123.
[563] L'info décodée, Peter Franssen, *op.cit.*
[564] Bruno Parmentier, *op.cit.*, p. 231.
[565] Banque mondiale, *op.cit.*, p. 70.

La demande de viande, liée à l'expansion rapide de la classe moyenne, a entraîné une explosion des importations de fourrage sous forme avant tout de soja. En seulement dix ans, celles-ci ont augmenté de 14 à 52 millions de tonnes en 2011, soit plus de deux fois le volume des importations dans l'UE[566] (23 millions). Les importations de viande de porc, de maïs, de produits laitiers et de sucre ont également connu une forte hausse.

En 2001, la Chine est devenue membre de l'OMC. Cela l'a conduite à réduire ses droits de douanes de 54% à 15,3%, alors que la moyenne mondiale de ces droits est de 62%. Aucun autre Etat membre de l'OMC n'a procédé jusqu'ici à de telles réductions, a affirmé le ministre chinois du Commerce. Résultat : malgré l'augmentation de la production nationale, les importations de coton ont commencé à augmenter de manière très rapide en 2004, passant de 11 300 tonnes en 2001 à 3,36 millions en 2011. Ainsi ont été ruinés les producteurs chinois de sucre, de soja et surtout de coton. Selon Oxfam Hong Kong, les importations de coton à bon marché des Etats-Unis ont produit une perte de 720 000 emplois agricoles et de 208 millions de dollars pour les paysans chinois. La libéralisation du commerce a probablement également provoqué un ralentissement dramatique de la réduction de la pauvreté[567].

En 2010, le budget que la Chine prévoit pour son agriculture est, après celui de l'éducation (16%), le deuxième en importance avec 11% du total (en croissance de 10% par rapport à 2009).

La coopération Chine-Afrique

La Chine devient rapidement en Afrique un investisseur majeur, un important fournisseur de produits manufacturés et un gros importateur de matières premières, comme le pétrole de l'Angola et du Soudan et le cuivre de la Zambie, et de produits agricoles. Elle a ouvert des débouchés aux agriculteurs africains. Elle a sensiblement accru son budget de coopération au développement ces dernières années, notamment au profit de l'agriculture. Cette coopération concerne plus de 40 pays et 200 projets de coopération. La Chine a envoyé, ces dernières années, 10 000 techniciens agricoles en Afrique pour former des agriculteurs locaux et

---

566 Faostat.

567 Walden Bello, Capitalism's lasts stand ?, Zed Books, 2013, p. 122-123.

leur apporter un appui technique. L'accent porte principalement sur la gestion des terres, les techniques d'élevage, la sécurité alimentaire, les machines agricoles et la transformation des produits agricoles et des produits dérivés.

La Chine participe aussi à des projets de coopération triangulaire, en Afrique notamment, avec la FAO à qui elle a confié un fonds fiduciaire de 30 millions de dollars pour aider les pays en développement à accroître la productivité agricole. Un fonds de développement sino-africain a été mis en place en 2007. Ses réserves devraient atteindre 5 milliards de dollars qui seront consacrés au financement de projets d'infrastructure, y compris dans le domaine agricole[568]. Le grand nombre de projets d'infrastructures que la Chine a, en effet, réalisés en Afrique, en peu de temps, est impressionnant : construction de routes, de ports, de chemins de fer, d'aéroports, de production d'énergie, etc. Lors de mes déplacements, ces dernières années, en République démocratique du Congo et en Ethiopie, j'ai pu me rendre compte de l'ampleur de ces travaux notamment en matière de construction de routes.

En peu d'années, la Chine est devenue le partenaire commercial le plus important de l'Afrique. Cela permet à celle-ci de diversifier ses relations avec le monde extérieur, alors que ce continent est longtemps resté dépendant, de manière unilatérale, de l'Europe et des Etats-Unis. La Chine est de même en train de devenir un partenaire économique des pays de l'Amérique latine. *The Economist* écrit : « Cinquante ans d'aide européenne et américaine n'ont pas rapporté grand-chose à l'Afrique. Il en va autrement avec la Chine. En échange de pétrole et de matières premières, la Chine met en place les infrastructures africaines[569]. »

D'un autre côté, il convient de souligner que les exportations à bon marché de la Chine affectent les marchés souvent trop libéralisés de nombreux pays en développement. C'est par exemple le cas du secteur textile en Afrique qui a connu un déclin extraordinaire avant tout à cause de la concurrence chinoise. L'accord de libre-échange entre la Chine et les Etats de l'Association des Nations de l'Asie du Sud-Est (ASEAN) a

---

[568] CNUCED, Rôle de la coopération Sud-Sud et de la coopération triangulaire pour un développement agricole durable et la sécurité alimentaire dans les pays en développement (TD/B/C.II/MEM.2/5).
[569] L'info décodée, *op.cit.*

ouvert la voie à des exportations vers les Philippines qui y ont menacé les bases d'existence des producteurs de fruits et de légumes. En Thaïlande, les producteurs de tomates et d'ail se sont trouvés au bord de la ruine. La stratégie commerciale de la Chine est celle d'un modèle à moitié ouvert, dit l'économiste chinois Angang Hu. Il est ouvert au libre-échange du côté de l'exportation, mais protectionniste de celui des importations[570].

---

[570] Walden Bello, *op cit.,* p. 116-117.

22. L'Inde

Le paradoxe de l'Inde

Presque un quart des personnes, plus de 200 millions, qui souffrent de sous-alimentation chronique sur la planète vivent en Inde. Selon le critère « Indice de la faim dans le monde », en 2012, l'Inde, pays émergent, se trouve à la 66ème place sur une liste de 105 pays. C'est un paradoxe, lorsque l'on sait que le pays figure aujourd'hui parmi les géants agricoles mondiaux, comme le plus grand exportateur mondial de riz et comme un exportateur important de blé. Il possède en réserve, dans ses greniers, 27 millions de tonnes de céréales, 36 millions de tonnes de riz, au total 100 millions de tonnes de produits alimentaires[571]. Le cas indien montre à l'évidence que la sous-alimentation dans le monde n'est souvent pas tant un problème d'absence de nourriture que d'accès à cette nourriture.

En 2005, la Cour Suprême indienne a condamné le gouvernement pour avoir violé le droit à l'alimentation et l'a obligé à distribuer gratuitement des céréales à une population affamée, dans une région, au lieu de les laisser pourrir dans des entrepôts. En 2012, une étude de la fondation Naandi a causé un scandale car elle constatait que 42% des enfants de moins de cinq ans souffrent d'une insuffisance pondérale et 59% de ralentissements de la croissance. Pour le Premier ministre, Manmohan Sing, ces données ont été une honte nationale[572]. Ainsi, la sous-alimentation des enfants en Inde est cinq fois plus grave qu'en Chine et deux fois plus grave qu'en Afrique subsaharienne. Chaque jour, 5 000 enfants indiens de moins de cinq ans meurent de malnutrition chronique[573].

La pauvreté en Inde reste massive : 840 millions d'Indiens - sur une population totale de 1,28 milliard, soit 17% de la population mondiale - vivent avec moins de deux dollars par jour, dont 365 millions avec moins d'un dollar[574]. A l' « Indice développement humain » de 2012, faut-il le rappeler, l'Inde se trouve au bas de l'échelle, au 136ème rang. Loin

---

[571] Christian Troubé, *Les nouvelles famines*, p. 86, 87.
[572] Le Monde, 6 juillet 2013.
[573] http://www.tlaxcala-int.org/article.asp?reference=1371.
[574] Alternatives Economiques, no 263, novembre 2007.

derrière la Chine (101ème rang), à peine au-dessus du Myanmar (149ème) ou du Bangladesh (146ème).

Les questions de l'éducation et de la santé constituent, sans nul doute, les plaies les plus vives dans le paysage indien[575]. L'illettrisme de masse n'est toujours pas éradiqué. C'est le handicap majeur de l'éléphant asiatique (avec celui de la santé). En effet, près de quatre Indiens sur dix ne savent ni lire, ni écrire, ni compter, contre une personne sur dix en Chine. La situation est encore plus dramatique pour les femmes[576]. Un rapport sur les écoles publiques en Inde rurale a montré que l'infrastructure matérielle était cruellement inadéquate, 82% de celle-ci ayant besoin de restaurations. Les livres font souvent défaut et le taux d'absentéisme des professeurs a tendance à être élevé[577].

La révolution verte et ses problèmes

En Asie, la révolution verte a doublé la production de céréales entre 1970 et 1995. Cette intensification de l'agriculture a permis de répondre aux besoins alimentaires mondiaux et de réduire la faim et la pauvreté. Dans les années 1960 et 1970, l'introduction de variétés demi-naines de blé et de riz a produit un bond considérable de la production agricole et augmenté les revenus des agriculteurs, en particulier dans le nord-ouest de l'Inde. Pour la Banque mondiale, la pauvreté rurale, en Inde, a ainsi diminué de 64% en 1967 à 50% en 1977 et à 36% en 1986. Une part importante des gains est due à une augmentation des salaires réels et à une baisse des prix céréaliers. La croissance du secteur agricole a réduit la pauvreté tant dans les zones urbaines que dans les zones rurales, et il en fut de même pour le secteur des services.

Les investissements dans les routes rurales ont contribué à hauteur d'environ 25% à la croissance de la production agricole dans les années 1970[578]. La Banque mondiale reconnaît le rôle actif que l'Etat a joué dans cette révolution verte en notant que « la force motrice de la révolution verte en Inde a été la détermination politique à devenir autonome sur le

---

[575] Martine Bulard, *op.cit.*, p. 87.
[576] Jean Drèze; Amartya Sen, *An Uncertain Glory. India and its Contradictions*, Allen Lane 2013, p. XI
Ibid., p. 94.
[577] Banque mondiale, *op.cit.*, p. 267.
[578] *Ibid.*, p. 56, 63.

plan alimentaire lorsque le gouvernement des Etats-Unis a décidé, au milieu des années 1960, d'utiliser l'aide alimentaire comme un instrument de politique étrangère »[579].

C'est grâce à ces efforts que l'Inde a quasiment atteint l'autosuffisance céréalière, dès la fin des années 1970, et que le pays fut à même de constituer des réserves vivrières[580]. L'Inde est aussi devenue le premier producteur de lait au monde. Cette production est réalisée par un très grand nombre d'exploitations surtout petites qu'un vaste réseau de coopératives parvient à commercialiser[581]. « Continent de la faim » il y a une cinquantaine d'années, tributaire des importations de céréales américaines, l'Inde indépendante a mis en place des politiques d'amélioration de ses cultures - dont la révolution verte -, qui a considérablement amélioré la production à l'hectare : en trente ans, le rendement du riz a été multiplié par deux et celui du blé par trois.

L'intensification des cultures par la révolution verte a, par contre, créé de graves problèmes environnementaux. Suite à une utilisation massive de produits chimiques, le sol indien devient de plus en plus stérile. Le recours à des semences hybrides que commercialisent les multinationales favorise la monoculture et affecte la biodiversité. L'eau sous toutes ses formes - sources, rivières, étangs, lacs, océans -, est de plus en plus contaminée par les produits chimiques[582]. Les subventions à l'irrigation par canaux, à l'énergie et aux engrais ont poussé les agriculteurs à surproduire du riz, du blé et d'autres denrées de faible valeur en recourant à une culture à forte intensité d'eau et à des prélèvements excessifs d'eaux souterraines. Plus d'un cinquième des aquifères souterrains sont surexploités dans trois des quatre Etats qui ont été les chefs de file de la révolution verte, ce qui affecte disproportionnellement les petits producteurs agricoles et porte atteinte à l'approvisionnement en eau potable[583].

La révolution verte n'a-t-elle pas aussi eu comme effet de négliger la réforme agraire ? Celle-ci a été effective et menée à bien dans les seuls

---

[579] *Ibid.*, p. 51.
[580] Marc Dufumier, *op.cit.*, p. 236.
[581] *Ibid.*, p. 238.
[582] Samir Amin, *op.cit.*, p. 30, 31.
[583] Banque mondiale, *op.cit.*, p. 216, 223.

Etats du Kerala et du Bengale occidental par des gouvernements progressistes et sous de fortes pressions de la part des organisations paysannes. Ailleurs, ces réformes ont été fictives et très partielles[584]. Aujourd'hui, 85% à 90% des 110 millions de familles paysannes tirent leur subsistance de moins de 2 hectares de terre arable. En fait, 93 millions de petits paysans possèdent moins de 14% des terres tandis que les 10% d'agriculteurs les plus riches sont propriétaires de près de 50% de l'ensemble des terres agricoles. En d'autres termes, la propriété des terres et des moyens de production est toujours largement refusée aux paysans, réels producteurs du bien-être agricole. Ceci est la principale raison de l'extrême pauvreté de la majorité de la population d'un pays aussi richement doté que l'Inde. La Chine a distribué 43% des terres agricoles aux paysans sans terre, Taïwan 37%, la Corée du Sud 32% et le Japon 33% ! [585].

L'impact de la libéralisation économique sur le monde rural

L'Etat indien avait mis en place, en 2000, une structure de régulation des cours : la Food Corporation of India ; l'Etat définit des prix planchers et s'engage à racheter les excédents. Les stocks constitués sont redistribués, revendus à des prix fixes, par un réseau national : le Public Distribution System. Se contentant de satisfaire avant tout les classes moyennes, l'Etat indien a laissé le système se déliter. Et la question aujourd'hui n'est pas tant de trouver de la nourriture pour les plus pauvres que de leur procurer des revenus pour qu'ils puissent l'acheter.

Lors d'un forum organisé à Berlin en 2004, Mme Patnaik, professeur à l'Université Nehru de New Delhi, a lancé un cri d'alarme face à la situation en rapide dégradation de la majorité de la paysannerie indienne[586]. Cette dégradation s'est produite depuis 1991, lorsque l'Inde a commencé à libéraliser son économie, comme le lui demandaient la Banque mondiale et le FMI auquel elle devait alors s'adresser pour

---

[584] Marc Dufumier, *op.cit.*, p. 228, 229.

[585] Samir Amin, *Les luttes paysannes et ouvrières face aux défis du XXIe siècle*, Ed. Les Indes savantes, 2005, p. 34, 35.

[586] Ce Forum a été organisé à Berlin sur le thème *« Politiques contre la faim : La libéralisation des échanges agricoles : une solution? »* Utsa Patnaik a de même pris part au séminaire sur la sécurité alimentaire qui s'est tenu en mars 2005 à Luxembourg. Son exposé était intitulé *« Une pleine libéralisation du commerce agricole compromet la sécurité alimentaire »*.

solliciter des prêts. Mais c'est surtout depuis 1996 que la dégradation s'est manifestée. Elle a été le résultat de cette politique de libéralisation qui a conduit l'Inde à baisser sa protection agricole face aux produits importés et à réduire les dépenses publiques pour l'agriculture. La part des investissements pour le secteur agricole est tombée, entre 1997 et 2007, de 15% à 2%, a reconnu le ministre de l'Agriculture, Sharad Pawar[587].

Pour Mme Patnaik, c'est à la suite de cette politique que les prix agricoles ont commencé à chuter. Cette chute a même atteint entre 40% et 80% pour certains produits, comme la canne à sucre ou les oléagineux. Le pouvoir d'achat de la paysannerie indienne a ainsi connu une baisse vertigineuse qui a notamment eu les effets suivants :

- augmentation rapide de l'endettement des paysans avec comme conséquence la vente croissante de biens et de terres agricoles et le développement du commerce des reins humains destinés à être greffés,

- augmentation rapide des suicides en milieu rural *(voir ci-après),*

- ralentissement de la production agricole dont la croissance a été réduite de 3,19% de 1980 à 1990 à 1,73% de 1990 à 2001,

- réduction de la quantité de céréales à la disposition de la famille indienne moyenne (de 177 kg/an à 155 kg/an entre 1990 et 2001),

- ralentissement de la création d'emplois dont la croissance annuelle a été de 2,03% de 1980 à 1990 contre 0,58% de 1990 à 2001,

- développement de la faim et de la malnutrition.

La population indienne rurale serait ainsi tombée au même niveau de vie que l'Afrique subsaharienne qui a connu aussi une dégradation alimentaire substantielle.

Si l'Inde est arrivée néanmoins à des exportations agricoles records, 17 millions de tonnes de céréales de juin 2002 à novembre 2003, ce n'est

[587] Neue Zürcher Zeitung, 5.7.07.

pas à cause de surplus alimentaires, a souligné Mme Patnaik, mais à cause de la baisse du pouvoir d'achat de la paysannerie, laquelle a également conduit au développement des stocks. Ces exportations ont permis de nourrir le bétail européen et les cochons japonais.

Mme Patnaik a, finalement, posé le problème de la définition de la pauvreté. Elle a marqué son désaccord avec le gouvernement indien qui affirme que le nombre des pauvres en Inde a diminué. Ceci simplement grâce à la manipulation des statistiques, dit-elle. Il y serait parvenu en réduisant le niveau minimal de consommation de calories à des niveaux incroyablement bas, inférieurs, tout comme en Chine, d'au moins 25% à la norme d'un dollar/jour choisie par la Banque mondiale.

Le désespoir des paysans

L'Inde comme la Chine demeurent des pays agricoles : en Inde trois travailleurs sur cinq vivent de la terre, et près de la moitié en Chine (44%). Ces paysans sont tenus à l'écart des bienfaits de la croissance, délaissés par les dirigeants nationaux jusqu'à récemment, et souvent oubliés des médias. Le sort d'une majorité d'entre eux s'est franchement dégradé au cours de ces dernières années. Le constat vaut autant pour l'Inde que pour la Chine[588]. En Inde, plus de 100 millions de travailleurs, presque la moitié de la force de travail agricole, sont des salariés du secteur de l'agriculture[589].

Dans certaines régions indiennes, les cultures vivrières reculent au profit des produits destinés soit aux couches moyennes naissantes (fruits, horticulture, par exemple), soit aux usines agroalimentaires ou à l'exportation[590]. C'est ainsi que le coton a commencé à remplacer les cultures alimentaires. Sa surface de culture a augmenté de près de la moitié depuis 2000-2001, au cours de dix ans, c'est-à-dire de 3,6 millions d'hectares. Les exportations de coton sont passées de 26 000 tonnes en 1995 à 1,7 millions de tonnes à la fin de cette période[591].

---

[588] Martine Bulard, *op.cit.*, p. 115.
[589] Banque mondiale, *op.cit.*, p. 248.
[590] Martine Bulard, *op.cit.*, p. 118.
[591] The Economic Times, 25.06 2014

L'endettement des paysans prend des proportions si dramatiques que certains d'entre eux ne voient pas d'autre issue que le suicide. D'abord marginal, le phénomène est devenu massif : plus de 150 000 agriculteurs ont commis cet acte irréparable entre 1997 et 2005, selon le ministre de l'Agriculture, Sharad Pawar. Le plus fréquemment, ils avalent des pesticides et meurent dans d'atroces douleurs[592]. Toutes ces morts ont été causées par l'achat de coûteuses semences hybrides, de pesticides chimiques, etc., couplé à la perte d'une récolte ou à des rendements très faibles *(voir aussi chapitre 12)*[593].

En 2005, le nouveau gouvernement a adopté le plan national de garantie de l'emploi rural qui accorde à chaque foyer rural une garantie de revenu et prévoit un salaire minimum de 1,10 euro par jour. En 2010-2011, ce programme a bénéficié à 52,5 millions de ménages. Il prévoit qu'un tiers des emplois ainsi créés doit être occupé par des femmes. Il s'agit d'un des exemples de sécurité sociale au niveau national les plus ambitieux dans la lutte contre la pauvreté[594]. Il est freiné par la corruption et d'énormes problèmes de distribution. Il a pourtant amélioré les salaires agricoles réels[595].

Les défis

68% de la population active indienne vit de l'agriculture. Ces dernières années, la croissance du secteur agricole est restée loin derrière les taux de croissance des secteurs industriels et des services. En 2012, la production de riz s'est tout de même élevée à 152 millions de tonnes, celle de blé à 95 millions. L'agriculture indienne ne parvient pas à répondre à l'augmentation de la demande. Le secteur agricole connaît toujours une crise structurelle qui menace la sécurité alimentaire du pays. L'Inde ne produit, par exemple, que trois tonnes de riz par hectare par an, contre six en Chine et huit aux Etats-Unis. Le manque de surfaces irriguées, l'épuisement des sols lié à la mauvaise utilisation des engrais et la fragmentation des exploitations agricoles sont cités parmi les causes du problème, à côté de la mauvaise distribution des terres.

[592] Martine Bulard, *op.cit.*, p. 121.
[593] Samir Amin, *op.cit.*, p. 36.
[594] Olivier de Schutter, A/HRC/22/50.
[595] Jean Drèze; Amartya Sen, *op. cit.*, p. 5.

En outre, les paysans doivent faire face à une explosion des coûts des intrants et au resserrement du crédit. Les banques ont coupé le crédit au secteur agricole. Entre 1993 et 2003, quelque quatre mille succursales de banques rurales ont fermé leurs portes. Les paysans ont dû se tourner vers des usuriers et une nouvelle catégorie de prêteurs comme les marchands d'intrants qui sont devenus la principale source de crédit[596].

En 2013, quelques mois avant les élections parlementaires, le Parlement indien a adopté une loi intéressante concernant la sécurité alimentaire. Celle-ci prévoit que les ménages se trouvant en dessous du seuil de pauvreté reçoivent chaque mois cinq kilos de riz, de blé ou de mil à des prix fortement subventionnés. Ceux qui vivent dans l'extrême pauvreté reçoivent même 35 kilos. Trois quarts de la population rurale et la moitié de la population urbaine devraient en profiter[597]. Nous avons vu au chapitre 18 que, fin 2013, lors de la conférence ministérielle de l'OMC à Bali, l'Inde a obtenu, provisoirement pour une durée de quatre ans, un accord pour bénéficier d'une exception aux règles de l'OMC, lui permettant l'achat des produits aux paysans à des prix supérieurs aux prix du marché. Reste à vérifier dans quelle mesure cette loi et ces achats vont réellement aider les paysans.

---

[596] Le Monde Diplomatique, *op.cit.*, p. 34.
[597] Le Monde, 6 juillet 2014 ; HinddustanTimes, 24,06 2014.

23. Le Brésil

Le Brésil est un pays émergent dynamique. Ce pays représente la septième plus grande économie du monde. Avec la Russie, l'Inde, la Chine, et l'Afrique du Sud, il forme, depuis quelques années, le groupe des pays appelé « BRICS ». A l'indice « Développement humain », le Brésil occupe la 85ème position. Des inégalités régionales et ethniques significatives subsistent.

Jean Ziegler écrivait, en 2005, que la situation économique et sociale du peuple brésilien était catastrophique. Lorsque le Président Lula a pris le pouvoir début 2003, 53 millions de personnes seulement vivaient au-dessus du minimum vital. 80 millions étaient dans l'incapacité de s'assurer chaque jour 1 900 calories au moins, apport nutritionnel minimal, selon l'OMS. 119 millions de gens vivaient avec un revenu inférieur à 100 dollars par mois. Avec l'Afrique du Sud, le Brésil est aujourd'hui encore le pays le plus inégalitaire de la terre ! Plus de 80% des familles vivant en milieu rural n'ont pas toujours un accès régulier et suffisant à une eau potable conforme aux critères de l'OMS. En milieu urbain, 10% des familles sont dans le même cas[598]*. Selon le maire de Sao Paulo, 4 millions des habitants de sa ville vivent dans une « favela », soit 25% de la population de cette ville.*

Plus de 30% de la population vit avec moins de 2 euros par jour, 10% des Brésiliens les plus riches détiennent 42% de la richesse nationale, tandis que la moitié la plus pauvre de la population ne possède que 14% du revenu total, soit la même part que le 1% des plus riches[599]*.*

Le succès de la stratégie « Faim Zéro »

En 2009, le Rapporteur spécial sur le droit à l'alimentation, Olivier de Schutter, a effectué une mission au Brésil. Selon son rapport, le Brésil a placé la lutte contre la faim au centre de sa stratégie de développement.

[598] Jean Ziegler, *L'empire de la honte*, p. 209, 213.
[599] Daniel van Euwen, *Le nouveau Brésil de Lula*, Ed. de l'aube, 2006, p. 15.

La loi de 2006 établissant un Système National de Sécurité Alimentaire et Nutritionnel (SISAN) a marqué un point de référence pour beaucoup de pays au monde. Cette loi a rétabli le Conseil National pour la Sécurité Alimentaire et la Nutrition (CONSEA) qui a assuré une participation active de la société civile dans la rédaction des recommandations au gouvernement et a garanti la bonne coordination entre les différents éléments du programme. Le rapport souligne que le succès dans le combat contre la faim et la malnutrition témoigne de l'heureuse contribution de telles stratégies participatives[600].

En 2010, la Constitution du Brésil a été amendée de manière à garantir désormais le droit à l'alimentation. Olivier de Schutter se dit impressionné par le degré élevé d'implication des organisations de la société civile dans le processus ayant conduit à l'adoption de l'amendement constitutionnel. Un suivi, sur le plan législatif, institutionnel et décentralisé, est maintenant à organiser suite aux recommandations encourageantes déjà adoptées par le Ministère Public Fédéral[601].

Le projet phare du gouvernement de Lula en matière sociale a été le projet « Bolsa Familia », un programme de transfert de revenus destiné aux familles pauvres et très pauvres, se situant en dessous du seuil de pauvreté. Ce programme a été conçu, selon le gouvernement, non seulement pour lutter contre la pauvreté et l'exclusion sociale, mais aussi pour promouvoir l'autonomisation des familles les plus démunies. Il est en réalité le fruit de l'unification de différents programmes existants tels que l'allocation scolaire (« Bolsa Escola »), l'allocation alimentaire (« Bolsa alimentaçao »), la carte d'alimentation (« Cartao alimentaçao ») et le chèque gaz (« Auxilio gaz »), gérés sous le gouvernement précédent par différents ministères. Mais il se différentie de ces initiatives par une plus large couverture et l'augmentation du niveau des prestations versées. Lancé en 2004, le programme était déjà mis en œuvre, en 2006, dans près de 100% des municipalités du Brésil et bénéficiait à quelque 11,1 millions de familles, soit près de 47 millions de Brésiliens (environ 26%

---

600 Olivier de Schutter, *op.cit.*
601 *Ibid.*

de la population). Son coût est évalué à 11,9 milliards de dollars par an, ce qui correspond à environ 100 dollars par famille[602].

Les versements de ces allocations sont conditionnés par le respect de certaines obligations en matière scolaire et de santé. En effet, pour bénéficier de ce programme, les familles avec enfants doivent inscrire et garantir la présence de ceux-ci à l'école, les faire vacciner suivant un calendrier précis, réaliser un accompagnement prénatal et participer à des séances de formation sur l'allaitement et la qualité de l'alimentation. L'importance de ce programme pour les familles et les municipalités ne fait pas de doute. Plusieurs enquêtes indiquent que, en moyenne, les aides reçues représentent 21% du budget familial et qu'elles constituent la principale source de revenu. Dans certaines municipalités, presque la moitié de la population est bénéficiaire de ce programme. Et les familles destinent principalement leurs ressources à l'achat de nourriture, renforçant ainsi le marché local. Cela dit, il s'agit non pas d'un droit pour les bénéficiaires, mais d'une assistance de l'Etat qui dépend donc des décisions du gouvernement[603].

Le gouvernement de Lula a également procédé à une augmentation du salaire minimum, la plus importante jamais obtenue. Elle a bénéficié avant tout aux travailleurs à bas revenu, aux bénéficiaires des pensions de base (surtout ruraux) et aux personnes invalides. En fin de compte, on a assisté à une amélioration des revenus les plus bas et à la réduction des revenus les plus élevés. Ainsi, la part des revenus du travail dans le revenu national s'est accrue[604].

Selon une étude de la Fondation Vargas, 19,4 millions de personnes ont pu s'extraire de la pauvreté entre 2003 et 2008, en raison de l'augmentation du revenu par tête. Quant à la malnutrition infantile, elle a régressé de 46% dans l'ensemble du pays, et de près de 74% dans la seule région du Nordeste, entre 2003 et 2007, d'après le ministère brésilien de la Santé. Pour le CETRI (Centre Tricontinental), ces chiffres placent le Brésil dans le peloton de tête mondial du combat contre la

[602] Alternatives Sud : *Le Brésil de Lula : un bilan contrasté,* Ed. CETRI/L'Harmattan, 2010, p. 97, 98.
[603] *Ibid.*, p. 99.
[604] Alternatives Sud, *ibid.*, p. 101.

pauvreté, comme étant l'un des seuls pays à avoir atteint la plupart des objectifs du Millénaire[605].

Le Rapporteur spécial estime que le Brésil mérite d'être félicité pour ses efforts. L'insécurité alimentaire affecte toutefois encore 37,5% des ménages, ce taux s'élevant à 25% dans les régions du Sud et à 55% dans la région du Nord-Est. La pauvreté et la malnutrition touchent encore, de manière dominante, les personnes d'origine africaine, afro-brésilienne et indigène[606]. Le programme « Bolsa Familia » ne concerne pas le cadre structurel actuel des rapports sociaux, ni les causes de la faim et de la pauvreté (voir la question de la réforme agraire ci-après)[607]. Olivier de Schutter note aussi le contraste entre le budget du programme « Faim Zéro » qui représente 1% du budget national et la reprogrammation, le remboursement et le service de la dette qui consomment 48% du budget 2009.

En 2011, le gouvernement de la Présidente Dilma Roussef a adopté le Plano Brasil Sem Miseria - plan Brésil sans misère -, qui continue le programme Bolsa Familia avec l'objectif d'éliminer l'extrême pauvreté jusqu'en 2014. Selon le théologien de la libération, Frei Betto, ancien conseiller de Lula pour le programme contre la faim, le nombre des Brésiliens vivant encore dans l'extrême pauvreté, donc souffrant de faim et de misère, ne serait pas seulement de 16 millions, comme indiqué officiellement, mais serait deux fois plus élevé[608].

L'appui à l'agriculture familiale

L'agriculture familiale, indique le Rapporteur spécial, est maintenant activement appuyée par le gouvernement. Résultat, l'extrême pauvreté dans les zones rurales a diminué en termes relatifs de 28% à 9% entre 2002 et 2008, sortant 1,5 million de personnes de l'extrême pauvreté et 4 millions de la pauvreté. Le programme « Faim Zéro » vise aussi à appuyer l'agriculture familiale grâce à un accès plus facile au crédit rural qui a bénéficié à un million de familles. Cependant, les prêts accordés à l'agriculture familiale ne représentent que 13% de la valeur totale des

---

605 *Ibid.*, p. 20.
606 Olivier de Schutter, *op.cit.*
607 Alternatives Sud, *ibid.*, p.99.
608 Klaus Hart, Brasilientexte.

prêts à des exploitations agricoles alors que l'agriculture familiale assure 38% de la production agricole totale.

D'un autre côté, le programme « Faim Zéro » prévoit que 30% au minimum des aliments distribués dans les écoles doivent être achetés auprès de l'agriculture familiale. Cette politique innovatrice, qui lie programmes sociaux et appuis à ce type d'agriculture, représente un encouragement puissant à l'agriculture familiale.

L'agriculture familiale, avec ses 4,2 millions d'exploitations et ses centaines de milliers de demandeurs de terres, représente un secteur clé, important (un tiers des terres) et socialement instable du devenir du monde rural, où doit être mise en place cette fameuse réforme agraire introuvable[609].

Les réformes agraires

La structure latifundiaire du Brésil actuel est l'héritage direct de la vice-royauté lusitanienne et du régime esclavagiste qui y a prévalu durant trois cent cinquante ans[610]. Aujourd'hui, 2% des propriétaires possèdent 43% des terres arables. Beaucoup de ces terres sont laissées en friche ou exploitées de façon irrégulière et, selon l'Institut national de la colonisation et de réforme agraire (INCRA), environ 90 millions d'hectares de terres arables ne sont pas cultivées. Par exemple, hier comme aujourd'hui, au Pernambuco, Etat du Nord-Est, vingt-sept familles contrôlent 25 millions d'hectares de terres rouges. La plupart de ces familles descendent en droite ligne des anciens clans esclavagistes et féodaux qui avaient reçu leurs titres de propriété des mains des rois du Portugal, aux XVIème et XVIIème siècles. L'Etat du Pernambuco dispose de 80 millions d'hectares de terres cultivables. Or, les plantations de canne à sucre, ainsi que les *enghenos* (moulins à sucre) des grands propriétaires latifundiaires, monopolisent les terres les plus fertiles[611].

---

609 Daniel van Eeuwen, *op.cit.*, p. 37.
610 Jean Ziegler, *op.cit.*, p. 214.
611 *Ibid.*, p. 194.

Une injustice structurelle

Fin juillet 2013, j'ai pris part, avec des représentants de deux organisations non gouvernementales luxembourgeoises, dont l'ASTM, à une mission au Brésil. J'ai passé plusieurs journées avec des paysans sans terre à l'extérieur de Récife, au Nord-Est du Brésil, et avec le MST, le Mouvement des Sans Terre. Cette expérience m'a fait prendre conscience de la dimension de l'injuste répartition de la terre au Brésil. Nous avons voyagé durant des heures ne voyant des deux côtés de la route qu'une monoculture, de vastes champs de canne à sucre, une des principales productions du Pernambuco. Dans cet Etat qui s'étend sur une surface de 98 000km^2, soit plus de trois fois celle de la Belgique, vingt-sept familles contrôlent, hier comme aujourd'hui, 25 millions d'hectares de terres. En même temps, y vit une masse de travailleurs et de sans terre qui comptent parmi les plus pauvres du Brésil. Ils n'ont quasiment rien, gagnent, s'ils ont un emploi dans les champs de canne à sucre, des salaires de misère et mènent une vie en dessous du minimum vital. Il s'agit-là d'une injustice structurelle que les élites au pouvoir au Brésil n'ont jamais eu la volonté politique de redresser.

Au Brésil, on dénombre quelque 4 millions de familles de travailleurs ruraux « sans terre » [612]. Entre 2000 et 2007, près de 583 000 familles ont occupé des terres au Brésil, dont 373 000 étaient directement liées au Mouvement des Sans Terre (MST), le plus puissant mouvement social de l'Amérique latine *(voir chapitre 24)*[613].

L'INCRA est responsable de la mise en œuvre de la politique de réforme agraire. Olivier de Schutter salue les efforts de cette organisation pour assurer une distribution plus équitable de la terre. Depuis sa création en 1970 et jusqu'en 2006, elle a fondé plus de 8 000 colonies, couvrant 64 millions d'hectares et bénéficiant à près d'un million de familles. Durant la période 2003-2006, quelque 30% de ces colonies ont été établies, bénéficiant à 27,6% des familles et couvrant 45,3% de la distribution des terres. Il note toutefois une tendance à déplacer les paysans sans terre vers le Nord, ceci réduisant lentement les tensions dans les régions hautement productives du Sud-Est, mais augmentant la pression sur la

[612] François Houtart, rapport sur le Congrès du MST, 2014.
[613] Alternatives Sud, *ibid.*, p. 116.

terre dans la région amazonienne. Des obstacles subsistent néanmoins étant donné les difficultés d'enregistrement en cas d'occupation de terres par des paysans sans terre. Et, même en cas de reconnaissance, l'accès au crédit et à d'autres formes d'appui est difficile[614].

Selon le CETRI, les stratégies de développement n'ont pas fondamentalement modifié la structure de répartition et de distribution de la richesse et du revenu au Brésil, l'une des plus inégalitaires au monde. Or, on sait que toute réduction massive et durable de la pauvreté est étroitement tributaire d'une diminution des inégalités[615]. Parmi les recommandations formulées par Olivier de Schutter, citons celles invitant le gouvernement :

- à mieux protéger les communautés indigènes, les *quilombolas*, ces descendants d'esclaves fugitifs, et les autres communautés traditionnelles, contre l'accaparement illégal de leurs terres ;

- à prendre des mesures contre la criminalisation des mouvements sociaux ;

- à réformer le système fiscal, qui est actuellement régressif puisque l'essentiel des revenus de l'impôt vient des taxes indirectes, de façon telle que ce sont les pauvres surtout qui financent les programmes dont ils bénéficient ;

- enfin, à surmonter les obstacles à la poursuite de la réforme agraire.

Le développement de l'agrobusiness

Le *latifundium* archaïque, hérité de l'époque coloniale, coexiste avec l'exploitation agricole (et d'élevage) moderne, dotée de capitaux considérables et d'une mécanisation efficace. Nombre de ces très grandes propriétés sont gérées par des sociétés transcontinentales privées, souvent d'origine américaine, japonaise ou européenne[616]. Il s'agit de la seule agriculture véritablement « capitaliste » au monde étant donné l'importance des fonds et des capitaux étrangers investis dans la création

---

[614] Olivier de Schutter, *Rapport de mission.*
[615] Alternatives Sud, *op.cit.*, p. 21.
[616] Ziegler, *op.cit.*, p. 193.

de ces immenses « usines de production agricole » de plusieurs milliers ou dizaines de milliers d'hectares. Tirant parti de la révolution technologique des pays du Nord et payant aux ouvriers des salaires de l'ordre de un dollar par jour, il s'agit, selon Marcel Mazoyer et Laurence Roudart, de l'agriculture la plus productive au monde[617].

Les grandes firmes nationales et transnationales cherchent à étendre le modèle agro-exportateur. Désormais, les conflits opposent moins les mouvements paysans aux latifundios qu'aux transnationales qui ont développé leur emprise sur les terres des latifundios - longtemps maintenues improductives -, en y déployant la logique de la productivité, basée sur la monoculture à grande échelle et destinée de plus en plus à la culture du soja et de la canne à sucre. L'agrobusiness compte 300 000 exploitations de plus de 200 hectares et 15 000 propriétaires terriens possèdent des exploitations dépassant les 2 500 hectares, détenant ensemble quelque 98 millions d'hectares. Les fermes géantes brésiliennes du coton ont entre 6 000 et 7 000 hectares en moyenne[618]. Vingt entreprises, dont les deux tiers sont des transnationales, contrôlent l'ensemble du commerce brésilien, celui des intrants comme celui des marchandises[619].

Pour Joao-Pedro Stedile, cofondateur et l'un des principaux dirigeants du Mouvement des Sans Terre, le MST, le processus de concentration de la propriété et de la production agricole continue à s'accélérer. Une avalanche de capital financier, national et étranger, est investie continuellement pour contrôler un plus grand nombre d'hectares de terres, de ressources en eau, d'usines, d'agro-industries, et pratiquement l'ensemble du commerce extérieur des ressources agricoles. Stedile critique l'arrêt de la réforme agraire sous la Présidente Dilma Roussef. Le modèle de l'agriculture orientée vers l'agronégoce et l'exportation conduit également à des dégâts environnementaux particulièrement brutaux suite à une utilisation intensive de produits agrotoxiques. Un réel problème de santé publique est créé par l'augmentation des cas de cancer liés à cette utilisation. D'un autre côté, il note qu'en 2013, il y a eu de réels progrès pour les travailleurs ruraux par la mise sur pied d'un Plan

---

617 Mazoyer et Roudart, op. cit., p. 103.
618 Eric Orsenna, *Voyage aux pays du coton*, Ed. Fayard, 2006, p. 104.
619 Alternatives Sud, *ibid.*, p. 157.

national d'agroécologie[620]. Au cours des derniers vingt ans, la production de produits alimentaires a diminué de 35%, alors que celle de canne à sucre a progressé de 122 %[621].

S'appuyant sur un marché intérieur de 185 millions de consommateurs, le Brésil s'est affirmé comme la troisième puissance agricole mondiale après les Etats-Unis et l'UE. Il est le premier producteur mondial pour le café vert, la canne à sucre et les oranges, le deuxième pour la viande de bœuf et le soja, et le troisième pour la viande de poulet et le maïs. Il est le premier exportateur mondial de soja (37% du total) et de sucre (18%) et le producteur le plus important et le plus efficace d'agrocarburants au monde, grâce à sa production à faible coût de canne à sucre[622] *(voir chapitre 10)*.

---

[620] Brennpunkt Dritte Welt, no 281, 2014.
[621] François Houtart, *Ibid.*
[622] Pierre Rainelli, *L'agriculture de demain*, Félin, 2003, p. 54, 55.

24. Rôle décisif de la société civile et des organisations paysannes

Un mouvement alternatif en expansion

De plus en plus, des femmes et des hommes, des paysannes et des paysans, s'organisent dans le monde entier pour s'engager en faveur du droit à l'alimentation, de la souveraineté alimentaire, d'une agriculture agroécologique, de l'accès à la terre, à l'eau et à leurs propres semences. Ils s'opposent à un système alimentaire mondial injuste et nuisible pour l'environnement et à la domination des entreprises de l'industrie agro-alimentaire. Ils demandent un arrêt de tout appui aux agrocarburants et des spéculations de toutes sortes sur les produits alimentaires. Ils font activement campagne contre l'accaparement des terres, les OGM, les engrais chimiques et les pesticides.

De nouvelles organisations de petits paysans, de pêcheurs, de femmes et de travailleurs ruraux se sont créées an Afrique, en Asie et en Amérique latine sur une base à la fois nationale, régionale et internationale. De vastes réseaux se développent entre ces organisations et aussi, de plus en plus souvent, avec des associations écologiques, comme Greenpeace ou Friends of the Earth, ou encore des ONG de développement.

Nous voyons émerger, en même temps, un système alimentaire alternatif, plus juste et plus durable, dans les pays industrialisés, en particulier en Europe et aux Etats-Unis. Des paysans, des travailleurs et des citoyens y établissent des alliances et des réseaux avec des organisations de développement, de l'environnement et de consommateurs. De plus en plus nombreuses sont les initiatives urbaines de jardins, de marchés de produits bio et d'initiatives de paysans qui tissent des liens directs entre producteurs et consommateurs. L'Alliance pour le Climat réunit et met en réseau des milliers de villes et de communes qui réalisent des projets concrets dans les domaines de la réduction des émissions de CO_2, de la protection des forêts tropicales et de la solidarité avec les communautés indigènes. Le mouvement des « Transition towns » conduit à de nouvelles formes de vie en communauté et à des modes participatifs d'horticulture, en réponse à la crise de l'énergie et du climat et à une alimentation malsaine. Le mouvement Slow Food s'est internationalisé. D'innombrables groupes et coopératives de consommateurs de produits bio sont créés et favorisent les productions locales et leur écoulement sur place. En Catalogne, il y avait 10 de ces coopératives en 2003, aujourd'hui elles sont déjà 130[623].

La prise de conscience pour une nourriture saine avance. Se multiplient de même les communes et les administrations qui introduisent une alimentation bio dans les cantines scolaires, les entreprises ou les hôpitaux. La ville belge de Gand a déclaré le jeudi comme journée « sans viande ». D'autres villes, comme Brême, Helsinki, San Francisco et Cape Town, ont suivi cet exemple. Des organisations fairtrade importent et distribuent de plus en plus de café, de thé, de bananes, de jus d'orange, de chocolat, d'arachides, de coton, de roses, etc. qui sont achetés au Sud à des prix justes.

AMAP (Association pour le maintien d'une agriculture paysanne), réseau français dont l'objectif est le maintien d'une agriculture paysanne, réunit directement, en beaucoup d'endroits, les producteurs et les consommateurs qui se mettent d'accord sur une livraison régulière de légumes et de fruits, des « paniers » de produits de qualité et à des prix justes. Tout commerce intermédiaire est ainsi exclu. S'y ajoutent une dimension sociale et un lien mutuellement enrichissant qui reposent sur la confiance qui rapproche des personnes qui ne se connaissaient pas auparavant. Les AMAP sont des espaces qui permettent à des citoyens de se réapproprier la question de la nourriture dans nos sociétés[624]. Des réseaux similaires existent dans d'autres pays européens, mais aussi au Canada et aux Etats-Unis, où ils sont appelés « Community Supported Agriculture » (CSA). Ce mouvement a pris son origine au Japon, dès 1975, sous le nom de *teikei* [625].

La coopération entre sociétés civiles du Nord et du Sud

Agissant dans un esprit de solidarité, les différents acteurs de la société civile tant au Nord qu'au Sud ont un rôle important et essentiel à jouer pour faire avancer la lutte contre la pauvreté et l'élimination de la faim et de la malnutrition. Ce rôle se situe tant sur le plan de l'information, de l'explication et de l'analyse des problèmes que sur celui de la

[623] Holt-Giménez Eric, *Food Movements Unite,* Food First Books, 2011, p. 194.
[624] Marie-Monique Robin, *op. cit.* p. 264.
[625] *Ibid.*, p. 17.

sensibilisation de l'opinion publique, des gouvernements et d'organisations régionales comme l'Union européenne. Les nouvelles technologies de l'information facilitent la communication et la coopération en réseau entre ces différents acteurs. L'action de la société civile, s'appuyant sur les médias, peut être déterminante pour la mobilisation de la volonté politique. Son travail d'éducation au développement n'est pas moins important.

Les ONG du Nord encouragent et appuient de plus en plus celles du Sud, qu'il s'agisse d'associations de femmes, de jeunes, de paysans, de pêcheurs ou d'artisans. Souvent, elles les aident dans le renforcement de leurs capacités organisationnelles, de gestion, d'analyse, d'action et de négociation. Il faut souligner l'importance du travail de celles des ONG du Nord qui se considèrent avant tout comme des partenaires accompagnant, durant un temps, celles du Sud vers l'autonomie et une plus grande capacité d'action. De plus en plus souvent, des ONG coopèrent spécifiquement avec les associations paysannes du Sud et mènent des actions ou des campagnes communes.

Le développement d'associations et d'organisations paysannes

Les organisations paysannes connaissent un essor remarquable dans les pays en développement. Ainsi, entre 1982 et 2002, la proportion de villages pourvus d'une organisation de producteurs est passée de 8% à 65% au Sénégal et de 21% à 91% au Burkina Faso. Globalement, 69% des ménages ruraux du Sénégal et 57% de ceux du Burkina Faso sont aujourd'hui membres d'organisations de producteurs. Ailleurs en Afrique et en Amérique latine, on constate de même une augmentation rapide du nombre de ces organisations locales. En Inde, le « Indian Dairy Cooperatives Network » compte 12,3 millions de membres, dont de nombreux paysans sans terres et beaucoup de femmes. Ce réseau assure 22% de la production totale de lait en Inde[626].

Un rôle-clé est à jouer par les fédérations nationales de ces organisations paysannes. La Banque mondiale signale qu'au Sénégal, le Conseil national de concertation et de coopération des ruraux (CNCR), organisation faîtière d'associations de producteurs agricoles, participe activement au développement et à la mise en œuvre des stratégies et des

---

626 *Ibid.*, p. 17.

politiques agricoles nationales[627]. Ce Conseil et ces associations ont bénéficié d'un appui de formation, patient et précieux, de la coopération suisse.

L'action de deux associations au Cameroun

Au Cameroun, les importations de poulets congelés étaient passées, entre 1996 et 2003, de 978 à 21 000 tonnes. La production nationale s'est réduite de 21 000 tonnes en 2000 à 13 000 tonnes en 2003, soit de près de 50%. 110 000 emplois ont été perdus. En 2003, deux associations, le SAILD (Service d'appui aux initiatives locales de développement) et l'ACDIC (Association citoyenne pour la défense des intérêts communs) ont fait examiner par l'Institut Pasteur de Yaoundé 200 échantillons de cette viande importée prélevés sur différents marchés en présence d'un huissier. L'Institut a établi que ces viandes de poulet n'étaient pas conformes à des conditions minimales d'hygiène et étaient dangereuses pour la santé. Face à une opinion publique alertée sur ces dangers, le gouvernement a arrêté toute importation de viande de poulet.

Dans les pays où s'opposent les intérêts d'une classe de grands propriétaires fonciers et ceux des petits paysans, ces derniers sont souvent mal représentés et la politique tend alors à favoriser les intérêts des premiers. Au Ghana, par exemple, la plupart des organisations paysannes regroupent uniquement des paysans exploitant des fermes assez grandes. Elles ne sont pas représentatives de la masse des paysans en majorité analphabètes qui pratiquent une agriculture traditionnelle de subsistance, avec des instruments rudimentaires[628].

Très souvent, les femmes restent exclues d'une organisation de producteurs à cause des normes culturelles. Mais il y a des exceptions. Au Sénégal, les femmes participent plus que les hommes à ces organisations. Au Bangladesh et en Inde, les groupes d'entraide et de microfinance sont composés principalement de femmes. Dans l'Andhra Pradesh, des programmes de réduction de la pauvreté, qui ont atteint plus de 8 millions de femmes, ont fondé et renforcé de tels groupes d'entraide,

[627] Banque mondiale, *op.cit.*, p. 17, 28.
[628] Holt-Giménez, op cit., p. 107.

augmentant ainsi l'accès aux prêts groupés et à la commercialisation collective de denrées agricoles et d'approvisionnement d'intrants[629].

La Banque mondiale mentionne parmi les défis qui se présentent aux organisations des producteurs : les conflits entre l'efficacité et l'équité, l'hétérogénéité des membres, le développement des capacités, la capacité à participer à des négociations de haut niveau et l'environnement extérieur défavorable[630]. On pourrait ajouter à cette liste la difficulté pour les femmes d'obtenir des responsabilités au plus haut niveau.

Le ROPPA et les autres organisations régionales en Afrique

C'est sous l'impulsion de dirigeants paysans sénégalais qu'a été créé, à la fin des années 1990, le ROPPA, « le Réseau des Organisations Paysannes et Producteurs Agricoles en Afrique de l'Ouest ». Ce réseau s'engage en faveur des exploitations familiales. Le ROPPA regroupe les fédérations agricoles de la sous-région d'Afrique de l'Ouest. Il agit en réseau avec des organisations paysannes et agricoles d'Afrique, du Brésil et d'Europe. Ses principaux interlocuteurs sont les organisations régionales de l'Afrique de l'Ouest, comme l'UEMOA et la CEDEAO. Il a pris une position critique à l'égard des négociations commerciales en cours, en particulier des APE. Partenaire également de la FAO et du FIDA, il participe aux forums organisés par ces deux organisations.

Tout comme le réseau du ROPPA en Afrique de l'Ouest, se sont constituées, au cours des derniers quinze ans, trois autres organisations régionales en Afrique : en Afrique de l'Est, la « Eastern Africa Farmers Federation » (EAFF), en Afrique de l'Est et du Sud, le « The Eastern and Southern Africa small scale Farmers Forum » (ESAFF) et en Afrique Centrale la « Plateforme Régionale des Organisations Paysannes de l'Afrique Centrale » (PROPAC). Ces quatre organisations régionales ont formé une plateforme commune, le « Pan African Farmers Forum » (PAFFO) qui devrait devenir un interlocuteur privilégié de l'Union Africaine.

Il existe une grande variété de réseaux comme, par exemple, le PELUM (« Participatory, Ecological Land Use Management »), réseau régional de

[629] Banque mondiale, *op.cit.*, p. 104.
[630] *Ibid.*, p. 185-187.

plus de 200 ONG de l'est, du centre et du sud de l'Afrique dont l'objectif est la promotion d'une agriculture durable et de la sécurité alimentaire et qui coopère étroitement avec les paysans du Forum ESAFF.

Le MST, au Brésil

Au Brésil, une des organisations les plus puissantes est le Mouvement des travailleurs ruraux Sans Terre (MST). Fondé en 1984, il est actuellement également l'un des mouvements d'opposition au libéralisme économique les plus organisés du monde. Il préconise un modèle de développement axé sur la production vivrière, l'exploitation familiale et le respect de la biodiversité rejetant celui qui favorise les grandes industries agroalimentaires, la monoculture et une agriculture tournée vers l'exportation. Ayant comme objectif d'obtenir pour les millions de paysans sans terre du Brésil un accès à la terre - sur base du droit à la terre garanti par la Constitution -, ce mouvement s'est fait connaître par des occupations de terre parfois spectaculaires.

Il facilite également à ses membres l'accès aux machines, aux semences, au crédit et aux connaissances techniques. L'occupation de terres et l'attitude combative de ce mouvement a entraîné une opposition farouche de la part des grands propriétaires terriens. Ces derniers ont eu recours à des intimidations, des persécutions, des assassinats des travailleurs et de leurs dirigeants y compris en louant les services d'hommes armés et de la police de l'Etat. L'action sociale du MST est moins connue. Le mouvement est parvenu à installer près de 600 000 familles, soit plus de 2 millions de personnes, dans quelque 5 000 villages agricoles (« asentamientos ») et 750 campements (« acampamientos ») créés lors de l'occupation des terres. Le MST compte 18 000 militants et gère 2 500 écoles[631].

Des milliers d'associations en Inde

Citons deux d'entre elles. Ekta Parishad est une organisation indienne non-violente qui a comme objectif la réforme agraire et l'accès à l'eau et à la forêt. Elle est dirigée par P.V Rajagopal, une figure symbolique, qui s'est fait connaître, sur un plan mondial, par des marches auxquelles ont pris part quelque 100 000 paysans sans terre et de petits paysans qui ont

---

[631] Samir Amin, *Les luttes paysannes et ouvrières*, p. 179, 192.

exercé une pression particulière sur le gouvernement en faveur de réformes structurelles.

Une autre organisation importante en Inde est « The Right to Food Campaign », un réseau informel d'organisations et d'individus, qui se sont engagés en faveur de la réalisation du droit à l'alimentation. Ce réseau a comme principe que chacun a le droit fondamental d'être libéré de la faim et de la sous-alimentation. Ce qui implique non seulement la création de systèmes alimentaires justes et durables, mais aussi des mesures comme le droit au travail, à la réforme agraire et à la justice sociale. C'est l'Etat qui doit assumer la responsabilité principale pour garantir ces droits. Des représentants de « The Right to Food Campaign » et de nombreuses organisations paysannes ont joué un rôle important, en exerçant une forte pression sur le gouvernement indien, lors de la Conférence ministérielle de l'OMC à Bali où la sécurité alimentaire de centaines de millions de personnes était en jeu *(voir chapitre 14)*.

La Via Campesina et la souveraineté alimentaire

La Via Campesina (LVC) a été créée en 1993 lors d'un Congrès auquel ont pris part 55 organisations de petits paysans de 36 pays différents d'Amérique, d'Europe et d'Asie. Fortement ancrée dans les régions en développement, sa création a eu lieu en réaction à la conclusion de l'Uruguay Round. La Via Campesina se considère comme un mouvement international de paysans, de producteurs petits et moyens, de paysans sans terre, de femmes rurales, de peuples indigènes, de jeunes ruraux et de travailleurs ruraux. Le mouvement regroupe, en 2011, 164 organisations de 73 pays de tous les continents représentant plus de 200 millions de fermiers. Son principe de base est la souveraineté alimentaire en tant qu'alternative à la libéralisation et à la privatisation[632]. Ce principe est repris par un nombre croissant de gouvernements (surtout de pays en développement) ainsi que par de nombreuses organisations paysannes nationales et internationales. L'objectif principal de La Via Campesina est la défense et le renforcement des modes de vie et de production agricole des paysans, avant tout la production vivrière pour la consommation nationale. Le retrait de l'agriculture de l'OMC, la préservation des semences, la réforme agraire et l'adoption, à l'ONU,

---

[632] United Nations, NGLS, 2009.

d'une Convention sur les droits des paysans comptent parmi ses actions[633].

En Amérique latine, LVC est soutenue par un important réseau créé en 1994, la CLOC (Coordinadora Latinoamericana de Organisaciones del Campo) qui milite pour la réforme agraire et l'agriculture agroécologique, la biodiversité et la liberté d'échanger et de créer des semences améliorées. Elle s'appuie également sur l'Alianza por la Soberania Alimentaria de los Pueblos (ASAP), qui a commencé ses travaux en 2010 en Espagne.

Les associations de coopération internationale

Concord est la confédération européenne des ONG du développement. J'ai pu prendre part, ces dernières années, à l'élaboration d'un de ses rapports, celui portant sur la sécurité alimentaire et ayant comme titre « Justice, Democracy and Diversity in our Food System ». Concord y présente la problématique de la faim comme une question de justice et considère par conséquent que la base de toutes les solutions se trouve dans une juste redistribution du pouvoir et dans une gouvernance réellement participative et démocratique de notre système alimentaire. Selon ce rapport, il est vital que les mouvements sociaux organisés (exploitants agricoles familiaux, travailleurs ruraux , consommateurs), en particulier des femmes et des jeunes, disposent d'une voix significative dans les processus de décision[634].

SOS Faim, une ONG belgo-luxembourgeoise, qui a comme objectif la lutte contre la faim, et le « Comité français de solidarité internationale » (CFSI) s'engagent en faveur d'un travail de sensibilisation effective des publics du Nord aux problèmes des paysans d'Afrique de l'Ouest, dont les exportations dumping de l'UE. Ces organisations organisent régulièrement des rencontres entre représentants des organisations paysannes africaines, membres du ROPPA, du Parlement européen, de la Commission et des groupes du Conseil de l'UE.

En 2009 a eu lieu une réforme remarquable du Comité de sécurité alimentaire de la FAO à Rome. Celle-ci permet aux organisations de la

633 *Ibid.*
634 www. concordeurope.org.

société civile, aux ONG, aux organisations de petits paysans, de pêcheurs, d'indigènes et de travailleurs ruraux de participer désormais à toutes les discussions. Depuis lors, une atmosphère nouvelle y a été créée. Les questions de l'alimentation mondiale sont discutées de manière plus ouverte et plus concrète. Cela dit, les décisions continuent à être prises par les seuls représentants des Etats membres. Concord considère ce comité réformé comme une plateforme prometteuse, intergouvernementale et de nature à améliorer la coordination et la gouvernance du système alimentaire global.

En 2012, le Conseil des droits de l'Homme à Genève a créé un groupe de travail ayant comme mandat d'élaborer une Déclaration Internationale sur les droits des paysans. Les Etats occidentaux ont voté contre la création de ce groupe. Une telle déclaration pourrait pourtant assurer aux paysans, en particulier, une plus forte reconnaissance juridique internationale de l'accès à la terre et aux semences propres. Cette création a été préparée par un travail de sensibilisation effectué à Genève par La Via Campesina et des associations de la société civile comme le Réseau « Food First Information and Action Network » (FIAN) et le « Centre Europe Tiers Monde » (CETIM).

En 2014, le Conseil des droits de l'Homme a décidé, également contre les voix de la majorité des pays occidentaux, d'élaborer un instrument juridiquement contraignant concernant les entreprises transnationales et les droits de l'Homme. Coopérant avec plus de 600 organisations des sociétés civiles, FIAN et CETIM ont apporté une contribution importante aux travaux préparatoires, en publiant de nombreux exemples de violations des droits de l'Homme par des entreprises transnationales.

Conclusions

La faim et la malnutrition dont souffrent chaque jour des milliards d'enfants, de femmes et d'hommes, sont une réalité meurtrière et inacceptable. Le fait de sensibiliser à ce scandale et d'en montrer les causes plus profondes devrait être un devoir normal pour tous les hommes politiques, tous les éducateurs et tous les médias intéressés au respect des droits de l'Homme. Dans ce contexte, l'engagement de la société civile organisée peut jouer un rôle souvent décisif.

Le système alimentaire mondial est à reconstruire de manière fondamentale. Celui-ci doit servir les besoins des personnes, non pas les intérêts des grandes entreprises. Une agriculture durable est à développer partout sur la base des principes de la souveraineté alimentaire, du droit à l'alimentation pour chacun, de l'agroécologie, des exploitations petites ou familiales, du rôle des femmes et de l'accès à la terre et à l'eau.

Les Etats ont à veiller au bon fonctionnement de systèmes d'éducation et de santé, y compris au bénéfice de la population rurale. De tels systèmes posent des bases essentielles pour le développement de l'agriculture.

Les gouvernements des pays en développement doivent garantir que les paysans puissent vendre leurs produits à des prix justes et rémunérateurs. Cela implique la mise en place de mécanismes d'une régulation adéquate des marchés agricoles nationaux et régionaux, y compris par l'augmentation des tarifs douaniers. Il est prioritaire de créer des emplois et de rendre la liberté de produire aux millions de paysans que les importations à des prix dumping ont ruinés. Un continent comme l'Afrique a toutes les capacités et toutes les ressources nécessaires pour se nourrir lui-même.

Durant des siècles, les pays européens ont protégé leurs économies pour les fortifier suffisamment avant de s'ouvrir à la concurrence étrangère. Le plan Marshall a, sans doute, été l'une des opérations de reconstruction les plus réussies après la Deuxième Guerre mondiale. Il a été mis en œuvre avec une forte protection tarifaire de l'économie européenne et des règles de transactions financières très strictes. La stratégie de développement suivie après la Deuxième Guerre mondiale par des pays comme la Chine, la Corée du Sud ou Taïwan a été couronnée par un succès économique éclatant à l'avantage de tous. Pourquoi ces réussites ? Ces trois pays d'Asie ont réalisé une réforme agraire ambitieuse, relancé l'agriculture familiale et l'industrie en se protégeant par des droits de douane durant plusieurs décennies.

Plusieurs centaines de millions de paysans sans terre au Brésil et dans d'autres pays d'Amérique latine, en Afrique australe et au sud de l'Asie, comme en Inde, ne pourront sortir de leur extrême pauvreté que s'ils ont accès à la terre et s'ils peuvent bénéficier d'une véritable réforme agraire. Des intérêts politiques et économiques s'opposent à une telle distribution de la terre. Des surfaces toujours plus grandes sont accaparées par les riches et les puissants. La concentration de la terre se poursuit. L'ONG GRAIN, engagée pour les semences et contre l'accaparement des terres, a établi que les petits paysans disposent de moins en moins de terres alors qu'ils assurent la part majeure de la production alimentaire mondiale. Ils sont refoulés sur moins d'un quart de la surface agricole globale. Si cette tendance se poursuit, estime GRAIN, le monde risque de perdre la capacité de se nourrir lui-même. La faim pourrait se développer.

S'ils tiraient les leçons de la crise alimentaire de 2008 et assumaient pleinement leurs responsabilités, les gouvernements des pays en développement traduiraient dans les faits le principe de la souveraineté alimentaire et réserveraient une claire priorité à l'agriculture vivrière et familiale. Ils ont un intérêt politique fondamental à ne pas dépendre des importations de ces produits alimentaires mais à les produire eux-mêmes. C'est ce choix de souveraineté politique et économique qu'a fait l'Union européenne, lors de la création de sa politique agricole commune, la PAC, et c'est le choix aussi de pays comme la Chine. Comme le montre l'exemple des pays de l'Asie de l'Est, c'est la petite exploitation familiale qui a fait ses preuves sur le chemin vers l'autonomie alimentaire. Des financements tant nationaux qu'internationaux devraient contribuer à améliorer les infrastructures rurales et faciliter l'accès aux intrants, au crédit, et au savoir des petits paysans. Au moins 10% de l'Aide Publique au Développement devraient à nouveau être réservés pour appuyer le développement de l'agriculture vivrière.

Les fortes fluctuations des prix des dernières années freinent tout investissement. Réduire cette volatilité et favoriser la stabilité des prix implique une rupture avec les politiques économiques néolibérales et une déconnexion des marchés mondiaux. À cet effet également, il convient d'introduire une nouvelle régulation des marchés agricoles qui permette de préserver des agricultures fragiles et très peu compétitives des effets du dumping et de la baisse des prix. Une telle régulation implique, en particulier, une protection de ces marchés agricoles et la mise en place d'offices de commercialisation créés et gérés avec le concours des organisations paysannes. Ce dispositif pourrait être complété par un réseau de stockage aux niveaux national et régional.

Le Rapport sur l'agriculture mondiale ainsi que celui de la CNUCED, appelant à une réorientation urgente, montrent que l'agriculture conventionnelle ou industrielle n'a pas d'avenir, compte tenu du changement climatique et des menaces sur les écosystèmes. Les conséquences de ce type d'agriculture pour l'environnement sont désastreuses tant dans les pays industrialisés que dans les pays émergents et en développement. C'est l'agroécologie qui donne la réponse nécessaire. Elle permet aux petits paysans de produire à partir de leurs ressources propres, sans pesticides et sans engrais chimiques, sans semences OGM et sans énergies fossiles. En même temps, les pratiques agroécologiques assurent des rendements nettement supérieurs. De nombreux exemples - agroforesterie, milpa, campesino a campesino, push-pull - montrent qu'il est possible d'adapter avec succès l'agroécologie aux conditions de chaque continent et de chaque pays. Dans les pays industrialisés, un certain nombre d'obstacles sont à surmonter pour accélérer cette transition. En font surtout partie les intérêts de l'industrie agroalimentaire, son puissant travail de pression et ses connexions avec certaines des grandes fédérations d'exploitants agricoles.

C'est ici que la politique doit assumer ses responsabilités vis-à-vis de la société. Elle peut influencer, de manière décisive, le modèle agricole à suivre, par exemple en modifiant la répartition des subventions ou encore les conditions-cadres. Elle doit, à l'avenir, récompenser les bons comportements, comme l'utilisation de méthodes agroécologiques qui favorisent le passage d'une agriculture dépendante de l'énergie extérieure à une agriculture qui crée de l'énergie. Il est possible d'encourager ceux des agriculteurs qui entretiennent les écosystèmes, qui se préoccupent de leurs sols, qui ne polluent pas l'eau, qui conservent la biodiversité, qui protègent les abeilles, etc. Tous ces services rendus à la société pourraient être récompensés[635].

Et, comme le demande Hans Herren, un des principaux coordinateurs du Rapport sur l'agriculture mondiale, « nous devons revaloriser le statut du paysan qui est toujours considéré tout en bas de l'échelle sociale. Non ! Il devrait se trouver tout en haut car, sans lui, il n'y a pas de nourriture et donc pas de vie possible ! Nous devrions avoir la même estime pour les paysans que pour les médecins. Nous devons faire en sorte que le métier agricole soit bien payé et récompensé à sa juste valeur »[636].

Si nous voulons agir et vivre de manière responsable, nous devons avant tout repenser, de manière radicale, notre mode de consommation. La consommation excessive de viande, comme aux Etats-Unis et en Europe, représente un gaspillage de calories végétales et repose de plus en plus sur des importations de fourrage qui ne sont pas durables. Nous devons adopter des styles de vie et d'alimentation qui nous permettent de consommer uniquement les ressources que la planète peut régénérer chaque année[637].

Les Etats-Unis ont une lourde responsabilité à assumer au niveau mondial. Le système économique et commercial mondial qu'ils ont mis en place, avec le concours de la Banque mondiale et du FMI, où ils disposent d'un droit de veto comme au Conseil de sécurité, a servi leurs intérêts aux dépens de ceux de centaines de millions d'habitants des pays en développement. La suppression des mécanismes de régulation de l'offre agricole en 1996 a déclenché une chute des prix agricoles aux Etats-Unis, où elle fut seulement partiellement compensée pour les producteurs américains par la Farm Bill. Sur le plan mondial, la politique de dumping délibérée ainsi poursuivie porte atteinte à la souveraineté des pays les plus pauvres obligés d'ouvrir leurs frontières et affecte gravement les intérêts et les conditions de vie des paysans de ces pays. La politique des prix alimentaires à bon marché est cause de faim et de pauvreté.

---

[635] Marie-Monique Robin, op. cit., p. 136.
[636] *Ibid.*, p. 134.
[637] Felix zu Löwenstein, p. 227.

La Chine qui compte 1 300 millions d'habitants, soit 22% de la population mondiale, est un des nouveaux acteurs sur la scène internationale, tout comme l'Inde et le Brésil notamment. La Chine est parvenue à réduire la pauvreté, comme aucun autre pays. La réforme agraire, commencée sous Mao et améliorée sous ses successeurs, et la grande productivité agricole obtenue sur de petites parcelles ont largement contribué à cette réussite. La Chine est arrivée, jusqu'à présent, à produire pratiquement toute la nourriture dont a besoin sa population.

Les expériences de la Chine devraient intéresser, inspirer et aider d'autres pays notamment en Afrique où la Chine est de plus en plus engagée, y compris sur le plan de l'agriculture. Par son importante demande de produits de base, dont les produits agricoles, elle joue le rôle d'un moteur pour les économies de nombreux pays en développement. D'un autre côté, ses exportations massives de produits à bas prix sur les marchés ouverts de nombreux pays en développement risquent d'y compromettre le développement de capacités de production nationales.

Si c'est en Afrique subsaharienne que la faim et la malnutrition progressent régulièrement et atteignent des niveaux inquiétants, c'est pourtant en Asie que se trouvent plus de 500 millions de personnes affamées sur un total d'un milliard dans le monde. Et si la proportion d'enfants souffrant de malnutrition en Afrique est de 20% à 40%, elle atteint un niveau inquiétant de plus de 40% en Inde. L'Inde offre le paradoxe d'être, en même temps, un important exportateur de riz et de blé grâce au succès de la révolution verte mais elle souffre, par ailleurs, de graves problèmes sociaux et environnementaux. De nombreux ruraux de l'Inde n'ont tout simplement pas le pouvoir d'achat nécessaire pour se procurer le minimum de nourriture. La libéralisation introduite au cours des années 1990 a conduit à un appauvrissement continu de la population rurale. Le désespoir des paysans souvent endettés en suivant les promesses de multinationales, se traduit par un nombre très élevé de suicides. Ce phénomène, souvent caché, s'observe de même ailleurs, y compris aux Etats-Unis, en Europe et en Corée du Sud. La politique de sécurité alimentaire de l'Inde s'est longtemps trouvée dans l'impasse. Reste à savoir si de nouvelles initiatives gouvernementales, comme la loi sur la sécurité alimentaire adoptée en 2013, pourront améliorer la situation.

Le Brésil de Lula montre que, dans une démocratie, il est possible de mener une politique sociale volontariste et de déclarer la guerre à la faim en adoptant des programmes de nature à libérer de la faim des millions de pauvres tout en aidant l'agriculture familiale. Le succès du programme « Faim Zéro » est aussi dû à la participation exemplaire de la société civile organisée. La réforme agraire reste pourtant un grand défi. La coexistence entre une agriculture familiale et une agriculture industrielle très productiviste, utilisant une masse de capitaux et orientée vers l'exportation, n'est toutefois pas dénuée d'ambiguïté. Elle entraîne des coûts sociaux et environnementaux considérables.

La faim et la malnutrition ne sont pas une fatalité. L'action aussi bien nationale qu'internationale est avant tout fonction de volonté politique. Avec une population forte de 500 millions d'habitants, l'Union européenne et ses 28 Etats membres ont une responsabilité particulière à assumer sur le terrain de la lutte contre la pauvreté et la faim.

Actuellement, l'UE négocie avec les Etats-Unis un accord commercial transatlantique (TTIP) auquel s'opposent, de manière résolue, de larges secteurs de la société civile, mais aussi des syndicats et des partis d'opposition. Le danger existe qu'un tel accord ne porte atteinte à la démocratie, qu'il introduise une nouvelle libéralisation du marché de l'UE, qu'il renforce l'agriculture industrielle, qu'il mette davantage en péril l'existence des petites et moyennes exploitations familiales en les écartant encore plus du marché. Les normes alimentaires européennes risquent d'être diluées à l'avantage des grandes industries de l'agroalimentaire dont le pouvoir va encore être renforcé. L'UE risque de rater l'occasion pour admettre, avec les Etats-Unis, que ce type d'agriculture n'est pas durable et qu'une transition vers un modèle alternatif est urgente et indispensable des deux côtés de l'Atlantique.

Notre société européenne est marquée par une domination croissante des marchés commerciaux et financiers. La marchandisation envahit l'espace public. Cette domination menace la démocratie. C'est pourquoi la politique doit soumettre, de manière drastique, les marchés financiers et les grandes sociétés transnationales à une régulation sévère. Les activités qui n'apportent aucun bénéfice à la société, mais qui présentent des risques élevés, sont à arrêter. Cela vaut pour tous les jeux de casino, comme pour la spéculation sur les produits alimentaires, qui accroissent encore plus la fragilité du marché financier, causent des distorsions encore plus grandes des prix alimentaires et aggravent la faim et la pauvreté.

Les progrès contre la faim et la malnutrition dans les pays les plus pauvres, surtout de l'Afrique subsaharienne, dépendent de l'espace politique (policy space) et commercial dont disposeront les gouvernements de ces pays. Pour assurer la cohérence des politiques, que prévoit aussi le Traité de Lisbonne, l'UE doit redéfinir ses relations extérieures et, en particulier, sa politique commerciale à l'égard de ces pays. Le principe de la non-réciprocité est à réintroduire dans les relations commerciales avec les pays ACP. L'approche qui régit la négociation des accords de partenariat économique (APE) devrait donc être fondamentalement changée. Toutes les leçons qu'impose la crise alimentaire de 2008 devraient être tirées. Les pays africains ne pourront se développer que s'ils peuvent mettre en place des capacités de production agricoles et industrielles. Compte tenu de leur très bas niveau de productivité, cela n'est possible que s'ils peuvent protéger celles-ci contre une concurrence surpuissante et souvent déloyale. Une telle politique serait dans l'intérêt bien compris de l'UE. Ce n'est qu'ainsi que les causes des drames comme ceux de Lampedusa seront éliminées. En même temps, l'UE devrait appuyer activement la création de marchés communs régionaux au Sud. La question de la faim mériterait d'être traitée au plus haut niveau politique de l'UE.

De tout temps, le rapport de force a été défavorable à la paysannerie démunie, sans voix et pauvre, qui a subi la loi des grands propriétaires terriens, des puissants et des élites aux niveaux national et international. Cela pourrait bientôt changer. Dans tous les continents les petits paysans, les indigènes, les pêcheurs, les travailleurs ruraux s'organisent. Ils luttent pour faire reconnaître comme principe de base la souveraineté alimentaire. Des organisations paysannes de plus en plus nombreuses, comme La Via Campesina, le Roppa ou le Mouvement des Sans Terre au Brésil, se créent et se mettent en réseau aux niveaux national, régional et mondial. Elles influencent des gouvernements, comme en Inde, prennent la parole au sein d'organisations internationales, comme la FAO et le Comité de la Sécurité Alimentaire.

Cette évolution est accompagnée et appuyée dans les pays industrialisés où, dans des villes et des communes, des associations de citoyens promeuvent des pratiques de consommation alternatives et des méthodes de production agrobiologiques, et où consommateurs et producteurs s'unissent en écartant tout commerce intermédiaire et en créant ainsi de nouvelles relations humaines. De plus en plus, la nourriture saine, sur base de produits bio par exemple, est un thème d'intérêt dans nos sociétés et les cantines publiques se ravitaillent auprès d'agriculteurs bio.

Comme le souligne le Rapport sur l'agriculture mondiale, l'agriculture et la nourriture constituent la base la plus importante pour la santé humaine et sont, en même temps, la cause la plus fréquente de maladies dans les pays riches comme dans les pays pauvres. Une alimentation saine et une agriculture durable peuvent empêcher la souffrance et la mort prématurée de milliards de personnes. Elles constituent des bases essentielles pour une expansion économique solide dans les pays en développement et le meilleur remède contre des coûts de santé démesurés dans les pays industrialisés. Une alimentation saine et durable ne peut être obtenue que lorsque la demande et la production sont développées ensemble. En pratique toutefois, sa réalisation se heurte à de puissants intérêts économiques[638]. L'enjeu est clair, mais le temps presse pour que toute l'humanité prenne enfin le virage vers un ordre alimentaire plus juste et plus durable permettant l'élimination définitive de la faim dans le monde.

---

638 Zukunftsstiftung Landwirtschaft, *op. cit.*, p. 9.

Remerciements

Je tiens à exprimer ma gratitude en premier lieu au professeur Marcel Mazoyer pour les conseils précieux qu'il m'a donnés dès la conception de ce projet ainsi que pour ses propositions d'amendement du texte. Par ses travaux, Marcel Mazoyer a le grand mérite d'avoir largement contribué à donner un visage à la pauvreté au niveau mondial et à fournir une clé d'analyse et de compréhension déterminante du phénomène de la faim et de la malnutrition. Je lui sais gré pour la coopération étroite que j'ai pu avoir avec lui, dans différentes fonctions, au cours des dix dernières années.

Je remercie de même Diane Müller, Guy Schuller, Jean Majeres ainsi que Renée et Bernard Lecomte pour le travail de lecture du projet et pour les suggestions d'amélioration qu'ils ont bien voulu me faire. Je leur dis aussi toute mon appréciation pour l'intérêt qu'ils ont eu pour ce livre, pour leur encouragement et leurs conseils tout au long de sa préparation.

J'adresse également mes remerciements à Isabelle Sandoz pour son travail d'organisation, de rédaction et de mise en page, patient et soigné.

****

Pour l'élaboration de cette version actualisée et retravaillée, je tiens à exprimer toute ma reconnaissance à Renée et Bernard Lecomte ainsi qu'à Jean Majeres, partenaires fidèles, pour leur travail de lecture, leurs corrections et leurs précieuses remarques et suggestions.

Glossaire

ADPIC/TRIPS : Accord sur les aspects des droits de propriété intellectuelle qui touchent au commerce conclu dans le cadre des Accords de Marrakech. Cet accord porte en particulier sur les droits d'auteur, les brevets, les marques de fabrique et les indications géographiques. Il fixe des niveaux minimums de protection de la propriété intellectuelle que chaque gouvernement doit assurer aux autres membres de l'OMC. Certaines de ses dispositions ont été assouplies en 2005 afin de permettre aux pays en développement de fabriquer des médicaments génériques contre le sida à un coût accessible à leurs populations.

ALENA/NAFTA : Accord de libre-échange entré en vigueur en 1994 entre les Etats-Unis d'Amérique, le Canada et le Mexique. Est considéré comme un accord « modèle » visant à libéraliser le commerce pour les produits industriels agricoles, les services et les capitaux. Il a prévu le démantèlement progressif des tarifs douaniers et des quotas. Il a permis aux Etats-Unis d'Amérique d'exporter de plus en plus librement leurs produits agricoles vers le marché du Mexique à des prix en dessous du prix de revient. Le Mexique a ainsi perdu quelque deux millions d'emplois aux dépens surtout des petits paysans producteurs de maïs.

AoA : Agreement on Agriculture/Accord sur l'Agriculture. Accord négocié dans le cadre des négociations du cycle d'Uruguay. Porte sur trois volets : l'accès aux marchés, les aides et subventions étatiques, les aides et subventions à l'exportation. A essentiellement été négocié par les Etats-Unis et l'Union européenne. A visé à réduire ou à supprimer toutes les règles et aides étatiques pouvant être considérées comme une distorsion au commerce.

APE : Accords de partenariat économique. Ces accords sont négociés entre l'Union européenne et les Etats d'Afrique, des Caraïbes et du Pacifique (ACP) sur base de l'Accord de Cotonou. La négociation de ces accords avec les différentes régions de l'Afrique subsaharienne a longtemps traîné en longueur, les Etats africains estimant que ces accords ne conduisent pas au développement. En 2014, la CEDEAO a accepté de signer cet accord alors que la société civile continue de s'y opposer avec vigueur.

Bretton Woods : Nom d'une ville américaine dans l'Etat du New Hampshire où a eu lieu en 1944 une Conférence internationale sur les questions monétaires internationales, sous l'égide des Etats-Unis. Les accords de Bretton Woods ont créé la Banque mondiale et le Fonds Monétaire International. Ces deux organisations ont été appelées par la suite « Institutions de Bretton Woods ».

Corne de l'Afrique : région de l'Afrique de l'Est occupée par quatre Etats, la Somalie, Djibouti, l'Ethiopie et l'Erythrée.

Cotonou - Accord de - : Il s'agit de l'accord signé en juin 2000 dans la capitale du Bénin entre les Etats de l'Union Européenne et les 79 Etats de l'Afrique, des Caraïbes et du Pacifique (ACP). Cet accord a suivi les Accords de Lomé et règle les relations entre les deux groupes de pays notamment sur les plans politique, économique, commercial, du développement et des droits de l'Homme.

Banque mondiale : regroupe cinq institutions internationales : la Banque Internationale pour la Reconstruction et le Développement (BIRD), l'Association internationale de développement (AID) - créées pour lutter contre la pauvreté en apportant des aides, des financements et des conseils aux Etats en difficulté - la Société Financière Internationale (IFC), l'Agence Multilatérale de Garantie des Investissements (MIGA) et le Centre international pour le règlement des différends relatifs aux investissements (CIRDI). Elle a son siège à Washington. Elle compte 190 Etats membres. Les droits de vote sont déterminés en fonction de la part de chaque Etat membre au capital de la Banque. Le Président doit être un citoyen américain. Les Etats-Unis disposent d'un droit de veto.

CEA : Commission Economique pour l'Afrique. A été créée en 1958 par le Conseil Economique et Social de l'ONU, comme une des cinq Commissions régionales de l'ONU. Elle a comme mandat de promouvoir le développement économique et social de ses membres ainsi que l'intégration interrégionale.

CEDEAO : Communauté Economique des Etats de l'Afrique de l'Ouest. Elle réunit 15 Etats et notamment le Nigéria. Son but principal est de promouvoir la coopération et l'intégration avec pour objectif de créer une union économique et monétaire ouest-africaine entre ses membres. Ses principales institutions sont la Conférence des Chefs d'Etat et de gouvernement, le Conseil des ministres, le Parlement et la Cour de Justice.

CNUCED : Conférence des Nations Unies pour le Commerce et le Développement. A été créée en 1964 et a son siège à Genève. Elle a comme objectif la promotion du commerce entre pays industrialisés et pays en développement. Elle procède également à un travail d'analyse des questions économiques, commerciales et environnementales des pays en développement en réservant une attention particulière aux pays les moins avancés. Elle fait partie des organes de l'Assemblée générale des Nations Unies. En font partie tous les Etats membres de l'ONU. La CNUCED organise une conférence au niveau ministériel tous les quatre ans.

Equivalence en substance : Le principe de l'équivalence en substance est un principe utilisé pour réguler la production et le commerce des nouveaux aliments, comme ceux issus des biotechnologies (OGM). Il indique que, si un aliment ou un composé alimentaire est essentiellement semblable à un aliment ou à un composé alimentaire existant, il peut être traité de la même manière en ce qui concerne la sécurité. Ce principe appliqué à un OGM signifie que s'il est équivalent en substance à son équivalent conventionnel, l'un sera déclaré aussi sain que l'autre.

FAO : Organisation pour l'Agriculture et l'Alimentation (OAA). La FAO a été créée en 1945 comme une organisation spécialisée des Nations Unies chargée de s'occuper de l'alimentation, de l'agriculture, de la pêche et des forêts. A son siège à Rome. Elle vise à promouvoir la sécurité alimentaire mondiale, la lutte contre la faim et la réalisation de programmes de développement agricole.

FED : Fonds Européen de Développement. Il s'agit d'un Fonds qui existe dans le cadre de l'Accord de Cotonou et qui sert à financer des programmes de coopération dans les pays membres en développement. Il est alimenté par des contributions des Etats de l'Union européenne.

Fonds Monétaire International (FMI): Cette organisation spécialisée a été fondée en 1945 à Bretton Woods avec la tâche de surveiller le système monétaire international. 180 Etats sont membres du FMI. Son siège est à Washington. Le Fonds s'efforce d'harmoniser les politiques monétaires de ses Etats membres et intervient en cas de difficultés dans la balance des paiements. Il octroie des crédits liés cependant à des conditions économiques parfois drastiques visant à déréguler et à libéraliser les marchés. Les voix dont chaque Etat dispose sont fonction de son poids économique. Les Etats-Unis disposent d'un droit de veto.

FRONTEX : Agence européenne pour la coopération opérationnelle aux frontières extérieures. Ayant son siège à Varsovie, elle a été créée en 2004 par les Etats membres de l'Union européenne. Elle assure la coordination de la coopération des Etats membres à ses frontières extérieures et notamment en Méditerranée grâce à des bateaux qui y patrouillent. De nombreuses organisations des droits de l'Homme critiquent la manière dont Frontex mène ses opérations militaires à l'égard des migrants et demandeurs d'asile essayant de trouver refuge en Europe.

GATT : General Agreement on Tariffs and Trade – Accord général sur les tarifs douaniers et le commerce. Cet accord international sur le commerce est entré en vigueur en 1948. C'est dans le cadre de cet accord que huit cycles de négociations commerciales ont eu lieu, jusqu'en 1994, qui ont réduit les tarifs douaniers et d'autres obstacles au commerce. Le dernier de ces cycles de négociations a conduit à la création de l'Organisation Mondiale du Commerce (OMC) qui a succédé au GATT.

LOME Accord de - : C'est à Lomé, capitale du Togo, qu'ont été signés en 1975 les Accords dits de Lomé entre les Etats de la Communauté Economique Européenne et les 46 Etats d'Afrique, des Caraïbes et du Pacifique (Etats ACP). Cet accord a été remplacé en 2000 par l'Accord de Cotonou. L'accord de Lomé a eu comme objectif de promouvoir la coopération entre les pays européens et les anciennes colonies sur les plans économique, financier, de développement et culturel. A noter que les relations commerciales ont été basées sur le principe de la non-réciprocité. Ce qui veut dire que les Européens ont largement ouvert leur marché aux produits des pays ACP, mais ceux-ci n'ont pas été tenus d'ouvrir leurs marchés aux produits européens.

OECD : Organisation pour la Coopération Economique et le Développement. Créée en 1961. Réunit 34 Etats industrialisés. Assure un travail de coordination et de recherche pour ses Etats membres dans les domaines économique, monétaire, commercial, fiscal, de l'environnement et des investissements, ainsi que de la coopération au développement. Elle fonctionne essentiellement comme une plateforme d'échanges mutuels. Au secrétariat à Paris et au cours des travaux menés dans quelque 150 comités sont élaborées des analyses, des informations, des recommandations, des prévisions économiques et des rapports annuels par pays.

OMC : Organisation Mondiale du Commerce. L'OMC a été établie en 1995 dans le cadre des Accords de Marrakech qui ont conclu des négociations du cycle d'Uruguay. Elle a succédé au GATT. 160 Etats sont membres de l'OMC qui a son siège à Genève. L'OMC a comme objectif la libéralisation du commerce mondial. C'est à l'OMC qu'ont eu lieu les négociations du Programme de développement de Doha lancées en 2001 et qui se trouvent dans une impasse depuis 2011. Ses principales activités consistent d'une part dans le suivi que chacun de ses Etats membres réserve aux accords commerciaux déjà conclus et d'autre part dans l'arbitrage par l'Organe de Règlement des Différends (ORD) des litiges commerciaux entre Etats membres sur l'application des règles commerciales en vigueur.

OMS : Organisation Mondiale de la Santé. Organisation spécialisée des Nations Unies créée en 1948. Elle a son siège à Genève. Elle compte 197 Etats membres. L'OMS a comme objectif de réaliser le niveau de santé le plus élevé possible pour tous les êtres humains. Elle est chargée de la coordination des efforts en matière de santé au niveau international, de promouvoir les politiques de santé et des systèmes de santé en particulier dans les pays en développement, de lutter contre les maladies et les épidémies. Elle définit les programmes de recherche en santé, fixe des normes et des critères, présente des options politiques fondées sur des données probantes et fournit un soutien technique aux pays.

PAC : Politique Agricole Commune. La création de la Communauté Economique Européenne (CEE) a conduit les six Etats fondateurs à créer une Politique Agricole Commune qui est entrée en vigueur en 1962. Ses objectifs consistent à assurer un niveau de vie équitable à la population agricole, à stabiliser les marchés, à garantir la sécurité des approvisionnements et à assurer des prix raisonnables aux consommateurs. Il s'agit de la seule politique commune de l'Union européenne. Elle a été réformée à plusieurs occasions.

PAM : Programme Alimentaire Mondial. Etabli à Rome, le PAM est l'organisation humanitaire mondiale la plus importante. Apporte de l'aide alimentaire aux personnes qui se trouvent dans un état d'insécurité alimentaire dans les pays en développement. Est financé par des contributions volontaires de ses Etats membres, des entreprises et des personnes privées. Coopère avec la FAO et le FIDA et d'autres partenaires dont de nombreuses ONG actives dans le domaine humanitaire.

PNUD : Programme des Nations Unies pour le Développement. Etabli à New York, le PNUD fait partie des programmes et fonds de l'ONU. Son rôle est d'assister les pays en développement en leur fournissant des aides et des conseils mais également en plaidant leurs causes pour l'octroi de dons. Il comprend également plusieurs autres entités distinctes : ONU Femmes, le service des Volontaires des Nations unies (VNU), le Fonds d'Equipement des Nations Unies (FENU), le Bureau des Nations Unies pour les services d'appui aux projets (UNOPS) et le Bureau de lutte contre la désertification et la sécheresse (BNUS/UNSO). Le PNUD publie chaque année le Rapport sur le développement humain.

Programme de Doha : En décembre 2001, les ministres du Commerce des Etats membres de l'OMC sont convenus à Doha, capitale du Qatar, de lancer un nouveau cycle de négociations commerciales, appelé Programme de Doha pour le développement. Dix ans plus tard, ces négociations ont abouti à une impasse.

Révolution verte : Il s'agit du développement agricole commencé au cours des années 1950 à base de semences à haut rendement et de leur dissémination dans les pays en développement. Des sortes de riz et de blé à haut rendement se sont développées rapidement au cours des années 1960 en Asie et dans les régions subtropicales où, sur base de précipitations régulières et à l'aide de l'irrigation, elles ont donné de bons résultats. Cela a permis de faire baisser, de manière significative, la malnutrition et la mortalité infantile. Mais, en même temps, elle a causé des dégâts sociaux et environnementaux importants au point que sa durabilité est aujourd'hui fortement mise en cause.

UEMOA : Union Economique et Monétaire de l'Afrique de l'Ouest. Créée en 1994, cette organisation a son siège à Ouagadougou et regroupe avant tout des Etats francophones, anciennes colonies françaises de l'Afrique de l'Ouest : Bénin, Burkina Faso, Côte d'Ivoire, Guinée-Bissau, Mali, Niger, Sénégal et Togo. Elle a comme finalité la création d'une Union économique et monétaire entre ses Etats membres. Ces pays ont une monnaie commune, le Franc CFA (Franc des Communautés Financières d'Afrique), lié à l'euro. L'UEMOA coopère étroitement avec la CEDEAO, une organisation régionale qui réunit, outre les Etats de l'UEMOA, les anciennes colonies britanniques de l'Afrique de l'Ouest.

Uruguay - cycle d' - : Il s'agit du huitième et dernier cycle de négociations commerciales qui ont été lancées par le GATT en 1986 et qui ont abouti aux Accords de Marrakech en 1994. Ces Accords ont conduit à la création de l'OMC. Ce cycle de négociations n'a pas seulement porté sur les produits industriels, mais également sur l'agriculture (AoA), les services et la propriété intellectuelle (Accords ADPIC/TRIPS).

Yaoundé - Accords de - : Une première Convention de Yaoundé est signée en 1963 dans la capitale du Cameroun entre la Communuté Economique Européenne (l'Europe des Six) et 18 « Etats africains et Madagascar Associés » (EAMA), en fait les anciennes colonies françaises et belges. Une deuxième Convention est conclue en 1969 intégrant également l'île Maurice.

Abréviations

ACDIC Association citoyenne pour la défense des intérêts communs (ONG du Cameroun)

ACF Action contre la faim

ACHPR African Commission on Human and Peoples' Rights/ Commission Africaine des Droits de l'Homme et des Peuples

ACP Groupe des Etats de l'Afrique, des Caraïbes et du Pacifique

ADB Asian Development Bank/ Banque Asiatique du Développement

ADEME Agence de l'Environnement et de la Maîtrise de l'Energie

ADM Archer Daniels Midland

ADPIC Accord sur les aspects des droits de propriété intellectuelle qui touchent au commerce (TRIPS)

AEE Agence Européenne pour l'Environnement

ALENA Accord de libre-échange nord-américain (NAFTA)

APE Accord de Partenariat Economique

APD Aide Publique au Développement (ODA)

AsA Accord sur l'Agriculture de l'OMC (AoA)

ATTAC Association pour une Taxation des Transactions financières pour l'Aide aux Citoyens

AU Union Africaine

BEAM Besoins énergétiques alimentaires minimaux

BM Banque mondiale

BULOG Office National de Gestion Logistique (et de Commercialisation) (Indonésie)

CAFTA Central American Free Trade Agreement/ Accord de libre-échange signé entre les Etats-Unis d'Amérique, les Etats de l'Amérique centrale et la République Dominicaine

CCFD Comité Catholique contre la Faim et pour le Développement

CDH Conseil des droits de l'Homme

CEA Commission Economique pour l'Afrique (ECA) de l'ONU

CEDEAO Communauté Economique des Etats de l'Afrique de l'Ouest (ECOWAS en anglais)

CEE Communauté Economique Européenne

CETRI Centre Tricontinental, centre de recherche et de publication ayant son siège à Louvain-La-Neuve

CFSI Comité Français de Solidarité Internationale

CICR Comité International de la Croix-Rouge

CIDSE Coopération Internationale pour le Développement et la Solidarité, Alliance de 17 ONG catholiques de développement européennes et nord-américaines

CIRAD Centre de coopération Internationale en Recherche Agronomique pour le Développement

CNCR Conseil National de Coopération des Ruraux (fédération d'organisations paysannes au Sénégal)

CNUCED Conférence des Nations Unies sur le Commerce et le Développement (UNCTAD en anglais)

CONAB Companhia Nacional de Abastecimento/entreprise publique brésilienne chargée de l'approvisionnement en produits alimentaires

CONSEA Conselho de Segurança Alimentar e Nutricional/ Conseil National pour la Sécurité Alimentaire et la Nutrition (Brésil)

DAC Development Assistance Committee/ Comité d'Aide au Développement (OCDE)

DESC Droits Economiques, Sociaux et Culturels

DDA Doha Development Agenda/ Programme de Doha pour le Développement (OMC)

DSB Dispute Settlement Body/ Organe de règlement des différends à l'OMC

DSPR Document Stratégique de Réduction de la Pauvreté (en anglais PRSP)

ECHO European Commission Humanitarian Office/service d'aide humanitaire et de protection civile de la Commission européenne

ECOSOC Economic and Social Council/ Conseil Economique et Social de l'ONU

ECOWAS Economic Community of West African States/ sigle anglais pour la CEDEAO

EICSTAD Evaluation Internationale des Connaissances, des Sciences et des Technologies Agricoles pour le Développement (IAASTD)

FAO Food and Agriculture Organization/ Organisation des Nations Unies pour l'Agriculture et l'Alimentation (OAA)

FAOSTAT Service des statistiques de la FAO

FED Fonds Européen de Développement

FIAN Food First Action Network, organisation internationale qui travaille pour la promotion des droits humains, en particulier du droit à l'alimentation

FIAS Foreign Investment Advisory Service, Service d'Assistance à l'Investissement auprès de la BM

FIDA Fonds International de Développement Agricole (ONU)

FMI Fonds Monétaire International

FOET Foundation on Economic Trends/ Fondation pour les tendances économiques

FRIDE Fundación para las Relaciones Internacionales y el Diálogo Exterior/ Fondation pour les Relations Internationales et le Dialogue Extérieur

GAFSP Global Agriculture and Food Security Program/Programme Mondial pour l'Agriculture et la Sécurité Alimentaire (BM)

GATT General Agreement on Tariffs and Trade/ Accord général sur les tarifs douaniers et le commerce

GRAIN Genetic Resources Action International (ONG)

HLTF High Level Task Force/ Equipe spéciale de haut niveau de l'ONU chargée de s'occuper de la crise alimentaire mondiale

IATP Institute for Agriculture and Trade Policy (Minnesota)/Institut pour l'Agriculture et la Politique Commerciale

IFC International Finance Corporation/Société financière internationale, filiale de la Banque mondiale

IFPRI International Food Policy Research Institute/Institut international de recherche sur les politiques alimentaires

IFRI Institut français des relations internationales

INCRA Instituto Nacional de Colonização e Reforma Agrária/ Institut national pour la colonisation et la réforme agraire (Brésil)

MST Movimento dos Sem Terra/ Mouvement des Sans Terre

ODA Official Development Assistance/Aide Publique au Développement

OECD Organisation for Economic Co-operation and Development/Organisation pour la Coopération Economique et le Développement

OGM Organisme génétiquement modifié

OIT Organisation Internationale du Travail (ILO)

OMC Organisation Mondiale du Commerce (WTO)

OMD Objectifs du Millénaire pour le Développement

OMS Organisation Mondiale de la Santé (WHO)

ONASA Office National d'Appui à la Sécurité Alimentaire (Bénin)

ONG Organisation Non Gouvernementale

ORG Organe de Règlement des Différends (OMC)

OXFAM Oxford Committee for Famine Relief

PAC Politique Agricole Commune (UE)

PAM Programme Alimentaire Mondial (ONU)

PAS Programme d'ajustement structurel

PGM Plante génétiquement modifiée

PIB Produit Intérieur Brut

PIDESC Pacte International sur les Droits Economiques, Sociaux et Culturels

PIN Programme indicatif national

PMA Pays les Moins Avancés

PNUD Programme des Nations Unies pour le développement (UNDP)

PPA Parité de Pouvoir d'Achat

PPTE Pays Pauvres Très Endettés

PRGF Poverty Reduction and Growth Facility/Facilité pour la lutte contre la pauvreté et pour la croissance

PTO Patent and Trademark Office/Bureau des brevets et des marques des Etats-Unis

RIP Regional Indicative Programme/ Programme Indicatif Régional

RNB Revenu National Brut

ROPPA Réseau des organisations paysannes et des producteurs de l'Afrique de l'Ouest

SAILD Service d'appui aux initiatives locales de développement (ONG-Cameroun)

SISAN Sistema Nacional de Segurança Alimentar e Nutricional/ Système National de Sécurité Alimentaire et Nutritionnelle (Brésil)

SSM Special Safeguard Mechanism/mécanisme de sauvegarde special (OMC)

TRIPS voir sous ADPIC

TWN Third World Network (ONG)

UCS Union of Concerned Scientists/ groupe américain indépendant de scientifiques

UEMOA Union Economique et Monétaire Ouest-Africaine

UNCTAD United Nations Conference for Trade and Development (CNUCED)

UNEP Programme des Nations Unies pour l'Environnement

UNICEF United Nations International Children's Emergency Fund/ Fonds des Nations Unies pour l'Enfance

USAID United States Agency for International Development/ Agence des Etats-Unis pour le développement international

Bibliographie

Académie de droit international humanitaire et de droits humains à Genève, Christophe Golay, *Droit à l'alimentation et Accès à la justice,* Ed. Bruylant, 2011

Agrarbündnis e. V., *Der ktitische Agrarbericht 2012*, Hamm, 2012

Albala Nuri, et Co, ONU *Droits pour tous ou loi du plus fort ?,* Ed. CETIM, 2005

Amin Samir, *Les Luttes paysannes et ouvrières,* Ed. Les Indes savantes, 2005

Amin Samir, *Sur la Crise,* Ed. Le Temps des Cerises, 2009

Attac Schweiz, *Nestlé : Anatomie eines Weltkonzerns*, Rotpunktverlag, 2005

Azam Geneviève, Hidouci Ghazi, Katz Alison, Lapeyre Frédéric, Lecomte Bernard, Gérard Perroulaz, Renaud Vivien, *Aide au développement - Efficace, Neutre, Désintéressée ? Point de vue critiques du Nord sur la coopération européenne*, Ed. CETIM, 2009

Balme Stéphanie, *La Chine*, Ed. Le Cavalier Bleu, 2008

Banque mondiale, rapport sur le développement dans le monde, *L'agriculture au service du développement*, Ed. de Boeck, 2008

Baqué Phillippe, *La Bio entre Business et projet de société*, Ed. Agone, 2012

Bello Walden, *Capitalism's Last Stand ? Deglobalization in the Age of Austerity*, Zed Books, 2013

Berthelot Jacques, *L'agriculture talon d'Achille de la mondialisation,* Ed. L'Harmattan, 2001

Berthelot Jacques, *Réguler les prix agricoles*, Ed. L'Harmattan, 2013

Boris Jean-Pierre, *Commerce inéquitable,* Ed. Hachette Littérature, 2005

Bové José, Luneau Gilles, *Hold Up à Bruxelles*, Ed. La Découverte, 2014

Brandt Hartmut and Otzen Uwe, *Poverty Orientated Agricultural and Rural Development, Routledge Studies in Development and Society*, 2007

Brown Lester R., *Le Plan B, Pour un Pacte Ecologique Mondial*, Ed. Calmann-Lévy – Souffle Court, 2007

Brunel Sylvie, *Famines et politique*, Ed. Presses de sciences Po, 2002

Bulard Martine, *Chine, La course du dragon et de l'éléphant, Inde*, Fayard, 2008

Carfantan Jean-Yves, *Le Choc alimentaire Mondial,* Ed. Albin Michel, 2009

Cavanagh, Mander et alt. *Alternatives à la globalisation économique*, Ed. Ecosociété, 2005

Chang Ha-Joon, *Kicking away the ladder*, Anthem Press, 2005

Choplin, Strickner, Trouvé/Attac, *Souveraineté alimentaire, que fait l'Europe* ? Ed. Syllepse, 2009

Clapp Jennifer, Cohen J. Marc, *The Global Food Crisis, Governance Challenges and Opportunities*, Ed. The Centre for International Governance Innovation (CICG) and Wilfrid Laurier University Press, 2009

Clapp Jennifer, *Food*, Polity Press, 2012

CNUCED, G24 Discussion Paper Series *The 2008 Food Price Crisis : Rethinking Food Security Policies*, Mittal Anuradha, n° 56, june 2009, UN

CNUCED, *The Least Developed Countries Report 2009*, UN

CNUCED, *Le Développement économique en Afrique 2008, Résultats à l'Exportation après la Libéralisation du Commerce : Quelques Tendances et Perspectives*, 2008, UN

CNUCED, *Le Développement économique en Afrique 2007, Retrouver une marge d'action, La mobilisation des ressources intérieures et l'Etat développementaliste*, 2007, UN

Chossudovsky Michel, *Mondialisation de la pauvreté et nouvel ordre mondial*, Ed. Ecosociété, 2004

Courbage Youssef, Todd Emmanuel, *Le rendez-vous des civilisations*, Ed. du Seuil, 2007

Crola Jean-Denis, *Ecowas trade policy inadequate*, *Agir Ici*, Oxfam International

Déclaration de Berne, *Swiss Trading SA, La Suisse, Le Négoce et La Malédiction des Matières Premières*, Ed. d'En Bas, 2011

Department of Economic and Social Affairs, Office for ECOSOC Support and Coordination, *Achievieng Sustainable Development and Promoting Development Cooperation, Dialogues at the Economic and Social Council*, Ed. United Nations, 2008

De Ravignan François, *La faim, un défi toujours d'actualité pourquoi* ?, Ed. La Découverte, 2009

Drèze Jean ; Sen Amartya, *An Uncertain Glory. India and its Contradictions*, Allen Lane 2013

Dufumier Marc, *Agricultures et paysanneries des Tiers mondes*, Ed. Karthala, 2004

Dufumier Marc, *Agricultures africaines et marché mondial*, Ed. Atelier Sacha Kleinberg, 2007

Dufumier Marc, *Famine au Sud, Malbouffe au Nord*, NiL Editions, 2012

FAO, *The State of Food and Agriculture, Livestock in the balance*, Ed. Food and Agriculture Organization of the United Nations, 2009

George Susan, *Comment meurt l'autre moitié du monde*, Ed. Robert Laffont, 1978

Gurian-Sherman, Doug, *Failure to Yield. Evaluating the Performance of Genetically Engineered Crops,* Union of Concerned Scientists, mars 2009

Griffon Michel, *Nourrir la planète, Pour une révolution doublement verte*, Ed. Odile Jacob, sciences, 2006

Groupe de Bellechasse, *L'alimentation du Monde et son avenir*, Ed. L'Harmattan, 2009

Houtart François, *L'agroénergie,* Ed. Couleurs livres, 2009

Holt-Giménez Eric, *Food Movements Unite,* Food First Books, 2011

Ismail Faizel, *Mainstreaming Development in the WTO*, CUTS/Friedrich Ebert Stiftung, 2007

Kempf Hervé, *La Guerre secrète des OGM*, Ed. Seuil, 2003

Khavand A. Fereydoun, *Le Nouvel Ordre Commercial Mondial, Ed.* Nathan, 1995

Khor Martin, *The impact of Trade Liberalisation on Agriculture in Developing Countries, The Experience of Ghana*, Ed. Third World Network, 2008

Kunanayakam Tamara, *Quel développement ?, Quelle coopération internationale ? Pour un nouvel ordre international*, CETIM (Centre Europe – Tiers Monde), CRID, CNCD

Lappé, Frances Moore, *EcoMind. Changing the Way We Think, to Create the World We Want*, Nation Books, 2013

Lemaître Frédéric, *Demain la faim!,* Ed. Grasset, 2009

Leonard Mark, *What does China Think ?,* Ed. Harper Collins, 2008

Löwenstein Felix zu, *Food Crash : Wir werden uns ökologisch ernähren oder gar nicht mehr*, Ed. Pattlog, 2011

Madeley John, *Le commerce de la faim,* Ed. Enjeux Planète, 2002

Mazoyer Marcel et Laurence Roudart, *La fracture agricole & alimentaire mondiale*, Ed. Universalis, 2005

Mazoyer Marcel et Laurence Roudart, *Histoire des agricultures du Monde*, Ed. du Seuil, 1997-1998

Millenium Project, *Halving hunger : it can be done, Achieving the Millennium Development Goals*, UN Millennium Project Task Force on Hunger, 2005

Millstone Erik, Lang Tim, *Atlas de l'alimentation dans le monde*, Ed. Autrement – Collection Atlas/Monde, 2005

Millstone Erik, Lang Tim, *The Atlas of Food*, Earthscan, 2008

Norberg-Hodge Helena, Todd Merrifield, Gorelick Steven, *Manger local, Un choix écologique et économique*, Ed. Ecosociété, 2005

OMC, *Comprendre l'OMC*, 3ème édition, 2003

OMC, *Les textes juridiques*, Résultats des Négociations commerciales multilatérales du Cycle d'Uruguay, 2003

Orsenna Erik, *Voyage aux pays du coton*, Ed. Fayard, 2006

Paasch Armin (rédacteur), Garbers Frank et Hirsch Thomas, *Politiques Commerciales et Faim, L'impact de la libéralisation du commerce sur le Droit à l'Alimentation des Communautés de Riziculteurs du Ghana, du Honduras et d'Indonésie,* Ed. Alliance œcuménique/FIAN 2007

Parmentier Bruno, *Nourrir l'humanité*, Ed. La Découverte/Poche, 2007, 2009

Patnaik Utsa, *The Republic of Hunger & Other Essays*, Ed. Merlin Press, 2009

Pérez-Vitoria Silvia, *Les paysans sont de retour*, Ed. Actes Sud, 2005

Pérez-Vitoria Silvia, *La riposte des paysans*, Ed. Actes Sud, 2010

Perrin Serge, *Agriculture et commerce,* Ed. Agence Française de Développement, 2003

Prosterman Ed, Mitchell Robert, Hanstad Tim*, One Billion Rising, Law, Land and the Alleviation of Global Poverty*, Leiden University Press, 2009

Rahmato Dessalegn, *The Peasant and the State,* Addis Abeba University Press, 2009

Rainelli Pierre, Filipiak Ewa, *L'Agriculture de demain,* Ed. du Félin, 2003

Reinert Erik, *How rich countries got rich... and why poor countries stay poor*, Ed. Caroll & Graf, New York, 2007

Rifkin Jeremy, *L'âge de l'accès,* Ed. La Découverte / Poche, 2005

Robin Marie-Monique, *Le Monde selon Monsanto,* Ed. La Découverte, Arte, 2008

Robin Marie-Monique, *Les moissons du futur*, Ed. La Découverte, Arte, 2012

Rosset Peter, *Food is Different,* Ed. Global Issues, 2006

Sadigh Elie, *Organisation Mondiale du Commerce,* Ed. L'Harmattan, 2007

Sen Amartya, *Un nouveau modèle économique*, Ed. Odile Jacob, 2000

Séralini Gilles-Eric, *Tous cobayes !* Ed. Flammarion, 2012

Shiva Vandana, *Le Terrorisme alimentaire,* Ed. Fayard, 2001

Stiglitz E. Joseph, *La grande désillusion*, Ed. Fayard, 2002

Stiglitz E. Joseph, *Quand le capitalisme perd la tête*, Ed. Fayard, 2003

Stiglitz E. Joseph, *Making Globalization work*, Ed. Norton & Cie, 2007

Troubé Christian, *Les nouvelles famines,* Ed. Autrement Frontière, 2007

The Global Food Challenge, Towards a human rights approach to trade and investment policies, Ed. FIAN, 2009

Union Economique et Monétaire Ouest Africaine, *La politique agricole*, 2002

Vandermeersch Damien; Schmitz Marc, *Comment devient-on génocidaire ?* GRIP 2013

Van Euwen Daniel, *Le Nouveau Brésil de Lula,* Ed. de l'Aube, 2006

Via Campesina, *Une Alternative Paysanne à la mondialisation néolibérale*, Ed. CETIM, 2002

Wagenhofer Erwin, Annas Max, *Le Marché de la Faim,* Ed. Actes Sud, 2007

Wargny Christophe, *Haïti n'existe pas,* Ed. Autrement Frontières, 2008

Ziegler Jean, *L'Empire de la Honte*, Ed. Fayard, 2005

Ziegler Jean, *La Haine de l'Occident*, Ed. Albin Michel, 2008

Autres publications

Actionaid International, *Trade Invaders, The WTO & developing countries' "Right to protect"*, 2005

Alternatives Economiques, n° 263, novembre, 2007

Alternatives Economiques, *Les agrocarburants*, n° 259, juin, 2007

Alternatives Sud, *Question agraire et mondialisation*, Ed. CETRI/L'Harmattan, 2002

Alternatives Sud, *Le pouvoir des transnationales*, Ed CETRI/ L'Harmattan, 2002

Alternatives Sud, *Le miracle chinois vu de l'intérieur,* Ed. CETRI/ Syllepse, 2005

Alternatives Sud, *Objectifs du millénaire pour le développement,* Ed. CETRI/SolSoc Syllepse, 2006

Alternatives Sud, *Le Brésil de Lula : un bilan contrasté,* Point de vue du Sud, Ed. CETRI/L'Harmattan, 2010

Antil Alain, *Les « émeutes de la faim » au Sénégal, Un puissant révélateur d'une défaillance de gouvernance*, Ifri, Programme Afrique subsaharienne, 2010

Assemblée générale des Nations Unies, *Agriculture development and food security*, Report of the Secretary-General, (A/64/221), 2009

Berthelot Jacques, Réseau des Organisations Paysannes et des Producteurs Agricoles d'Afrique de l'Ouest, *Renforcement des capacités de leadership et de négociation des responsables des organisations paysannes du Roppa,* 2007

Burkinabé, *Entretien de Pierre Rabhi*, *Le pays*, journal du 1er février, 2010

Calame, Mathieu, « *Plaidoyer pour une politque agricole mondiale* » www.laviedesidées.fr

CCFD, FDM 216, Novembre 2006

CCFD, *Faim et développement*, n° 240, mai 2009

Civil society organizations Forum Parallel to World Summit on Food Security, *Déclaration du forum des mouvements sociaux, ONG et organisations de la société civile en parallèle au Sommet de la FAO sur la sécurité alimentaire, 2009*

CNUCED, *Optimiser les synergies entre investissement étranger direct et investissement intérieur pour le développement : renforcer les capacités productives*, 2009

CNUCED, *Rôle de la coopération Sud-Sud et de la coopération triangulaire pour un développement agricole durable et la sécurité alimentaire dans les pays en développement*, Note du secrétariat, (TD/B/C.II/MEM.2/5), 2009

CNUCED, Addressing *The Global Food Crisis : Key trade, investment and commodity policies in ensuring sustainable food security and alleviating poverty*, 2008

Conseil des droits de l'Homme, Comité consultatif, *Discrimination in the context of the right to food, Study prepared by the drafting group on the right to food*, (A/HRC/AC/4/2), 2010

Conseil des droits de l'Homme, Rapport du Rapporteur spécial sur le droit à l'alimentation, Olivier de Schutter, *Le secteur agroalimentaire et le droit à l'alimentation*, (A/HRC/13/33), 2009

Conseil des droits de l'Homme, Olivier de Schutter, *Acquisitions et locations de terres à grande échelle : ensemble de principes minimaux et de mesures pour relever le défi au regard des droits de l'Homme*, (A/HRC/13/33/Add.2), 2009

Conseil des droits de l'Homme, Olivier de Schutter, *Mission to Brazil*, (A/HRC/13/33//Add.6), 2009

Conseil des droits de l'Homme, Olivier de Schutter, *Mission à l'Organisation mondiale du commerce, Promotion et protection de tous les droits de l'Homme, civils, politiques, économiques, sociaux et culturels, y compris le droit au développement*, (A/HRC/10/5/Add.2), 2009

Conseil des droits de l'Homme, Olivier de Schutter, *Promotion et protection de tous les droits de l'Homme, civils, politiques, économiques, sociaux et culturels, y compris le droit au développement,* (A/HRC/7/5), 2008

Conseil des droits de l'Homme, Rapport du Rapporteur spécial sur le droit à l'alimentation, Jean Ziegler, (A/HRC/4/30), 2007, *Application de la résolution 60/251 de l'Assemblée Générale du 15 mars 2006*

Contribution to the preparation of the Declaration of the World Summit on Food Security, *A Call for Coherence and Responsibility*, 2009

Coordination Sud, *Agriculture : pour une régulation du commerce mondial*, Solidarité Urgence développement, 2005

Crola Jean-Denis, *Aid for Agriculture: Turning Promises into reality on the Ground*, 2009

Daryll E. Ray, De la Torre Ugarte G. Daniel, Tiller J. Kelly, *Repenser la Politique Agricole des Etats-Unis : changer d'orientation pour assurer des revenus aux agriculteurs du monde entier*, Ed. Agricultural Policy Analysis Center, The University of Tennessee, 2003

De La Torre Ugarte G. Daniel, Murphy Sophia, *The Global Food Crisis : Creating an Opportunity for Fairer and More Sustainable Food and agriculture Systems Worldwide*, Misereor, n° 11, 2008

ECOSOC, *Issues Note for Special Meeting of the Economic and Social Council on global Food Crisis*, mai 2008

ECOSOC, *Report of the Ad Hoc Advisary Group on Haiti,* 25 juillet 2007

ECOSOC, *Report of the Ad Hoc Advisary Group on Haiti*, 29 juin 2009

FAO, *Situation mondiale de l'alimentation et de l'agriculture*, 2009

FAO, *Etat de l'Insécurité Alimentaire dans le monde*, 2013

FAO, Conférence de Haut Niveau sur la sécurité alimentaire mondiale : les défis du changement climatique et des bioénergies, *La Flambée des Prix des denrées alimentaires : faits, perspectives, effets et actions requises, 2008*

FAO, *Climate change and bioenergy challenges for food and agriculture, 2009*

FAO, World Summit on Food Security, *Feeding the World, Eradicating Hunger*, WSFS 2009/INF/2

FAO, World Summit on Food Security, *Declaration of the World Summit on Food Security*, WSFS 2009/2

FAO, *Droit à l'alimentation et accès à la Justice*, 2009

FAO, *L'Etat de l'insécurité alimentaire dans le monde*, 2009

FAOSTAT/Ghana MAFAP *Policy Brief n° 3* mars 2013

FIAN, *The Global Food Challenge*, 2009

Frisch Dieter, *La politique de développement de l'Union européenne*, European Centre for Development Policy Management (ECDPM), 2008

From La Maddalena to l'Aquila Summit G8, "*L'Aquila" Joint Statement on Global Food Security, L'Aquila Food security Initiative (AFSI)*, 2009

Gauthier, Amélie, *Food Crisis in Haïti. A ruptured process ?,* Madrid: FRIDE, juin 2008

Goïta Mamadou, *Révolution verte ou agro-écologie ?*, SOS Faim Luxembourg, 2014

Golay Christophe, Melik Özden, *Le Droit à l'alimentation*, Ed. CETIM, 2006

GRAIN, *Land grabbing and the global food crisis*, http://farmlandgrab.org

GRAIN, *Big Meat is growing in the South*, 2010, http://www.grain.org/article/entries/4044-big-meat-is-growing-in-the-south

Haiti Grassroots Watch, *Aid or trade ? The Nefarious Effects of U.S. Policies*, 2013 http://haitigrassrootswatch.squarespace.com/36_5_eng

High Level Task Force on the Global Food Security Crisis, Progress Report, april 2008 – october 2009

Houtart François, El 6° Congreso del MST en Brasilia una lucha contra la hegemonia cresciente del agronegocio, 2014

IFOAM, *Our Earth, Our Mission. Consolidated Report of the IFOAM Action Group 2013*, Bonn 2013

Informationsbrief Weltwirtschaft & Entwicklung, *Vorabdruck : Alternativen am globalen Mittagstisch*, 2010

Informationsbrief Weltwirtschaft & Entwicklung, *Die Armut steigt - die EU* -Entwicklungshilfe sinkt, 2009

Institute for Agriculture and Trade Policy, Minneapolis, Minnesota, *A Time of high Prices : A Opportunity for the Rural Poor ?,* Avril 2008

International Labour Organization, *Global employment trends 2013. Recovering from a second jobs dip,* Genève, 2013

Kozul-Wright, Richard ; Fortunato, Pierguiseppe, *Rebuilding Haiti from post-conflict experience,* UNCTAD, Janvier 2010

Kwa Aileen, Syed Quasim, Ali Shah, *Impact of Agro-Import Surges in Developing Countries,* Actionaid International, 2008

Le Courrier international, *OGM, Vous en mangerez bientôt*, 2003

Le Monde, journal du 3 février, 2010

Le Monde, journal du 3 mai, 2008

Le Monde, journal du 17 avril, 2008

Le Monde Diplomatique, janvier 2010

Le Monde Diplomatique, Stéphane Parmentier, *Et soudain resurgit la faim*, novembre 2009

Le Monde Diplomatique, Jacques Berthelot, *Pour un modèle agricole dans les pays du Sud*, novembre 2008

Le Monde Diplomatique, *Manière de voir - Réveil de l'Inde*, n° 94, 2007

Le Monde Diplomatique, avril 2006

Le Monde Diplomatique, Alain Madelin, Berthelot, 8 septembre, 2003

Le Monde Diplomatique, Article de E. Holtz-Giménez, *Les carburants verts, une imposture ?*, Juin 2007.

Le Temps, journal du 20 février, 2010

Le Temps, journal du 29 mai, 2008

Lipper Heike, *Jatropha : Die zerstörerische Jagd nach grünem Gold*, dans: Misereor (Hg.), *Energie – Macht – Hunger,* welt-sichten, 11/2009

Mahbubani Kishore, *Der Mythos westlicher Entwicklungshilfe*, dans : *E + Z,* 2/2008

Mazoyer Marcel, *Crise alimentaire et crise financière*, 2009

McKeon Nora, *Strengthening Dialogue : UN Experience with Small Farmer Organizations and Indigenous Peoples,* 2009

Mittal Anuradha, G24 discussion paper Series, *The 2008 Food Price Crisis : Rethinking Food Security Policies*, UNCTAD, 2009

Multilateral Trade Negotiations on Agriculture, *Trade and food Security : Options for Developing Countries*, www.fao.org//docrep/003/x7353e/X7353e10.htm

Myjoyonline.com, *Ghana aims to stop US$1b rice, food imports – Mahama,* 15.02.2014

OECD, OECD-FAO , *Agricultural Outlook 2013*-2022, 2013

Oudet, Maurice, *Agrarsubventionen schaffen Armut. Das Beispiel der EU-Milch in Burkina Faso,* hg. de Misereor, Aix-la-Chapelle, 2005

Oudet Maurice, *Inde : Monsanto avoue l'échec de son coton Bt, au Burkina : Le Gouvernement et la Sofitex s'entêtent*, Abc Burkina n° 372, 2010

Oxfam International, *Empty promises, What happened to "development" in the WTO's Doha Round ?*, 2009

Oxfam, *The Poverty Report,* 1995

Programme alimentaire Mondial, « *Une tasse remplie = un enfant nourri* », WFP (wfp.org/fr)

Rahmato, Dessalegn, *Land to Investors - Large-Scale Transfers in Ethiopia*, in Policy Debates Series, n° 1, 2011

Schutter Olivier De, Contribution to the Conference *Rights and Responsibilities, Food Consumption in the 21th Century*, University Luxembourg, 2014

Schutter, Olivier De, *The Global Food Challenge, Towards a Human Rights Approach to Trade and Investment Policies,* 2009

Schutter, Olivier De, *Intervention sur le droit à l'alimentation au Conseil des droits de l'Homme*, 5 mars 2010

Schutter, Olivier De, *Solutions for hunger: a policy seminar on the right to food*, rapport d'un séminaire, Ottawa, 7 novembre 2008

Shepard Daniel, Mittal Anuradha, *The Great Land Grab*, The Oakland Institute, 2009

Small Planet Institute, *Framing hunger, a response to The State of Food Insecurity in the World 2012*, online : http://smallplanet.org/sites/smallplanet.org/files/Framing-Hunger- SOFI12-12-2.pdf

Small Planet Documentary Production House, *People and Numbers*, film documentaire de Yorgos Avgeropoulos, Athènes, 2012

Sundaram Jomo Kwame, *The 2008 World Food Crisis*, www.ideaswebsite.org, 2008

The Economist, January 16th, 2010

The European Consensus on Development, Official Journal of the European Union, (C 46/01), 2006

Umweltinstitut München e.V., Agrosprit Infokampagne www.umweltinstitut.org/info-kampagnen/agrosprit-infokampagne.html

UNCTAD, *Wake up before it is too Late, Trade and Environment Review 2013*, Genève, 2013

United Nations, *The Millenium Development Goals Report*, 2009

WEED, *Newsletter "EU-Finanzreform"*, février 2014

Wise, Timothy A., *Right to food wins 'defensive battle' in World Trade Organization deal*, dans : *Global Post,* 8.12.2013

WFP, *Le PAM en Afrique, 2011 faits et chiffres*, 2012

Wise A. Timothy, *The True Cost of Cheap Food, The Globalisation of the food market has made food cheap, but who is benefiting ?*, Resurgence, Issue 259, March/April, 2010

World Child Hunger Facts, online: http://www.worldhunger.org/articles/Learn/child_hunger_facts.htm

World Summit on Food Security, *Feeding the World, Eradicating Hunger,* 2009

Zonon Abdoulaye, *The implications for Burkina Faso of the July 2008 Draft Agricultural Modalities*, ICTSD, 2008

Zukunftsstiftung Landwirtschaft, *Wege aus der Hungerkrise. Die Erkennisse und Folgen des Weltagrarberichts: Vorschläge für eine Landwirtschaft von morgen*, ABL Verlag, 2013

L'HARMATTAN ITALIA
Via Degli Artisti 15; 10124 Torino

L'HARMATTAN HONGRIE
Könyvesbolt ; Kossuth L. u. 14-16
1053 Budapest

L'HARMATTAN KINSHASA
185, avenue Nyangwe
Commune de Lingwala
Kinshasa, R.D. Congo
(00243) 998697603 ou (00243) 999229662

L'HARMATTAN CONGO
67, av. E. P. Lumumba
Bât. – Congo Pharmacie (Bib. Nat.)
BP2874 Brazzaville
harmattan.congo@yahoo.fr

L'HARMATTAN GUINÉE
Almamya Rue KA 028, en face
du restaurant Le Cèdre
OKB agency BP 3470 Conakry
(00224) 657 20 85 08 / 664 28 91 96
harmattanguinee@yahoo.fr

L'HARMATTAN MALI
Rue 73, Porte 536, Niamakoro,
Cité Unicef, Bamako
Tél. 00 (223) 20205724 / +(223) 76378082
poudiougopaul@yahoo.fr
pp.harmattan@gmail.com

L'HARMATTAN CAMEROUN
BP 11486
Face à la SNI, immeuble Don Bosco
Yaoundé
(00237) 99 76 61 66
harmattancam@yahoo.fr

L'HARMATTAN CÔTE D'IVOIRE
Résidence Karl / cité des arts
Abidjan-Cocody 03 BP 1588 Abidjan 03
(00225) 05 77 87 31
etien_nda@yahoo.fr

L'HARMATTAN BURKINA
Penou Achille Some
Ouagadougou
(+226) 70 26 88 27

L'HARMATTAN SÉNÉGAL
10 VDN en face Mermoz, après le pont de Fann
BP 45034 Dakar Fann
33 825 98 58 / 33 860 9858
senharmattan@gmail.com / senlibraire@gmail.com
www.harmattansenegal.com

L'HARMATTAN BÉNIN
ISOR-BENIN
01 BP 359 COTONOU-RP
Quartier Gbèdjromèdé,
Rue Agbélenco, Lot 1247 I
Tél : 00 229 21 32 53 79
christian_dablaka123@yahoo.fr

651464 - Avril 2016
Achevé d'imprimer par
1livre.com
du rêve à la réalité !